John Gribbin
**GESCHÖPFE AUS STERNENSTAUB**

John Gribbin

# GESCHÖPFE AUS STERNENSTAUB
## Warum wir nicht einzigartig sind

Unter Mitarbeit von Mary Gribbin
Aus dem Englischen von Thorsten Schmidt
Mit 8 Farbtafeln und 21 Abbildungen im Text

Piper
München Zürich

Die Originalausgabe erschien unter dem Titel »Stardust«
2002 bei Allen Lane – The Penguin Press, London.

ISBN 3-492-04414-x
© John und Mary Gribbin, 2000
Deutsche Ausgabe:
© Piper Verlag GmbH, München 2003
Satz: seitenweise, Tübingen
Druck und Bindung: GGP Media, Pößneck
Printed in Germany

*www.piper.de*

Denn töricht wär's,
Zu wähnen, daß Natur das Gold sogleich
Vollkommen schafft: etwas muß ihm vorhergehn, –
Ein roher Urstoff.

                        Ben Jonson, *Der Alchemist*

**INHALT**

**VORWORT** 9

**EINLEITUNG** Unser Platz im Weltall 13
**KAPITEL 1** Leben und Weltall 24
**KAPITEL 2** Leben, wie wir es kennen 36
**KAPITEL 3** Sterne sind Sonnen 70
**KAPITEL 4** Im Innern der Sterne 97
**KAPITEL 5** Reaktionszyklen und -ketten in Sternen 126
**KAPITEL 6** Der Kochtopf des Urknalls 143
**KAPITEL 7** Burbidge, Burbidge, Fowler und Hoyle 161
**KAPITEL 8** Die Superstern-Familie 180
**KAPITEL 9** Die Saat ausbringen 215
**ANHANG** Durch die Welt(en) 252

**DANK** 264
**NACHWEIS DER FARBFOTOS** 264
**WEITERFÜHRENDE LITERATUR** 265
**PERSONEN- UND SACHREGISTER** 267

# VORWORT

Hier lesen Sie es zuerst! Im Januar 2001 überraschten Wissenschaftler vom Ames Research Centre der NASA und der Universität von Kalifornien in Santa Cruz viele ihrer Kollegen und sorgten für Schlagzeilen, als sie die Ergebnisse von Experimenten veröffentlichten, die sie in Labors auf der Erde durchgeführt hatten. Bei diesen Versuchen bildeten sich unter ähnlichen Bedingungen, wie sie in interstellaren Gas- und Staubwolken herrschen, komplexe organische Moleküle. Ein gefrorenes Stoffgemisch, das in ähnlicher Form in diesen Wolken vorkommt (und das aus Wasser, Methanol, Ammoniak und Kohlenmonoxid besteht, die zusammengefroren sind), wurde in ein kaltes Vakuum eingebracht und ultravioletter Strahlung ausgesetzt. Chemische Reaktionen, die durch diese Strahlung (wie sie typischerweise von jungen Sternen emittiert wird und auf interstellare Wolken einwirkt) ausgelöst wurden, erzeugten vielfältige organische Verbindungen, die, wenn sie in Wasser getaucht wurden, spontan membranartige Strukturen bildeten, die Seifenblasen ähnelten. Alles Leben auf der Erde basiert auf Zellen, die gewissermaßen »Beutel« aus biologischem Material sind, das von einer solchen Membran umhüllt wird. Dieses Experiment führt zu der Schlußfolgerung, daß der Weltraum voller chemischer Verbindungen ist, die ohne weiteres die Evolution von Leben durch eine Art Initialzündung in Gang setzen können, wenn sie eine geeignete Umwelt vorfinden, etwa die Erdoberfläche. Die Kometen, die im äußeren Randbereich unseres Sonnensystems in sehr großer Zahl vorkommen und die gelegentlich die inneren Regionen in Erdnähe durchqueren, bestehen bekanntlich aus nahezu reiner interstellarer Materie, die übrigblieb, als die Sonne und die Planeten aus einer dieser interstellaren Wolken entstanden. Daher ist es eine plausible Annahme, daß jeder erdähnliche Planet fast unmittelbar nach seiner Entstehung mit den Rohstoffen besät wird, die für die Entstehung von Leben notwendig sind. Die Entdeckung machte damals Schlagzeilen, und die Forscher selbst schienen überrascht zu sein. Im *Independent* vom 30. Januar 2001 wurde der Leiter der Forschergruppe, Lou Allamondola, mit der Aussage zitiert: »Wir haben erwartet, daß die ultraviolette Strahlung einige Moleküle erzeugen würde, die vielleicht von einem gewissen biologischen Interesse wären, doch mit etwas Spektakulärem haben wir nicht gerechnet. Statt dessen fanden wir heraus, daß bei diesem Prozeß einige der einfachen Chemikalien, die im Weltall sehr häufig zu finden sind, in größere Moleküle umgewandelt werden, die weitaus komplexere Verhaltensmuster zeigen, welche nach Ansicht vieler Experten von zentraler Bedeutung für die Entstehung von Leben sind.« Aber diese Forscher und die Journalisten, die so versessen auf ihre Schlagzeilen waren, wären vielleicht von der Entdeckung und ihrer Bedeutung für die Frage nach dem Ursprung des Lebens weniger überrascht gewesen, wenn sie sich hinsichtlich der Gegebenheiten, von denen ich in diesem Buch berichte, auf dem laufenden gehalten hätten. Die Annahme, daß sich im Weltall aus einfachen Atomen und Molekülen unter Einwirkung ultravioletter Strahlung komplexe organische Verbindungen herausbilden, ist nicht neu, und auch die Hypothese, daß diese Vorläufermoleküle des Lebens mit Kometen auf die Erde gelangten, ist nicht neu. Tatsächlich wird dies alles verständlicher, wenn man es als ein Beispiel für die Anwendung der klassischen wissenschaftlichen Methode darstellt. Die in der Erstausgabe dieses Buches beschriebenen Experimente lieferten im wesentlichen die Grundlage für die Vorhersage, daß komplexe Moleküle (und sogar zellähnliche Gebilde) in jenen interstellaren Wolken existieren müßten, aus denen Planetensysteme wie das unsere entstanden sind. Diese Vorhersage wurde mittlerweile experimentell bestätigt, so daß die hier vorgestellten Ideen nicht mehr als bloße Hypothese, sondern als vollgültige Theorie zu betrachten sind. Es dürfte heute kaum noch ein Zweifel daran bestehen, daß Leben, auf das gesamte Weltall bezogen, häufig ist (was allerdings keineswegs gleichbedeutend ist mit der Behauptung, daß *intelligentes* Leben im Weltall weit verbreitet sei). Wenn Sie wissen möchten, warum das so ist, sollten Sie weiterlesen.

John Gribbin
März 2001

*Einleitung*

# UNSER PLATZ IM WELTALL

Leben beginnt mit dem Prozeß der Entstehung der Sterne. Wir bestehen aus Sternenstaub. Abgesehen von Wasserstoff wurde jedes Atom jedes Elements, das in unserem Körper vorkommt, im Innern von Sternen gebildet, bei gewaltigen Sternexplosionen im gesamten Universum verstreut und für den Aufbau unseres Körpers wiederverwertet. Wasserstoff ist die Urmaterie, die zusammen mit Helium (das im menschlichen Körper nicht vorkommt) beim Urknall entstanden ist. Vor etwa 12 Milliarden Jahren bildeten Wasserstoff und Helium gemeinsam das Ausgangsmaterial für die erste Generation von Sternen. Alles weitere dagegen entstand durch Kernfusion in stellaren Schmelzöfen.

Die unglaubliche Faszination, die von dieser Tatsache ausgeht, wird mir jedes Mal bewußt, wenn ich Vorträge über Astronomie vor einem Laienpublikum halte und auf diese zweifelsfrei belegte Verbindung zwischen uns und den Sternen hinweise. Oft wurde ich gefragt: »Weshalb schreiben Sie kein Buch zu diesem Thema?« Und ich antwortete immer: »Ich werde es tun – sobald die Zeit reif ist.« Jetzt ist die Zeit reif. Ich beschloß, dieses Buch zu schreiben, als innerhalb kurzer Zeit mehrere Planeten entdeckt wurden, die Umlaufbahnen um andere Sterne in unserem Milchstraßensystem beschreiben. Wenn andere Planeten existieren – vielleicht sogar andere Sonnensysteme, die dem unseren ähnlich sind –, dann erhöht dies ganz erheblich die Wahrscheinlichkeit, andere Lebensformen im Weltall zu finden. Doch meines Erachtens sollten wir zunächst einmal unsere eigene Stellung im Kosmos verstehen, bevor wir uns auf allzu weitreichende Spekulationen über außerirdisches Leben einlassen. Ich möchte Sie davon überzeugen, daß der Mensch ein natürliches Produkt des Weltalls ist, in dem wir leben, und daß daher die Vermutung naheliegt, daß auch in anderen Gebieten des Kosmos – möglicherweise uns ähnliche – Lebensformen existieren.

Da die Erde und alles, was auf der Erde existiert (einschließlich des Menschen), mittlerweile als ein natürliches Nebenprodukt der Existenz von Sternen und der Galaxis, in der wir leben, betrachtet wird, ist es sehr wahrscheinlich, daß es weitere erdähnliche Planeten und andere uns ähnliche Lebensformen gibt. Aber ich möchte keine Mutmaßungen darüber anstellen, wie Leben genau entstanden ist oder wo wir es außerhalb unseres Planeten noch antreffen könnten. Die Geschichte, die ich erzählen möchte, bezieht ihre Überzeugungskraft daraus, daß sie sich ausschließlich mit Tatsachen und nicht mit Spekulationen befaßt.

Die Geschichte beginnt um das Jahr 1920, als Astronomen allmählich erkannten, daß ein Stern wie die Sonne tatsächlich auch heute noch immer hauptsächlich aus Wasserstoff und Helium besteht. Zuvor hatten sie angenommen, daß Sterne weitgehend die gleiche stoffliche Zusammensetzung haben wie die Erde – die reich an Eisen ist, dem stabilsten Element. Die Geschichte unserer Entstehung aus Sternenstaub (oder interstellarem Staub, wie die Fachleute sagen) – unser Werdegang als »Kinder der Sterne« – basiert auf dem Verständnis der physikalischen Prozesse in Sternen, die während der folgenden Jahrzehnte aufgeklärt wurden. Es ist kein Zufall, daß dieses Erklärungsmodell genau zu diesem Zeitpunkt entwickelt wurde, denn es basiert sowohl auf der Speziellen Relativitätstheorie als auch auf der Quantenphysik, die ihrerseits erst zu Beginn des 20. Jahrhunderts formuliert wurden. Im 19. Jahrhundert war die Tatsache, daß die Sterne nicht verglühen, eines der größten Rätsel nicht nur der Astronomie, sondern der gesamten Physik.

Die Geschichte des Sternenstaubs ist auch aufs engste mit der Theorie der Entstehung des Weltalls im sogenannten Urknall verbunden. In den vierziger Jahren des 20. Jahrhunderts wies George Gamow darauf hin, daß beim Urknall Wasserstoff und

Helium entstanden sein könnten. Obwohl seine ausführliche Erklärung der Entstehung der schwereren Elemente aus diesen Urelementen später widerlegt wurde, behauptete er, er sei dennoch zufrieden, weil Wasserstoff und Helium zusammen 99 Prozent der Materie des Weltalls ausmachten, das den beobachtenden Astronomen damals bekannt war. In den fünfziger Jahren zeigte ein Team unter Leitung des britischen Astrophysikers Fred Hoyle, daß das fehlende 1 Prozent der Materie im Innern der Sterne erzeugt worden sein könnte, und in den sechziger Jahren griffen Hoyle und Mitarbeiter auf die Urknallhypothese zurück und erklärten bis ins kleinste Detail die Prozesse, bei denen der Rohstoff für die erste Generation von Sternen erzeugt wurde. In den siebziger und achtziger Jahren konzentrierten sich Astrophysiker auf die Einzelheiten der physikalischen Prozesse bei Supernovae, also Sternexplosionen, bei denen die Ausgangsmaterialien für neue Generationen von Sternen, Planeten und Menschen im Kosmos verteilt werden. Und heute simulieren sie gewisse Aspekte dieser Ereignisse in Teilchenbeschleunigern hier auf der Erde.

Dies ist die Geschichte, die ich erzählen werde. Sie konzentriert sich auf die Schlüsselfrage der Beziehung zwischen uns und dem Weltall, die Frage, wie die chemischen Elemente, aus denen sich der menschliche Körper zusammensetzt, im Innern der Sterne erzeugt und im Weltraum verteilt wurden. Aufgrund des engen Zusammenhangs zwischen dem Alter der Sterne und dem Alter des Weltalls kommt es zwangsläufig zu gewissen Überschneidungen mit meinen früheren Büchern über Kosmologie, vor allem *The Birth of Time.*\* Ich hoffe dennoch, daß sich diejenigen, die diese Bücher gelesen haben, nicht langweilen werden. Für mich ist die Art und Weise, wie sich die Teile des astronomischen Puzzles nahtlos zu einem Ganzen zusammenfügen, selbst eine bedeutende Entdeckung, die zeigt, daß die Naturwissen-

---

\* John Gribbin, *The Birth of Time: How We Measured the Age of the Universe.* London: Weidenfels & Nicolson, 1999.

schaft auf dem richtigen Weg ist, um die Rätsel des Weltalls zu lösen.

Im Zentrum dieser Geschichte stehen die Supernovae, die gewaltigen Sternexplosionen, bei denen ein einzelner Stern für kurze Zeit so hell leuchtet wie 100 Milliarden gewöhnliche Sterne, wie die Sonne einer ist. Und am Ende der Geschichte gestatte ich mir eine kleine Spekulation über den Zusammenhang zwischen Leben und dem Universum – beziehungsweise den Universen. Im Vorfeld aber müssen wir ein wenig über unsere Stellung im Weltall wissen. Wenn Sie bereits den Aufbau des Sonnensystems kennen, wissen, was Planeten sind und wie sie nach Ansicht der Astronomen entstehen, dann können Sie getrost den Rest der Einleitung überspringen und sich dem Hauptteil des Buches zuwenden. Diejenigen dagegen, die keine astronomischen Vorkenntnisse mitbringen oder die ihr Wissen auffrischen wollen, sollten hier weiterlesen.

Die Sonne ist ein Stern, einer von mehreren hundert Milliarden ähnlichen Sternen, die zusammen ein scheibenförmiges System bilden, das Milchstraße(nsystem) oder Galaxis genannt wird. Die Scheibe des Milchstraßensystems hat einen Durchmesser von rund 100 000 Lichtjahren, was bedeutet, daß das Licht 100 000 Jahre braucht, um sie zu durchlaufen (und dies, obschon sich Licht mit einer Geschwindigkeit von 300 000 km/s ausbreitet). Die Sonne und ihre Familie von Planeten – das Sonnensystem – umlaufen das Zentrum der Milchstraße in einer Entfernung, die ungefähr zwei Dritteln der Strecke vom Zentrum zum Rand der Scheibe entspricht, und sie brauchen mehrere hundert Millionen Jahre, um eine Umlaufbahn zu vollenden. Die Sonne ist allem Anschein nach ein gewöhnlicher Stern in einem gewöhnlichen Teil der Milchstraße, und die Milchstraße scheint eine gewöhnliche Galaxie zu sein, eines von mehreren hundert Milliarden ähnlichen Objekten, die über das gesamte sichtbare Universum verstreut sind. Veranschaulichen wir uns die Größe der Sonne am Maßstab der Erde: Ihr Durchmesser beträgt etwas mehr als das Hundertfache des Durchmessers der Erde, so daß ihr Volumen (das proportional zur dritten Potenz ihres Durchmessers ist) etwas mehr als eine Million Erdvolumina beträgt. Wie alle Sterne leuchtet auch die Sonne, weil in ihrem Innern Kernreaktionen ablaufen, die Energie erzeugen (mehr dazu später).

Die Sonne wird von einer Familie von Planeten und kleineren Himmelskörpern begleitet, die die Sonne umlaufen (und durch die Massenanziehung der Sonne auf ihren Bahnen gehalten werden) und in ihrer Gesamtheit das Sonnensystem bilden. Es gibt vier relativ kleine Planeten mit einem Gesteinsmantel, deren Umlaufbahnen relativ nahe an der Sonne vorbeiführen – Merkur, Venus, Erde und Mars. Außerhalb ihrer Umlaufbahnen liegt eine Region, in der Millionen kosmischer Gesteinsbrocken ein Band beziehungsweise einen Ring um die Sonne bilden. Dies ist der sogenannte Planetoiden- oder Asteroidengürtel; es gibt mindestens eine Million Planetoiden mit einem Durchmesser von über 1 Kilometer und unzählige kleinere Trümmerstücke. Jenseits des Planetoidengürtels liegen vier große gasförmige Planeten – Jupiter, Saturn, Uranus und Neptun. Ein neunter Himmelskörper, Pluto, wird für gewöhnlich als »Planet« bezeichnet, obwohl er nur eine Eiskugel von knapp zwei Dritteln der Größe unseres Mondes ist. Jenseits der Umlaufbahn des Pluto erstreckt sich ein riesiger Schwarm von Himmelskörpern mit Eiskern, Kometen genannt.

Zerbrechen Sie sich nicht den Kopf über die Einzelheiten. Wir wollen uns einstweilen lediglich zwei wichtige Merkmale dieses Systems merken. Erstens, es gibt kleine Planeten mit Gesteinsmantel in Sonnennähe und große gasförmige Planeten weiter weg von der Sonne. Zweitens (und dies ist weitaus wichtiger), alle Himmelskörper bis hinaus zu Pluto (und sogar noch etwas darüber hinaus) umlaufen die Sonne in derselben Richtung und in derselben Ebene, wie Läufer, die auf ihren Bahnen entlang einer kosmischen Laufbahn rennen. Die meisten Monde umlaufen ihre Planeten in der gleichen Richtung, und die meisten Planeten drehen sich in der gleichen Richtung um ihre Achsen. Dies spricht sehr für die Annahme, daß das gesamte Sonnensystem aus einer rotierenden Gas- und Staubwolke entstand, die unter ihrem eigenen Gewicht in sich zusammenstürzte. Je stärker sie schrumpfte, um so schneller rotierte sie, so wie eine Schlittschuhläuferin, die ihre Arme allmählich anzieht, und die überschüssige Materie lagerte sich in einer Scheibe ab, die den jungen Stern in derselben Richtung umkreiste, in die dieser sich drehte. Schließlich bildeten sich in dieser Staubscheibe Planeten; aber ich möchte betonen, daß es wirklich »Restmaterie« war. Etwa 99,86 Prozent der Masse des Sonnensystems ist heute in der Sonne selbst konzentriert, und zwei Drittel des Rests sind in dem riesigen Planeten Jupiter eingeschlossen. Auf alle anderen Himmelskörper zusammengenommen (einschließlich der Erde) entfallen weniger als 0,05 Prozent der Masse des gesamten Sonnensystems.

Wenn dieses Modell der Entstehung von Planeten und Sonnensystemen richtig ist, dann sollten viele der jungen Sterne in der Milchstraße selbst von Scheiben aus Staubteilchen umgeben sein. Solche Scheiben lassen sich allerdings nur schwer aufspüren, weil sie nicht wie Sterne hell strahlen, sondern nur matt leuchten, wenn sie durch die Wärme des Sterns im Zentrum aufgeheizt werden beziehungsweise einen Teil des von ihm abgestrahlten Lichts streuen und in den Weltraum reflektieren. Obgleich es indirekte Anhaltspunkte dafür gibt, daß mehrere Sterne von Staubscheiben umgeben sind (etwa die Abschwächung eines Teils des Sternlichts), war bis vor wenigen Jahren nur eine dieser Scheiben, und zwar die um einen jungen Stern namens Beta Pictoris, mit gewöhnlichem sichtbarem Licht fotografiert worden (die Scheibe wurde erstmals 1984 aufgenommen). Im Jahr 1998 gelang es Astronomen jedoch, mit Hilfe von Infrarotdetektoren Bilder von Staubscheiben um drei weitere junge Sterne zu machen.

Das Infrarot ist Teil des elektromagnetischen Spektrums, und seine Wellenlängen sind geringfügig größer als die von rotem Licht. Unsere Augen können infrarote Strahlung nicht sehen, aber wir spüren sie auf unserer Haut als die Strahlungswärme, die von einem offenen Feuer oder von einem Heizkörper ausgeht. Ein Teil des Infrarotbandes läßt sich mit geeigneten Kameras »sehen« (etwa den Kameras in Nachtsichtgeräten, die empfindlich auf Infrarotstrahlung reagieren), die mit Ferngläsern verbunden werden; ein weiterer Teil läßt sich mit einem speziellen Radioteleskop »sichtbar machen«. Beide Techniken wurden angewandt, um Fotos (beziehungsweise Karten) der Scheiben um zwei der hellsten Sterne am Firmament, Wega und Fomalhaut, und um ein weniger reizvolles Objekt, das unter der Bezeichnung HR4796A firmiert, anzufertigen.

Die Bedeutung dieser Entdeckungen betrifft, abgesehen davon, daß sie die Existenz dieser Scheiben beweisen, das Alter der jeweiligen Sterne. HR4796A ist etwa 10 Millionen Jahre alt, Beta Pictoris etwa 35 Millionen Jahre, Fomalhaut etwa 100 Millionen Jahre und Wega etwa 350 Millionen Jahre (Astronomen ermitteln das Alter von Sternen, indem sie ihre Computersimulationen über die Prozesse im Sterninnern mit den beobachteten Meßdaten vergleichen). Unsere Sonne ist etwa 4,5 Milliarden Jahre alt, und Daten aus der radioaktiven Altersbestimmung von Gesteinen auf der Erde sowie von Gesteinsproben vom Mond und von Meteoriten (kosmische Trümmer, die auf die Erdoberfläche stürzen) deuten darauf hin, daß die Entstehung der Planeten etwa einhundert Millionen Jahre, nachdem die Sonne »Feuer fing«, abgeschlossen war. Diese vier Scheiben haben also genau das richtige Alter, um an ihnen verschiedene Phasen der Entstehung eines Sonnensystems wie des unseren nachzuvollziehen.

Übrigens wurde Wega 1998 durch den Film *Contact*, in dem eine intelligente außerirdische Rasse von ihr Signale aussendet, weit über den Kreis der professionellen Astronomen hinaus bekannt. Allerdings ist es extrem unwahrscheinlich, daß auf der Wega intelligente Lebensformen existieren, sowohl weil das System zu jung ist, als daß dort intelligente Lebensformen entstanden sein könnten, als auch wegen der starken Aktivität in der Staubscheibe: Trümmerstücke stoßen zusammen und stürzen auf junge Planeten, die im Entstehen begriffen sind, so daß ein Besuch auf der Wega für jede weltraumfahrende Spezies sehr gefährlich wäre.

All diese Scheiben sind sehr viel größer als unser Sonnensystem. Astronomen messen Entfernungen in Astronomischen Einheiten (AE), wobei 1 AE gleich der mittleren Entfernung der Erde von der Sonne ist (fast genau 150 Millionen Kilometer). Neptun umläuft die Sonne in einer Entfernung von 30 AE – das heißt, er ist dreißigmal so weit von der Sonne entfernt wie wir –, so daß das Planetensystem um unsere Sonne einen Durchmesser von 60 AE hat, was dem Durchmesser der Umlaufbahn von Neptun entspricht. Die Staubscheiben um junge Sterne besitzen im allgemeinen einen Durchmesser von wenigen hundert AE – aber bezeichnenderweise haben sowohl die HR4796- als auch die Fomalhaut-Scheibe eine deutlich abgegrenzte Innenregion. Der staubfreie Raum um Fomalhaut hat einen Durchmesser von 60 AE, und das Loch in der Scheibe um HR4796 hat einen Durchmesser von etwa 70 AE. Beta Pictoris selbst, der archetypische Scheibenstern, weist ein kleineres Loch mit einem Durchmesser von etwa 20 AE auf. Und in allen bislang beobachteten Staubscheiben gibt es nicht annähernd so viel Materie wie in sämtlichen Planeten des Sonnensystems zusammengenommen – der Staub ist sehr dünn verteilt. All dies deutet darauf hin, daß die inneren Regionen der Scheiben durch die Planetenbildung »gesäubert« wurden, indem sich Staubteilchen zusammenlagerten und zu größeren Körpern anwuchsen. Aus einem Teil der Materie in den äußeren Bereichen der ausgedehnten Scheiben entstehen möglicherweise Kometen, doch ein Großteil wird durch die Wärme im Zentrum der jungen Sterne in den interstellaren Raum geblasen.

Neben den Staubscheiben um einige Sterne (da fortlaufend weitere entdeckt werden, ist die Liste, die ich hier anführe, bei Erscheinen dieses Buches mit Sicherheit überholt) haben Astronomen Ende der neunziger Jahre Indizien für die Existenz von

Planeten, die sich um andere Sterne bewegen, präsentiert. Die meisten dieser Hinweise stammen aus minuziösen Untersuchungen der Bewegungsmuster relativ naher Sterne am Himmel. In den meisten Fällen werden diese Bewegungen anhand periodischer Veränderungen im Spektrum des von dem Stern ausgesandten Lichts rekonstruiert, die dadurch verursacht werden, daß der Stern unter Einwirkung der gravitativen Anziehungskraft eines Planeten, der ihn umläuft, leicht hin- und hergerüttelt wird. Wir können dieses »Wackeln« des Sterns nicht direkt beobachten.

Allerdings wurde die Behauptung aufgestellt, das fast unmerkliche Wackeln eines dieser Sterne sei beobachtet worden. Doch dürfte dies verfrüht gewesen sein. Ich will Ihnen eine Vorstellung davon vermitteln, wie schwer es ist, solche Veränderungen zu messen: In einem typischen Fall entspräche die rhythmische Verschiebung des Sterns am Himmel der Messung einer seitlichen Verschiebung, die der Breite eines menschlichen Haupthaares entspricht, das aus einer Entfernung von anderthalb Kilometern betrachtet wird. Da ist es nicht weiter verwunderlich, daß diese Behauptungen in Zweifel gezogen wurden!

Aber das Wackeln von Sternen, das durch die Spektroskopie enthüllt wurde, ist unstrittig. Bei diesem Verfahren analysiert man das von Sternen emittierte Licht und identifiziert die charakteristischen Fingerabdrücke verschiedener Elemente anhand des Musters heller und dunkler Linien, die sie im Spektrum erzeugen (eine Art kosmischer Strichcode). Man führt dieses Wakkeln auf die gravitative Anziehung riesiger Planeten zurück, die Umlaufbahnen um diese Sterne beschreiben – in den meisten bislang untersuchten Fällen braucht man Planeten, die sogar noch größer als Jupiter sind, um das Wackeln zu erklären. Eine geringfügige Dämpfung des Lichts von einem solchen Stern könnte mit einem Planeten erklärt werden, der nur geringfügig größer ist als die Erde und der in einem sogenannten »Durchgang« ähnlich wie bei einer Finsternis vor dem Stern vorübergeht. Der fragliche Stern ist CM Draconis, ein Name, den man sich merken sollte – in der Hoffnung, daß diese Vermutungen durch weitere Beobachtungen erhärtet werden. Die Zahl sogenannter extrasolarer Planeten, die angeblich von Astronomen entdeckt wurden, erreichte in der zweiten Hälfte des Jahres 1998 ein Dutzend, und obwohl die Experten noch immer darüber streiten, ob es sich bei einigen der Entdeckungen auch tatsächlich um Planeten handelt, ist es höchst unwahrscheinlich, daß sie alle auf eine andere Weise wegerklärt werden.

Zur Zeit der Niederschrift dieses Buches, Anfang 1999, kann man wohl mit Fug und Recht behaupten, daß wir eindeutige Beweise für die Existenz von Planeten außerhalb des Sonnensystems haben, und wir verfügen auch über direkte Beobachtungen von Staubscheiben, in denen wir die Entstehung von Planeten erwarten. Es gibt einen weiteren zwingenden Beweis. Wir wissen aufgrund spektroskopischer Analysen, woraus Sterne bestehen. Die ältesten Sterne, die sich aus der Urmaterie bildeten, die bei der Geburt des Weltalls im Urknall entstand, bestehen fast ausschließlich aus Wasserstoff und Helium und enthalten nur geringe Spuren weniger anderer leichter Elemente. Jüngere Sterne, die zeitlich später aus Materie entstanden sind, die zum Teil im Innern anderer Sterne verarbeitet und dann zu neuen Sternen »weiterverarbeitet« wurde, enthalten einen viel höheren Anteil an schwereren Elementen. Astronomen setzen sich für gewöhnlich unbekümmert über die Feinheiten der Chemie hinweg und fassen alle Elemente außer Wasserstoff und Helium unter dem Oberbegriff der »Metalle« zusammen (für einen Astronomen ist also auch Sauerstoff ein Metall). Und alle Sterne, die von Planeten umlaufen werden, sind relativ reich an Metallen – sie sind Sterne, die aus gründlich wiederverwerteter Materie gebildet wurden. Dies entspricht auch unseren Erwartungen, denn wie kann sich ein Planet, der aus Elementen wie Kohlenstoff, Schwefel, Silizium, Sauerstoff und Stickstoff besteht, aus einer Gaswolke bilden, die nur Wasserstoff und Helium enthält – und aus der die ersten Sterne entstanden sein müssen? Die Staubscheiben, in denen sich Planeten bilden, sind buchstäblich Sternenstaub, der infolge der Aktivität früherer Sternengenerationen entstanden ist. Und dies ist der eigentliche Ausgangspunkt meiner Geschichte. Es ist die Geschichte über den Ursprung jener höchstens 0,05 Prozent Sternmaterie, aus der Planeten und Menschen entstehen. Es gäbe keine Planeten wie die Erde und keine Lebensformen wie den Menschen, wenn im Weltall keine Gaswolken existierten, die von winzigen Spuren von Pulverstaub durchzogen wären, die von früheren Generationen von Sternen stammen.

Ich werde nicht versuchen, im einzelnen darzulegen, wie sich ein Planet wie die Erde aus einer Staubscheibe, wie sie etwa Fomalhaut und Beta Pictoris umgibt, bildet, weil die Astronomen noch nicht genau wissen, wie dieser Prozeß abläuft. Und ich werde auch nicht im einzelnen zu erklären versuchen, wie Leben entstanden ist (obgleich ich mir eine bescheidene Spekulation nicht versagen kann). Aber ich werde Ihnen kurz erzählen, wie Wasserstoff und Helium im Urknall selbst aus reiner Energie erzeugt wurden. Und ich werden Ihnen sehr viel ausführlicher schildern, woher der interstellare Staub stammt, aus dem diese Scheiben bestehen. In unserem Körper kommt kein Helium vor, und um die Entstehung von Wasserstoff zu erklären, müssen wir nicht ins Sterninnere schauen. Aber ich werde Ihnen erzählen, auf welche Weise die Atome aller anderen Elemente, aus denen der menschliche Körper besteht, in den Sternen entstanden sind. Die Geschichte über den Ursprung des »Lebens, wie wir es kennen«, ist weitgehend die Geschichte des Weltalls, in dem wir leben, weil Leben und Weltall unentwirrbar miteinander verknüpft sind.

*Kapitel 1*

## LEBEN UND WELTALL

Das vorliegende Buch erklärt die Beziehung zwischen Leben und Weltall, vom Urknall bis zum Auftauchen der Moleküle des Lebens auf der Oberfläche der Erde. Es ist eine vollständige und in sich widerspruchsfreie Geschichte, die unsere Entstehung aus Sternenstaub beschreibt. Aber es ist nicht notwendigerweise die ganze Geschichte über Leben und Weltall, und bevor wir uns in die Einzelheiten vertiefen, möchte ich kurz einige der faszinierendsten neueren Ideen vorstellen, die, falls sie sich als richtig erweisen, die Geschichte möglicherweise über ihr gegenwärtiges Ende hinaus fortspinnen werden. Allerdings möchte ich vorausschicken, daß »faszinierend« nicht unbedingt »richtig« bedeutet. Doch die Wissenschaft macht Fortschritte, indem sie rationale Hypothesen formuliert und diese Hypothesen dann überprüft, um zu sehen, wie gut sie standhalten. Und in einem Buch, das für sich in Anspruch nimmt, die besten verfügbaren wissenschaftlichen Beweise für den Ursprung des Menschen vorzulegen, wäre es nachlässig, wenn ich nicht klarstellen würde, wie die Naturwissenschaft zu diesen tiefgreifenden Schlußfolgerungen gelangt. Eine bestimmte spekulative Annahme über den Zusammenhang zwischen Leben und Weltall besitzt den Vorteil, daß sie für die Geschichte, die ich erzählen will, von Belang ist und zugleich die praktische Anwendung der wissenschaftlichen Methode verdeutlicht.

Es ist eigentlich eine alte Idee, die in jüngster Vergangenheit wiederaufgegriffen und in Anbetracht neuer astronomischer Erkenntnisse weiterentwickelt wurde. Sie ist besonders interessant, weil sie zeigt, wie wissenschaftliche Ideen in und aus der Mode kommen und plötzlich wieder angesagt sind, wenn neue Entdeckungen gemacht werden und die Meinungen sich ändern. Tatsächlich war die erste Person, die diese Idee formulierte, ihrer Zeit weit voraus, wie es so oft in den Naturwissenschaften der Fall ist. Im Jahr 1871 sann William Thomson (der spätere Lord Kelvin) in seiner Ansprache vor der British Association (deren Präsident er war) über das Rätsel der Entstehung des Lebens auf der Erde nach. Er stellte eine Analogie zur Wiederbesiedlung einer neu entstandenen Vulkaninsel durch Organismen auf. Und zwar sagte er:

> Wir nehmen ohne weiteres an, daß Samen durch die Luft auf die Insel geweht oder auf Treibholz an ihre Küste angespült wurden – wir müssen es als im höchsten Grade wahrscheinlich erachten, daß es zahllose Meteoriten gibt, die Samen tragen und sich durch den Weltraum bewegen. Wenn gegenwärtig kein Leben auf der Erde existierte, könnte ein solcher Stein, der auf die Erde fällt, dazu führen, daß unser Planet durch das, was wir ahnungslos natürliche Ursachen nennen, sich mit natürlicher Vegetation überzieht.

Thomsons Ausführungen sind besonders als ein Echo ihrer Zeit interessant – er äußerte sie nur ein Dutzend Jahre, nachdem Charles Darwin und Alfred Russel Wallace ihre Theorie der Evolution durch natürliche Selektion publizierten. Ein zentraler Punkt ihrer Abhandlung war die Frage, wie irgendwelche Lebensformen auf abgelegenen Inseln auftauchen und sich dort zu neuen Spezies weiterentwickeln. In dem Hinweis auf »Meteoriten« klingt auch Thomsons eigenes Interesse an der Frage an, wie die Sonne ihr inneres Heizkraftwerk am Laufen hält – im Einklang mit der Annahme, die Sonne könne dadurch Wärme freisetzen, daß sie langsam unter ihrem eigenen Gewicht zusammenschrumpft, war Thomson der theoretischen Möglichkeit nachgegangen, die Sonne werde durch einen fortwährenden Meteoritenschauer auf ihre Oberfläche heiß gehalten. Aber Thomson erntete nur selten Anerkennung für seine Ideen über den Ursprung des Lebens auf der Erde, und obgleich man sie nicht unerwähnt lassen sollte, dürfte es angemessen sein, sie in eine Fußnote der Wissenschaftsgeschichte zu verbannen, da er sie nie weiterentwickelte und als reine Spekulation stehenließ.

Die Geschichte beginnt eigentlich im Jahr 1907 mit einer These des schwedischen Chemikers Svante Arrhenius. Arrhenius war 1903 für seine Arbeiten zur Elektrolyse mit dem Nobelpreis für Chemie ausgezeichnet worden, und die Bandbreite seiner Interessen wird durch die Tatsache unterstrichen, daß er 1905 als einer der ersten überhaupt vor der Gefahr einer globalen Erwärmung warnte, die durch die Anhäufung von Kohlendioxid in der Atmosphäre (der Treibhauseffekt) infolge der Verbrennung fossiler Energieträger entstehe. Sein Interesse an den Vorgängen in der Atmosphäre unseres Planeten führte ihn direkt zu Spekulationen über den Ursprung des Lebens auf der Erde, nachdem er erkannt hatte, daß Mikroorganismen (wie etwa Bakterien) hoch in die Atmosphäre verfrachtet werden können; von dort entkommen sie möglicherweise ins Weltall und werden durch den Druck der Sonnenstrahlung aus dem Sonnensystem hinausgetrieben. Wir wissen von einigen Mikroorganismen, daß sie in einer lebensfeindlichen Umwelt (insbesondere unter sehr trockenen Bedingungen) für sehr lange Zeiträume in einem Ruhezustand verharren können; sobald ihre ökologischen Mindestanforderungen (vor allem Wasser) erfüllt sind, nehmen sie ihre normalen Lebensaktivitäten wieder auf. Vielleicht, so spekulierte Arrhenius, könnten sie sogar die Wüste des interstellaren Raumes in diesem Ruhezustand durchqueren, und sobald sie auf einem anderen erdähnlichen Planeten landeten, würden sie wieder zum Leben erwachen.

Aber weshalb sollte dies ein Prozeß sein, der nur in die eine Richtung verläuft? Wenn lebende Sporen von der Erde auf diese Weise in den Weltraum entkommen können, so Arrhenius' Überlegung, dann könnten auch Sporen von anderen Planeten, die Umlaufbahnen um andere Sterne beschreiben, in den Weltraum entweichen; unter Umständen waren dann solche interstellaren Wanderer in die Atmosphäre der frühen Erde eingetaucht und hätten hier Leben begründet. Diese Hypothese über den Ursprung des Lebens auf der Erde wurde »Panspermie« (Lehre von den »überall vorkommenden Lebenskeimen«) genannt, und sie paßte recht gut zu dem Bild, das man sich zu Beginn des 20. Jahrhunderts vom Weltall machte. Arrhenius wußte nichts von Thomsons Spekulation; er legte jedoch eine solide ausgearbeitete Hypothese vor, mit der er nicht nur zu erklären versuchte, wie das Leben von Felsbrocken im Weltall auf einen Planeten, sondern auch, wie es von einem Planeten ins Weltall gelangt sein könnte. Er verdient den Ehrenplatz, den man ihm für gewöhnlich in der Geschichte der Panspermie einräumt.

Damals glaubte man, das, was wir heute das Milchstraßensystem (die Galaxis) nennen, sei das gesamte Universum. Die Astronomen wußten bereits, daß einzelne Sterne in der Milchstraße entstehen, existieren und vergehen, aber sie glaubten, das »Weltall« selbst sei im wesentlichen ewig und unveränderlich – man kann dies mit einem uralten Wald vergleichen, den es seit undenklichen Zeiten gibt, auch wenn jeder einzelne Baum in dem Wald viele Male durch neue Bäume ersetzt wurde. Das Schlüsselmerkmal dieses Weltmodells besteht darin, daß es keinen Ursprung gab, so daß sich die Frage, wie das Weltall begann, gar nicht stellte. Andererseits war man unabweisbar mit der Frage konfrontiert, wie das Leben auf der Erde entstanden war, da man zu der Zeit, als Arrhenius über dieses ungelöste Problem nachdachte, mit Methoden der radioaktiven Altersbestimmung erstmals das Erdalter grob ermittelt hatte. Doch indem Arrhenius den Ursprung des Lebens außerhalb der Erde, in dem nach damaliger Auffassung unvergänglichen Weltall ansiedelte, »löste« er das Rätsel, indem er es ausklammerte. Wenn das Weltall ewig und im wesentlichen unwandelbar ist, obgleich Generationen von Sternen ihre Lebenszyklen darin durchlaufen, dann kann man mit guten Gründen davon ausgehen, daß von jeher Leben im Weltall existiert und sich im Rahmen des Generationenzyklus von alten Planeten auf neue ausbreitet. Und in einem unendlich alten Universum stünde selbst dann, wenn Leben durch Zufallsprozesse entstehen müßte, unendlich viel Zeit dafür und für die anschließende Ausbreitung des Lebens von seinem Ursprungsplaneten aufs gesamte Weltall zur Verfügung. Dies war eine absolut vernünftige Überlegung, wenn man bedenkt, was wir im ersten Jahrzehnt des 20. Jahrhunderts über das Weltall wußten.

Doch obwohl die Idee vernünftig war, wurde sie nicht wirklich ernst genommen. Als unser Wissen über die Sterne, die Milchstraße und das Weltall insgesamt im Verlauf der nächsten fünfzig Jahre zunahm (eine Geschichte, die ein zentrales Thema dieses Buches ist), zerbrachen sich die meisten Wissenschaftler, die sich mit dem Problem der Entstehung des Lebens befaßten, den Kopf, wie sich unter Bedingungen, die vermutlich auf der frühen Erde herrschten, aus einfachen chemischen Verbindungen wie Methan und Ammoniak komplexe organische Moleküle bilden können. Wie wir sehen werden, enthüllte die Radioastronomie erst Ende der sechziger Jahre allmählich den Reichtum der interstellaren Chemie.

In den sechziger Jahre erwachte auch das Interesse an der Panspermie-Lehre erneut – allerdings bereits vor der Entdeckung komplexer organischer Moleküle im Weltall. Das Interesse an diesem Modell erhielt unter anderem durch Ballonflüge Auftrieb, bei denen Meßinstrumente weit in die Stratosphäre hinauf getragen wurden und den Nachweis erbrachten, daß in der oberen Atmosphäre tatsächlich Mikroorganismen herumschwirren. Die entscheidenden Berechnungen führte jedoch der amerikanische Astronom Carl Sagan durch, als er zusammen mit dem Russen Josif S. Shklovskii an dem epochemachenden Werk *Intelligent Life in the Universe* arbeitete, das 1966 erschien (und noch immer lesenswert ist)*. Statt lediglich über das Schicksal solcher

---

\* Carl Sagan und Josif S. Shklovskii, *Intelligent Life in the Universe*. New York: Holden Day, 1966.

Mikroorganismen zu spekulieren, berechnete Sagan die Auswirkung der Sonnenstrahlung auf Teilchen unterschiedlicher Größe (dies konnte Arrhenius natürlich noch nicht leisten, weil man Anfang des 20. Jahrhunderts nicht genug über die Sonne und das interplanetare Umfeld wußte).

Weil die Massenanziehungskraft Teilchen in Richtung Sonne zieht und der Strahlungsdruck, der sie nach außen stößt, eher schwach ist, lassen sich nur sehr kleine Teilchen aus der Umlaufbahn der Erde wegblasen – Mikroben von weniger als 0,5 µm (ein halber Millionstel Meter) Durchmesser. Dies ist in zweierlei Hinsicht faszinierend: erstens, weil es lebende Mikroorganismen gibt, die genau diese Größe besitzen, und zweitens, weil man Staubteilchen exakt dieser Größe mittlerweile in interstellaren Wolken nachgewiesen hat. Eine solche Bakterienspore, die von der Erde wegfliegt, würde in ein paar Wochen die Umlaufbahn des Mars passieren, innerhalb ein paar Monaten an Jupiter vorbeifliegen, binnen weniger Jahre das Sonnensystem verlassen und sich vielleicht in einer Million Jahre mit einer interstellaren Staubwolke vermischen. Obgleich die Panspermie-Theorie in ihrer ursprünglichen Fassung davon ausging, daß Mikroorganismen in die Atmosphäre neu entstandener Planeten hineintreiben, werden sie in einer moderneren Interpretation zu Bestandteilen der Materie, aus der sich neue Planetensysteme bilden. Aber Sagan wies darauf hin, daß die Sache einen Haken hat.

Sobald die Mikroorganismen die Erdatmosphäre verlassen, sind sie der ultravioletten Strahlung der Sonne und auch Teilchen wie Protonen und Elektronen ausgesetzt, die im Sonnenwind (der solaren kosmischen Strahlung) enthalten sind. Selbst die widerstandsfähigsten Bakterien, die heute auf der Erde anzutreffen sind, würden innerhalb eines Tages nach dem Verlassen der Erde von der UV-Strahlung abgetötet, und selbst wenn es einen Organismus gäbe, dem die solare UV-Strahlung nichts anhaben könnte, würde er durch die kosmische Strahlung getötet, bevor er das Sonnensystem verlassen könnte.

Es gibt ein weiteres Problem, zumindest in der ursprünglichen

Fassung der Panspermie-Lehre. Wenn Mikroorganismen von etwa 0,5 µm Größe aus der Umlaufbahn der Erde hinausgeweht werden, dann könnte mit Sicherheit kein Partikel dieser Größe auf der jungen Erde gelandet sein, selbst wenn er von einem ähnlichen Planeten irgendwo im Weltall entwichen wäre. Dies veranlaßte Sagan und Shklovskii dazu, die Möglichkeit zu erörtern, daß Lebenskeime auf Planeten eintreffen, die weiter von ihrem Mutterstern entfernt sind – in unserem Sonnensystem beispielsweise auf Jupiter oder Saturn. Damit weicht man der Frage aus, wie das Leben auf der Erde entstanden ist, aber das Problem stellt sich eigentlich nicht, wenn wir annehmen, daß Mikroorganismen in die interstellaren Wolken integriert werden, aus denen neue Planetensysteme entstehen, weil sie dann durch Kometeneinschläge junge Planeten erreichen würden. Dies ist Teil des natürlichen Prozesses der Planetenbildung, den ich in Kapitel 9 beschreibe.

Anfang der siebziger Jahre glaubte der Astronom Sagan, die Panspermie-Hypothese lasse sich nicht aufrechterhalten, weil der Weltraum für jene Lebewesen, die heute von der Erde entweichen könnten, zu gefährlich sei. Doch etwa zur gleichen Zeit gelangte der bedeutende britische Biologe Francis Crick* zu der Überzeugung, die astronomischen und geologischen Befunde zeigten, daß das Leben auf der Erde nicht genug Zeit hatte, um gänzlich aus eigener Kraft zu entstehen. Es gibt eindeutige geologische Beweise dafür, daß weniger als 600 Millionen Jahre nach der Entstehung des Planeten Leben auf der Erde existierte, und Biologen wie Crick halten es für unmöglich, daß in dieser kurzen Zeit aus einem Gemisch einfacher chemischer Verbindungen Leben entstanden ist. Während der Astronom die Panspermie-Lehre aus biologischen Gründen verwarf, begann der Biologe sie aus astronomischen Gründen zu befürworten. Zusammen

---

\* Crick wurde 1962 gemeinsam mit James Watson und Maurice Wilkins für die Aufklärung der Struktur der DNA mit dem Nobelpreis für Physiologie oder Medizin ausgezeichnet.

mit dem Amerikaner Leslie Orgel entwickelte Crick eine Variante, die er »gerichtete Panspermie« nannte; demnach sei die Erde gezielt mit Lebenskeimen in Form von Mikroorganismen (hauptsächlich Bakterien) besät worden, die in einem gegen die kosmische Strahlung abgeschirmten Raumfahrzeug von Außerirdischen durch den Weltraum befördert worden seien.

Es müßte sich dabei nicht um den gezielten Versuch gehandelt haben, ausgerechnet die Erde mit organismischen Keimen zu überziehen – wir verfügen heute mehr oder weniger über die Technologie, kleine unbemannte Raumsonden in mehr oder weniger zufällige Richtungen loszuschicken und sie auf jedem beliebigen Planeten, der auf ihrer Flugbahn liegt, abzusetzen. Auch wenn man dem Leben auf der Erde einen eleganteren Anfang gewünscht hätte, ist diese Erklärung doch noch immer etwas besser als die Hypothese des Astronomen Tommy Gold, der mit nur leichter Ironie behauptete, alles Leben auf der Erde sei vermutlich aus dem organischen Abfall hervorgegangen, den einige Außerirdische zurückgelassen hätten, als sie für ein Picknick mal kurz auf der Erde zwischengelandet seien!

Seit den siebziger Jahren ist das Pendel jedoch wieder zurückgeschwungen. Eine neue Variante der Panspermie-Theorie legte dar, wie Mikroorganismen trotz des Strahlungsproblems auf natürliche Weise von einem Planeten wie der Erde entweichen und den interstellaren Raum durchqueren könnten, um andere Planeten mit Lebenskeimen zu infizieren. Jeff Secker von der Washington State University hat gemeinsam mit Paul Wesson und James Lepock von der University of Waterloo, Kanada, das Problem, wie interstellare Sporen überleben konnten, von einem anderen Standpunkt aus betrachtet. Sie berücksichtigten die Tatsache, daß sich ein Stern wie die Sonne im Lauf der Zeit verändert und zu einem sogenannten Roten Riesen wird. Zuerst nahmen sie an, die lebenden (beziehungsweise ruhenden) Mikroorganismen seien dadurch geschützt gewesen, daß sie in Staubkörner eingebettet waren. Doch dies löst das Strahlungsproblem nur teilweise, und es macht die Teilchen außerdem schwerer, so daß sie nicht so leicht aus dem Sonnensystem herausgeweht werden. Doch wenn die Sonne zu einem Roten Riesen wird, nimmt die Intensität der ultravioletten Strahlung, die von ihrer Oberfläche ausgeht, stark ab, während ihre Leuchtkraft insgesamt zunimmt, was wiederum den Strahlungsdruck erhöht, der winzige Körnchen aus der Umlaufbahn der Erde hinaustreibt. Wie wir noch sehen werden, schleudern Rote Riesen gewaltige Mengen Materie in den Weltraum, und von einem Planeten, der diesen Roten Riesen umläuft, stammendes Material mit Biomolekülen könnte durchaus in diese Materie aufgenommen werden. Bioaktive Moleküle könnten also ohne weiteres in die interstellaren Wolken gelangen, aus denen neue Planetensysteme entstehen. Und es müßte nicht einmal *lebende* (oder ruhende) Materie sein. Secker und Mitarbeiter wiesen 1996 auf etwas hin, das allen anderen entgangen zu sein schien: daß selbst »inaktivierte« biologische Materie in Form von Bruchstücken von Molekülen wie der DNA, also Überreste einstmals lebender Materie, die unter Einwirkung kosmischer Strahlung aufgespalten wurde, dann, wenn sie auf einen geeigneten Planeten gebracht würde,»die Wahrscheinlichkeit erhöhen könnte, daß dort Leben entsteht, und möglicherweise die (scheinbar) rasche Evolution des frühen Lebens auf der Erde erklären könnte«. Doch wie alle anderen Wissenschaftler, die die Panspermie-Lehre in ihren verschiedenen Ausgestaltungen propagierten, denken Secker und Mitarbeiter nur an die Möglichkeit, daß biologisches Material auf einen bereits existierenden Planeten fällt; entgangen ist ihnen hingegen, daß dieses Material sich mit größerer Wahrscheinlichkeit weit leichter mit dem Stoff vermischt, aus dem Planeten entstehen.

Da ein Stern wie die Sonne erst nach etwa 10 Milliarden Jahren, in denen er sich in einem weitgehend stabilen Zustand befindet, wie er heute zu sehen ist, zu einem Roten Riesen wird, ist die aus Sicht von Secker und Mitarbeitern gute Nachricht, daß auf einem Planeten, der einen Stern umläuft, reichlich Zeit für die Entstehung von Leben zur Verfügung steht. Beim ersten

Mal hätte es genaugenommen sehr viel länger als 600 Millionen Jahre dauern können, bis Leben entstand. Doch dann besorgte die Panspermie den Rest. Wenn Leben andererseits eine so lange Zeitspanne braucht, um zum ersten Mal zu entstehen, muß es – und das ist die schlechte Nachricht – auf einem Planeten aufgetreten sein, der sehr viel älter ist als das Sonnensystem. Da dieses vor etwa 4,5 Milliarden Jahren entstand, scheint diese These darauf hinauszulaufen, daß der gesamte Prozeß der Emergenz von Leben sehr viel länger dauerte, wenn man berücksichtigt, daß die Panspermie, nachdem der Mutterstern zu einem Roten Riesen wurde, genügend Zeit für die Verbreitung biologischen Materials gehabt haben muß. Selbst wenn der Mutterstern etwas massereicher als die Sonne wäre (was bedeuten würde, daß er seinen Lebenszyklus etwas schneller durchlaufen würde als die Sonne), müssen wir dennoch davon ausgehen, daß es Jahrmilliarden dauert, bis er zu einem Roten Riesen wird, denn der Kernpunkt dieser Überlegung besteht ja gerade darin, daß die Evolution der ersten Lebensformen Milliarden von Jahren in Anspruch nahm. Es hat keinen Sinn, einen Stern mit beispielsweise der dreifachen Masse der Sonne anzuführen, der seinen Lebenszyklus in nur 500 Millionen Jahren durchläuft, denn wenn Leben in dieser kurzen Zeitspanne auf einem Planeten entstehen kann, der einen solchen Stern umläuft, dann kann es auch in den ersten Hunderten von Jahrmillionen auf der Erde entstanden sein.

Das Argument der »Panspermie durch Rote Riesen« verschiebt die Herausbildung des Systems, in dem erstmals Leben entstand, auf einen Zeitpunkt vor über 10 Milliarden Jahren. Dies liegt jedoch ungemütlich nahe an den besten Schätzungen für das Alter des Universums und läßt sehr wenig Zeit für die Entstehung der ersten Planetensysteme nach dem Urknall. In dieser Frühzeit des Weltalls hatten die Sterne kaum die Möglichkeit, schwerere Elemente zu synthetisieren, und man kann nur Vermutungen darüber anstellen, ob auf den ersten Planeten die richtigen Stoffe in ausreichender Menge vorhanden waren, um das Ausgangsmaterial für Leben, wie wir es kennen, bereitzustellen. Und es *muß* Leben sein, wie wir es kennen, weil die ganze Argumentation darauf abzielt, daß wir direkte Nachfahren jener ersten Lebewesen sind.

Meines Erachtens könnte die Panspermie-Theorie richtig sein, aber aus Gründen, die ich an späterer Stelle darlegen werde, bedarf es, um die Existenz von Leben auf der Erde zu erklären, weder der »natürlichen« noch der »gerichteten« Panspermie. Beide Erklärungsmodelle stützen sich auf mehr Zusatzannahmen als die einfache Aussage, daß komplexe organische Moleküle, die durch natürliche chemische Prozesse in der interstellaren Wolke entstanden, aus der sich das Sonnensystem bildete, auf die junge Erde verfrachtet wurden. Diese Theorie wurde Ende der siebziger Jahre von Sagan formuliert und basierte auf gemeinsamen Arbeiten von Sagan und Christopher Chyba. Und wenn wir die Spekulation noch weiter vorantreiben wollten, dann würde ich behaupten, daß die komplexe Chemie interstellarer Wolken ausreicht, um die Erzeugung echter Biomoleküle zu erklären. Nach meinem Dafürhalten ist die Annahme, daß solche Moleküle auf anderen Planeten entstanden und dann in den Weltraum hinausgeschleudert wurden, wo sie sich mit interstellaren Wolken vermengten, nichts anderes als die Einführung eines weiteren umständlichen Schrittes in die Berechnung. Ende der neunziger Jahre wurde bei Laborexperimenten, in denen die Molekülarten, die heute in interstellaren Wolken nachweisbar sind, mit ultraviolettem Licht bestrahlt wurden, ein ganzer Zoo organischer Moleküle erzeugt, die miteinander reagierten und sich zu Aminosäuren und anderen biochemischen Molekülen zusammenschlossen. Man schütte diese Suppe auf der Erde aus, als sie etwa 600 Millionen Jahre alt war, und die Schwierigkeiten, die Francis Crick in den siebziger Jahren so großes Kopfzerbrechen bereiteten, verschwinden. Wie sagte der Astronom David Buhl doch: »Das Überwiegen organischer Molekülarten [in interstellaren Wolken] und ihre Ähnlichkeit mit den Produkten, die bei der [Labor-]Synthese von Aminosäuren entstehen, lassen auf eine sehr enge Parallele zwischen interstellaren Wolken und der präbiotischen Chemie schließen.«*

Auch wenn ich nicht glaube, daß die Panspermie-Lehre den Ursprung des Menschen erklärt, besteht doch kein Zweifel daran, daß wir in der nahen Zukunft in der Lage sein werden, andere Planeten mit organischen Molekülen zu besäen. Dies wirft schwierige ethische Fragen auf (die den Rahmen dieses Buches sprengen). Ich hoffe, mein kurzer Abriß der Geschichte der Panspermie-Theorie hat Ihnen verdeutlicht, welch große Fortschritte wir im 20. Jahrhundert gemacht haben. In gewisser Hinsicht war die ursprüngliche Panspermie-Theorie eine Notlösung. Weil niemand wußte, wie Leben entstanden ist, hat man schlicht spekuliert, daß es von jeher existierte und sich einfach allmählich im Weltall ausbreitete. Wir wissen noch immer nicht genau, wie Leben begann – niemand hat bislang mit eigenen Augen gesehen, wie ein Gemisch von Chemikalien in einem Reagenzglas zum Leben erwachte. Doch anders als Arrhenius wissen wir sehr genau, welches Gemisch chemischer Substanzen erforderlich ist, damit Leben, wie wir es kennen, entsteht. Und wir wissen genau, woher diese Chemikalien stammten: Sie sind ein natürliches Abfallprodukt der Prozesse der Sternbildung und -entwicklung. Dies ist die Geschichte, die ich Ihnen erzählen werde, und ich möchte mit den grundlegenden Eigenschaften des Lebens selbst beginnen.

---

* Zitiert in: Stephen J. Dick, *Life on Other Worlds*. Cambridge: University Press, 1998.

Kapitel 2

## LEBEN, WIE WIR ES KENNEN

Was ist Leben? Weil wir Lebewesen sind und auf der Erdoberfläche leben, erscheint es uns als selbstverständlich, daß auf Planeten wie der Erde Lebensformen wie der Mensch existieren. Aber sobald wir darüber nachdenken und vor allem, wenn wir die Oberflächenbedingungen auf der Erde mit denen auf anderen Planeten des Sonnensystems vergleichen, erstaunt es uns zunächst in höchstem Maße, daß das spezifische Sortiment an chemischen Stoffen, aus denen sich der menschliche Körper zusammensetzt, überhaupt existiert und daß es einen Planeten wie die Erde gibt, auf dem sich diese chemischen Stoffe – Verbindungen von Elementen – zu so faszinierenden Gebilden wie Pfingstrosen und Menschen entwickeln konnten. Erst wenn man aufhört, darüber nachzudenken, wird man dessen gewahr, daß hier eine sehr tiefe Wahrheit verborgen liegt. Doch dieses eine Mal mag der unreflektierte erste Eindruck zutreffen. Vielleicht ist es tatsächlich in der Natur angelegt, daß Lebensformen wie wir auf Planeten wie der Erde existieren, denn je eingehender wir über die Natur des Lebens selbst nachdenken, um so enger sind die Verbindungen, die wir zwischen uns und dem Weltall als Ganzes feststellen. Dies ist besonders offensichtlich, wenn man an der Basis beginnt und Leben unter dem Gesichtspunkt der einfachsten chemischen Bausteine, der Elemente, analysiert.

Natürlich läßt sich Leben nicht auf seine chemischen Bausteine reduzieren. Wenn man alle chemischen Stoffe, aus denen der menschliche Körper (oder eine Pfingstrose) besteht, auf einen Haufen schüttet, erhält man kein Lebewesen, sondern lediglich einen Haufen Chemikalien. Es gehört zu den definierenden Kennzeichen von Leben, daß es sich Energie aneignet und diese dazu nutzt, aus einfachen Bausteinen komplexe Produkte zu erzeugen. Im Fall des Lebens auf der Erdoberfläche geht der Energiefluß von der Sonne aus, und die Sonnenenergie dient dazu, aus der einfachen Chemie des Nichtlebens die komplexe Chemie des Lebens aufzubauen. Aber einige Organismen leben auch tief unter der Meeresoberfläche, wo sie nie die Wärme der Sonne spüren. Dort geht der Energiefluß von heißen Schloten auf dem Meeresboden aus, die Wärmeenergie aus dem Erdinnern in den örtlichen marinen Lebensraum strömen lassen.

Dies ist ein Beispiel für ein allgemeineres Naturprinzip: Komplexe (nicht unbedingt lebende) Gebilde existieren dort, wo sie einen Energiefluß nutzen können. Wenn Energie in die richtige Richtung fließt, dann ordnen sich einfache Systeme spontan zu interessanten Mustern. Man nennt dies Selbstorganisation; sie steht im Zentrum der Komplexitätsforschung, einem der spannendsten und faszinierendsten Forschungsgebiete zu Beginn des 21. Jahrhunderts. Wir wollen die Selbstorganisation an einem einfachen (nicht-biologischen) Beispiel veranschaulichen: Wenn eine flache Pfanne mit einer öligen Flüssigkeit von unten erhitzt wird, dann wird die Wärme zunächst nach oben geleitet, und die Flüssigkeit bewegt sich nicht. Wenn ihre Temperatur weiter steigt, beginnt die Bodenschicht der Flüssigkeit durch Konvektion emporzusteigen, während oberflächennahe kühlere Flüssigkeit absinkt, um sie zu ersetzen. Zunächst verläuft die Konvektion ungeordnet. Doch wenn die Flüssigkeit in der Pfanne ganz allmählich erhitzt wird, kann die Konvektion ein hübsches Muster aus sechseckigen, wabenförmigen Zellen bilden; heiße Flüssigkeit steigt die Seiten der Zellen hinauf, und kühle Flüssigkeit sinkt in der Mitte jeder Zelle hinab.

Leben ist ein viel komplizierterer Prozeß, aber es hängt ebenfalls von einem Energiefluß durch ein System ab – auf seiner fundamentalsten Ebene durch eine lebende Zelle. Lebende Zellen reproduzieren sich, indem sie neue Zellen bilden, aber die größte Frage in der Biologie lautet noch immer: Woher kamen die ersten Lebewesen? Die Biologen haben heute eine klare Vorstellung von dem Mindestmaß an Komplexität, das eine lebensfähige Zelle besitzen muß – ein wenig DNA, ein wenig RNA, etwas Protein, eine Membran, die alles zusammenhält, und eine Nahrungsquelle zur Deckung des Energiebedarfs. Sobald solche »Minimalbakterien« auf der Erde existierten (lassen wir dabei die Frage außer Betracht, ob sie aus dem Weltraum stammten oder auf der Erdoberfläche entstanden sind), erbrachte zusätzliche Komplexität, die den Zellen eine effizientere Nutzung der Energie ermöglichte und damit ihre Reproduktionsfähigkeit verbesserte, einen evolutionären Anpassungsvorteil mit sich. Aber dies geht, ebenso wie der Ursprung der ersten Minimalbakterien, über die Themenstellung dieses Buches hinaus. Ich befasse mich hier lediglich mit der Entstehung der materiellen Bausteine des Lebens – aber ich möchte nicht den Eindruck erwecken, ich wäre so reduktionistisch, zu glauben, daß damit alles erklärt wäre!

Diese materiellen Bausteine des Lebens sind eine Teilmenge der chemischen Elemente – und zwar eine recht kleine Teilmenge. Wie wir alle in der Schule gelernt haben, ist ein Element der einfachste Stoff, der an chemischen Reaktionen beteiligt sein kann; zudem läßt sich ein Element mit chemischen Mitteln nicht in einfachere Bausteine zerlegen oder in ein anderes Element umwandeln. Auf der Erde kommen von Natur aus etwa neunzig Elemente vor. Jedes Element besteht aus einer einzigen Atomsorte – ein Atom ist die kleinste Einheit, als die ein Element auftreten kann. Elemente (beziehungsweise Atome) können sich auf bestimmte Weise miteinander zu Molekülen – etwa zu Wassermolekülen – verbinden. Jedes Wassermolekül enthält zwei Atome des Elements Wasserstoff und ein Atom des Elements Sauerstoff, so daß seine chemische Formel $H_2O$ lautet. So weit, so bekannt. Doch jetzt kommt die erste Überraschung. Obgleich auf der Erde von Natur aus etwa neunzig Elemente vorkommen, wird das sichtbare Weltall von nur zwei Atomsorten beherrscht und die Chemie des Lebens selbst von ganzen vier.

Betrachtet man ihre Masse, so bestehen die ältesten Sterne zu etwa 75 Prozent aus Wasserstoff und zu etwas weniger als 25 Prozent aus Helium sowie Spuren anderer Elemente. Das sichtbare Weltall als ganzes besteht überwiegend aus Wasserstoff und Helium. Beim Menschen allerdings ist die Kombination von Elementen eine ganz andere – wir bestehen aus Urmaterie, die im Innern von Sternen zu schwereren Elementen verarbeitet wurde. Doch obgleich diese Verarbeitung (und Wiederverarbeitung) von Sternmaterie seit etwa 12 Milliarden Jahren andauert, dominieren im Sonnensystem noch immer Wasserstoff und Helium. Dies ist für uns nicht offensichtlich, einfach weil der größte Teil des Wasserstoffs und Heliums in der Sonne selbst gebunden ist, während der Planet, auf dem wir leben, die Erde, eine Kugel aus übriggebliebenem Staub ist, die eine Umlaufbahn um die Sonne beschreibt.

Aber die Messung der Elementenhäufigkeit, bezogen auf die Masse (die für diese Zwecke identisch mit ihrem Gewicht ist), ist nur ein Teil der Geschichte, denn Atome verschiedener Elemente habe unterschiedliche Massen (manchmal haben selbst Atome desselben Elements geringfügig voneinander abweichende Massen, doch einstweilen werde ich mich nur auf die häufigste Form jedes Elements beziehen). Jedes Heliumatom beispielsweise hat die vierfache Masse eines Wasserstoffatoms. Wenn man also jedes Atom (beziehungsweise jeden Atomkern) als ein eigenes Teilchen behandelt, dann besteht die Sonne zu 90,8 Prozent aus Wasserstoff, zu 9,1 Prozent aus Helium und zu 0,1 Prozent aus allen anderen Elementen zusammengenommen – dies stimmt weitgehend mit der spektroskopisch festgestellten Zusammensetzung anderer Sterne überein, die ungefähr genauso alt wie die Sonne sind.

Aber wir leben im Planetengebiet des Sonnensystems, das sich aus der Staubscheibe um den jungen Stern herausbildete. Die leichteste Materie, die in der Scheibe übrigblieb, wurde durch die Wärme der jungen Sonne überwiegend in den interstellaren Raum geweht. Und Wasserstoff und Helium sind die beiden leichtesten Elemente von allen. Daher sind die prozentualen

Häufigkeiten der schwereren Elemente im planetarischen Bereich des Sonnensystems etwas größer als in der Sonne selbst – nicht weil es mehr schwere Materie gäbe, sondern weil weniger leichte Materie vorhanden ist. Bezogen auf das Sonnensystem als ganzes, steuern Wasserstoff 70,13 Prozent, Helium 27,87 Prozent und Sauerstoff, das dritthäufigste Element, 0,91 Prozent zur Gesamtmasse bei. Obgleich Wasserstoff und Helium vorherrschen, ist die Tatsache, daß Sauerstoff, bezogen auf die Masse, das dritthäufigste Element im Sonnensystem ist, bereits eine bedeutsame Entdeckung, weil Sauerstoff in den biologischen Prozessen, die wir kennen, eine Schlüsselrolle spielt – seine Bedeutung ist so offenkundig, daß ich sie nicht einmal zu erklären brauche. Und wenn wir vorerst Wasserstoff und Helium außer Betracht lassen und uns auf die 2 Prozent des Sonnensystems konzentrieren, die aus anderen Elementen bestehen, dann wird es noch interessanter.

Die betreffenden Zahlen sind so klein, daß es sich einmal mehr empfiehlt, die Zahl der Teilchen statt Massen zu zählen. In unserem Teilbereich des Weltalls (und sogar im Weltall insgesamt) ist Schwefel, auf die Teilchenzahl bezogen, das zehnthäufigste Element. Auf je 2 Schwefelatome kommen 3 Eisenatome, 4 Magnesium- und Neonatome, 5 Siliziumatome, 9 Stickstoffatome, 40 Kohlenstoffatome und 70 Sauerstoffatome (und dies sind alles nur Spurenmengen im Vergleich zu den Tausenden von Heliumatomen und Zehntausenden von Wasserstoffatomen für alle paar Schwefel- oder Eisenatome).* Abgesehen von diesen

---

\* Weil Wissenschaftler diese Zahlen in unterschiedlicher Weise zu ganzen Zahlen runden, geben verschiedene Bücher leicht voneinander abweichende Zahlen an. Sofern nichts anderes angegeben, sind alle in diesem Buch angeführten Zahlen als Näherungswerte zu verstehen und nicht als exakte Zahlen. Diese Menge ist William Kaufmanns *Universe* entnommen. Es kommt nicht darauf an, ob es genau 3 oder 4 Eisenatome für jedes Schwefelatom gibt, sondern daß es, gerundet, zehnmal soviel Kohlenstoff wie Neon und doppelt soviel Sauerstoff wie Kohlenstoff gibt.

»Top Ten« haben lediglich fünf andere Elemente (Aluminium, Argon, Kalzium, Nickel und Natrium) Häufigkeiten, die zwischen 10 Prozent und 50 Prozent der Häufigkeit von Schwefel betragen. Alle anderen Elemente sind aus Gründen, die ich später darlegen werde, sehr viel seltener. Gold zum Beispiel ist so selten, daß auf je 10 Millionen Schwefelatome nur 3 Goldatome kommen, und dies ist ein Grund dafür, daß Gold so wertvoll ist.

Woraus also bestehen wir? Was ist »Leben, wie wir es kennen«, chemisch gesehen? Nun würde man erwarten, daß in unserem Körper keinerlei Helium vorkommt, weil Helium ein sehr reaktionsträges, um nicht zu sagen reaktionsunfähiges Gas ist, das deshalb auch als »Inertgas« bezeichnet wird. Es ist nicht an chemischen Reaktionen beteiligt und geht keine chemischen Verbindungen mit anderen Elementen ein. Es ist überdies ein sehr leichtes Gas; nur Wasserstoff ist noch leichter. Und wegen dieser Kombination aus Reaktionsträgheit (und daher Unentflammbarkeit) und Leichtigkeit ist es ein so begehrtes Auftriebsmittel in Luftschiffen. Fast das gesamte Helium, das sich in der irdischen Region der Staubscheibe befand, entwich in den Weltraum, als die Erde entstand, weil es keine Verbindungen eingehen konnte, die es im Erdkörper eingeschlossen hätten. Obgleich Wasserstoff noch leichter als Helium ist, ist es sehr reaktionsfreudig und geht gern Verbindungen ein. Ein besonders anschauliches Beispiel dafür sind die Ozeane, die den größten Teil der Erdoberfläche bedecken, denn Wasser ist nichts anderes als eine Verbindung aus Wasserstoff und Sauerstoff.

Abgesehen von dem reaktionsträgen Helium sind Wasserstoff und Sauerstoff die beiden häufigsten Elemente im Sonnensystem – auf der Erde haben sie sich zu Wasser verbunden, das hier in sehr großen Mengen vorkommt und eine der wichtigsten Voraussetzungen für Leben, wie wir es kennen, ist. Sie sind auch die beiden häufigsten Elemente in unserem Körper – es ist zwar altbekannt, aber dennoch immer wieder verblüffend, wenn man bedenkt, daß 65 Prozent der Masse des menschlichen Körpers aus Wasser besteht (das meiste davon ist in der gallertartigen

Substanz der einzelnen Zellen unseres Körpers enthalten). Und wenn man das Wasser aus der Rechnung ausklammert, dann besteht die Hälfte der Restmasse (das »Trockengewicht« unseres Körpers) aus Kohlenstoff, 25 Prozent aus Sauerstoff und weniger als 10 Prozent aus Stickstoff. Obgleich die Spuren anderer Elemente im menschlichen Körper für die darin ablaufenden biochemischen Prozesse sehr wichtig sind, bestehen wir hauptsächlich aus Kohlenstoff, Wasserstoff, Sauerstoff und Stickstoff – den vier häufigsten reaktionsfreudigen Elementen im Weltall.

Daraus folgt nicht unbedingt, daß daran irgend etwas Geheimnisvolles ist – das Weltall muß nicht gewissermaßen darauf angelegt gewesen sein, jene Elemente zu erzeugen, die das Leben braucht; vielmehr kann man es auch so sehen, daß sich Leben unter Nutzung der Rohstoffe, die zufälligerweise verfügbar waren, entwickelt und angepaßt hat. So gesehen, ist die Tatsache, daß unser Körper aus Kohlenstoff, Wasserstoff, Sauerstoff und Stickstoff besteht, nicht überraschender als die Tatsache, daß Iglus aus Eisblöcken bestehen, während Häuser in heißeren Klimazonen manchmal aus getrockneten Lehmziegeln erbaut werden. In jedem einzelnen Fall bestehen die Bausteine, die verwendet werden, aus den Rohmaterialien, die in großer Menge vorhanden sind.

Diese vier Elemente (Kohlenstoff, Wasserstoff, Sauerstoff und Stickstoff) kommen in den interstellaren Gas- und Staubwolken (aus denen sich die Sterne und Planetensysteme bilden) so häufig vor und treten so oft zusammen auf, daß sie manchmal einfach mit dem Akronym CHON bezeichnet werden.* Die Frage, woher der Wasserstoff stammt, läßt sich leicht beantworten – er ist seit dem Urknall vorhanden. Die Frage nach dem Ursprung der Elemente, aus denen unser Körper besteht, läuft also darauf hinaus, die Entstehung von Kohlenstoff, Sauerstoff und Stick-

---

\* Nach den Anfangsbuchstaben der lateinischen Namen der vier Elemente (Carboneum, Hydrogenium, Oxygenium und Nitrogenium). – A. d. Ü.

*Leben, wie wir es kennen* 43

stoff zu erklären – wie sie aus dem Urwasserstoff und dem Urhelium entstanden, sich im Weltall verteilten und die Wolken bildeten, aus denen neue Sterne hervorgingen.

In dem Bestreben, das nötige Hintergrundwissen zu vermitteln, bin ich vielleicht etwas zu schnell vorgeprescht und habe Begriffe wie »Atom« und »Atomkern«, die den meisten Menschen geläufig sind (wenn auch nur auf vage Weise), benutzt, ohne mir die Mühe zu machen, genau darzulegen, was diese Begriffe bedeuten. Aber es ist nun Zeit, innezuhalten und die Termini, die ich verwende, genau abzuklären. Die Geschichte, die ich im folgenden erzähle – die Geschichte von CHON und uns selbst –, ist sehr einfach, aber sie stützt sich auf Erkenntnisse, etwa aus der Kernphysik, die angeblich schwer verständlich sind, zumindest hat man dies den meisten von uns eingeredet. Aber das stimmt nicht. Zumindest die Begriffe sind nicht schwer zu verstehen – die Lösung von Gleichungen und die Verwendung dieser Lösungen für Computersimulationen der Prozesse im Sterninnern sind allerdings schwierig. Aber sobald diese Arbeit erledigt ist, kann man sie – auch ohne mathematische Kenntnisse – verstehen, wenn sie in allgemein verständlichen Formulierungen erklärt werden. Vielleicht geht »verstehen« etwas zu weit, da einige der Begriffe dem Alltagsverstand widersprechen. Aber man kann die Vorgänge zweifellos mit Worten und Metaphern beschreiben, ohne auf Gleichungen zurückzugreifen.

Der Schlüssel zu all dem ist der Begriff des Teilchens. Was verstehen wir in diesem Zusammenhang unter einem »Teilchen«? Viele Menschen sind heute mit der Vorstellung vertraut, daß Atome die grundlegenden Bausteine der gewöhnlichen Materie sind, die kleinsten Einheiten eines Elements (eine »reine« Substanz wie Sauerstoff oder Blei oder Aluminium), die an chemischen Reaktionen teilnehmen und sich mit anderen Atomen verbinden können. Erinnern wir uns daran, daß Moleküle zwar oftmals Verbindungen von Atomen verschiedener Elemente sind, wie etwa beim Kohlendioxid, daß sich Atome aber gelegentlich auch mit ihresgleichen verbinden und dann zum Beispiel molekularen Sauerstoff ($O_2$) bilden, in dem zwei Sauerstoffatome aneinander gekoppelt sind. Aber wir lernen in der Schule nur selten, wie klein Atome tatsächlich sind. Atome haben einen Durchmesser von etwa $10^{-8}$ cm, so daß man hundert Millionen Atome nebeneinanderlegen müßte, um eine Linie von 1 cm zu erhalten.

Atome sind jedoch nicht die kleinsten Teilchen, die für Leben von Bedeutung sind, und sie sind auch nicht, wie man noch bis etwa 1890 glaubte, unteilbar. Ihre chemischen Eigenschaften – die Gründe, weshalb sie sich zu gewissen Verbindungen zusammenschließen, zu anderen hingegen nicht – lassen sich mit der Anordnung sehr viel kleinerer Teilchen, nämlich Elektronen, in den äußeren Randbereichen der Atome erklären. Elektronen sind unvorstellbar klein. Ein in der Luft schwebendes Staubkörnchen ist im Vergleich zu einem Elektron so groß wie die Erde im Verhältnis zu dem Staubteilchen. Dennoch bestimmen die Eigenschaften der Elektronen die Natur aller chemischen Wechselwirkungen einschließlich der Chemie des Lebens. Ich möchte mich hier nicht in die Einzelheiten der Chemie vertiefen (ich habe dieses Thema in meinem Buch *Almost Everyone's Guide to Science* behandelt); aber die wichtigste chemische Eigenschaft eines Atoms ist die Zahl der Elektronen, die es besitzt – und diese Zahl ist ihrerseits durch die nächste Strukturebene innerhalb des Atoms determiniert. Und hier kommt die Kernphysik ins Spiel.

Der Kern ist das Zentrum eines Atoms, wo der größte Teil seiner Masse konzentriert ist. Im Vergleich zu dem Atomradius ist der Kern hunderttausendmal kleiner als das Atom: Er hat einen Durchmesser von $10^{-13}$ gegenüber $10^{-8}$ cm für das gesamte Atom. Um eine Strecke von 1 cm zu erhalten, müßte man zehntausend Milliarden Atomkerne mittlerer Größe aneinanderreihen (diese Zahl entspricht etwa dem Hundertfachen der Anzahl der Sterne im Milchstraßensystem). Der Kern des Wasserstoffatoms, des einfachsten Atoms, besteht aus einem einzelnen Teilchen, das Proton genannt wird. Jedes Proton trägt eine positive Elementarladung, jedes Elektron eine negative. Alle Atome sind elektrisch neutral, das heißt, sie haben die gleiche Anzahl von Elektronen in der Hülle wie von Protonen im Kern – beim Wasserstoff sind dies ein Proton und ein Elektron. Die Anzahl der Protonen im Atomkern (die sogenannte Ordnungs- oder Kernladungszahl) bestimmt die Anzahl der Elektronen im Atom und damit seine chemischen Eigenschaften. Und die Anzahl der Protonen im Kern legt auch fest, zu welchem Element ein Atom gehört – ob es ein Gold-, Wasserstoff-, Silizium- oder sonstiges Atom ist.

In allen Atomen bis auf das Wasserstoffatom enthält der Kern neben Protonen auch Teilchen, die Neutronen genannt werden. Das Neutron ähnelt dem Proton, trägt jedoch keine elektrische Ladung. Die Massen von Proton und Neutron sind ungefähr gleich – sie betragen, gerundet, etwas das 2000fache der Masse des Elektrons, folglich ist der mit Abstand größte Teil der Masse eines Atoms in seinem winzigen zentralen Kern konzentriert.

Doch wenn der Kern lauter Teilchen mit positiver elektrischer Ladung enthält, weshalb zerfällt er dann nicht? Wir alle haben in der Schule gelernt, daß sich positive Ladungen gegenseitig abstoßen, doch (wenigstens in meiner Schule) hat sich niemand die Mühe gemacht zu erklären, weshalb diese Grundregel der Physik im Atomkern scheinbar nicht gilt. Als die Physiker um das Jahr 1930 mit diesem Problem konfrontiert waren, fanden sie jedoch schnell eine Lösung. Neutronen und Protonen (die unter dem Oberbegriff »Nukleonen« zusammengefaßt werden) müssen im Kern von einer starken Kraft zusammengehalten werden, die aus naheliegenden Gründen als »starke Wechselwirkung« (bzw. Kernkraft) bezeichnet wird. Die starke Wechselwirkung, der beide Nukleonsorten unterliegen, ist etwa hundertmal stärker als die elektromagnetische Wechselwirkung, und die Anwesenheit von Neutronen im Kern trägt dazu bei, daß die Protonen trotz der natürlichen elektrischen Abstoßung zwischen allen positiv geladenen Protonen zusammengehalten werden. Doch sobald ein Kern mehr als etwa hundert Protonen enthielte, würde er trotz der starken Wechselwirkung auseinanderfliegen. Aus diesem Grund gibt es keine stabilen Elemente mit Atomen, die mehr als etwa einhundert Protonen (und natürlich einhundert Elektronen) besitzen. Dies ist ein ausgezeichnetes Beispiel dafür, wie sich die Eigenschaften submikroskopischer Teilchen wie Protonen und Neutronen auf die Alltagswelt auswirken – die Anzahl der Elemente, die existieren, hängt von den relativen Stärken der starken Wechselwirkung und der elektromagnetischen Wechselwirkung ab. Obgleich wir die starke Wechselwirkung im Alltagsleben nicht bemerken, weil sie anders als die vertrauten Kräfte der Gravitation und des Elektromagnetismus eine sehr kurze Reichweite hat und nur über eine Entfernung etwa von der Größe eines Atomkerns wirken kann,* ist die Vielfalt der Erscheinungsformen der Materie in unserer Umwelt ein direkter Beweis nicht nur für ihre Existenz, sondern auch für ihre Stärke.

Die Kernphysik befaßt sich ausschließlich mit Protonen und Neutronen (Nukleonen), und wir müssen uns hier keine Gedanken über den inneren Aufbau dieser Teilchen etwa aus Quarks machen. Wir müssen uns hier nur mit Protonen und Neutronen und mit der Frage befassen, wie sie sich zu Atomkernen vereinen – selbst die chemischen Eigenschaften ergeben sich automatisch aus der Anzahl der Protonen im Kern, denn die Anzahl der Elektronen muß die gleiche sein, um das Atom insgesamt elektrisch neutral zu halten.

Es gibt zwei wichtige Dinge in bezug auf Atomkerne, die wir uns merken sollten. Zum einen ist Wasserstoff ein Sonderfall, weil sein Kern aus einem einzelnen Proton besteht, dem kein Neutron beigegeben ist. Zusammen mit der Tatsache, daß das Wasserstoffatom nur ein Elektron hat, um seine positive Ladung vor der Aufmerksamkeit anderer Atome abzuschirmen, bedeutet dies, daß die positive Kernladung eines Wasserstoffatoms nicht so gut versteckt ist wie die Kernladung aller anderen Atome; daher ist es trotz der Anwesenheit seines einsamen Elektrons in der Lage, bis zu einem gewissen Grad mit anderen Atomen in

* Aus diesem Grund haben Atomkerne ihre spezifische Größe.

Wechselwirkung zu treten. Dies ist von entscheidender Bedeutung für die Geschichte des Lebens, wie wir es kennen. Die zweite bedeutende Eigenschaft von Atomkernen besteht darin, daß die Kombination von zwei Protonen und zwei Neutronen in einem Kern eine sehr stabile Einheit bildet – so stabil, daß man sie ursprünglich für ein einzelnes Teilchen hielt, das noch immer als Alphateilchen bezeichnet wird. Ein Atom, dessen Kern aus einem Alphateilchen besteht, das daher in seiner Hülle zwei Elektronen trägt, ist ein Heliumatom. Das Alphateilchen wird auch Heliumkern genannt (genaugenommen handelt sich um einen Helium-4-Kern, wenn man ein naheliegendes Kennzeichnungssystem verwendet, in dem die Zahl Auskunft darüber gibt, wie viele Nukleonen in dem Kern enthalten sind, auf den Bezug genommen wird).

Dieser Blick in die Teilchenwelt genügt, um den Ursprung der Elemente zu verstehen, einschließlich der Elemente, aus denen sich chemische Verbindungen – Moleküle – in Lebewesen wie den Menschen zusammensetzen. Protonen, Neutronen und Elektronen lassen sich in diesem Zusammenhang als »Teilchen« betrachten, und die besondere Kombination von zwei Protonen und zwei Neutronen in einem Heliumkern läßt sich für viele Zwecke auch als ein einzelnes Teilchen behandeln (ein weiteres Teilchen, das Neutrino, wird ebenfalls eine Rolle in der Geschichte spielen, aber es kann warten, bis es an die Reihe kommt). Kerne bestehen aus Protonen und Neutronen in unterschiedlichen Kombinationen, und wenn Kerne von einem Mantel aus Elektronen umhüllt sind, werden sie zu den Atomen verschiedener Elemente. Wie also müssen die Atome von CHON (und von Spuren anderer Elemente) angeordnet sein, um Leben, wie wir es kennen, hervorzubringen?

Die interessantesten Moleküle in unserem Körper (und in dem aller Lebewesen) sind die Proteine. Dies mag angesichts der großen öffentlichen Aufmerksamkeit, die die DNA, die Trägerin des genetischen Codes, in den letzten Jahren auf sich gezogen hat, überraschen. Doch auch wenn die von der DNA übertragene Botschaft wichtig ist – sie ist in der Tat die Blaupause beziehungsweise das Rezept, das beschreibt, wie ein lebender Organismus hergestellt und am Leben erhalten wird –, sind die DNA-Moleküle selbst absolut nichtssagend. Es ist ein wenig wie bei einem Buch – die Konzepte und Ideen, die in dem Buch zum Ausdruck gebracht werden, mögen erstaunlich und verblüffend sein, aber die Reihe der Buchstaben selbst, die diese Ideen verkörpern, besteht aus nicht mehr als den 26 Buchstaben des Alphabets (wenn das Buch in Englisch geschrieben ist), die durch Satzzeichen unterteilt werden und in einer gewissen Reihenfolge geordnet sind. Ein Buchstabensalat ist nicht per se interessant; es ist unsere auf Konventionen basierende Interpretation gewisser Muster dieser Buchstaben (Wörter), die Bücher interessant machen.

Die DNA ist sogar noch langweiliger als das englische Alphabet, weil sie ein Alphabet aus nur vier Buchstaben benutzt, um ihre Botschaft zu übermitteln. Diese vier Buchstaben stehen für vier verschiedene chemische Untereinheiten, sogenannte Basen, die sich auf der berühmten DNA-Doppelhelix aneinanderreihen und die im allgemeinen mit den Anfangsbuchstaben ihrer chemischen Namen als C, G, A und T bezeichnet werden. Der genetische Code speichert und übermittelt Informationen in genau der gleichen Weise wie ein Alphabet aus vier Buchstaben, wobei Wörter aus drei Buchstaben Botschaften wie TCC CGG UCT GCT GCU und so weiter bilden. Das ist ziemlich stumpfsinnig (wenn man den Code nicht kennt und die DNA-Sprache nicht spricht) und nimmt sich im Vergleich zum Reichtum der 26 Buchstaben des englischen Alphabets als eine sehr eingeschränkte Form der Kommunikation aus – aber man täusche sich nicht. Erinnern wir uns daran, daß Computer ein noch einfacheres Alphabet verwenden, einen binären Code mit nur zwei »Buchstaben«, 0 und 1. Eine binäre Zeichenfolge könnte beispielsweise 00101101110011010000110 und so weiter lauten, eine scheinbar sehr eintönige Folge numerischer Zeichen – aber Sie können eine CD-ROM kaufen, die die gesammelten Werke von

William Shakespeare enthält, die alle als Folgen von Nullen und Einsen gespeichert sind. Wie bei der DNA und den Biomolekülen ist die Botschaft das Interessante und nicht der Überbringer der Botschaft.

Die in der DNA, in den Dreibuchstabenwörtern der DNA-Sprache gespeicherte Botschaft übermittelt den Zellen eines Organismus die Bauanleitung für Proteine. Proteine sind die interessantesten und wichtigsten Moleküle, was die Aktivität der Zelle anlangt (und damit auch für jedes Lebewesen, denn alle bekannten Lebewesen bestehen aus Zellen). Proteine bilden sowohl das Gerüst der Zelle als auch ihre Maschinerie – sie stellen sowohl die Fabrik als auch die Arbeitskräfte. Sie legen fest, was für ein Zelltyp ausdifferenziert wird, wie die Zelle wächst und sich teilt und wie sie Energie dazu verwendet, chemische Reaktionen zu beschleunigen, bei denen weitere Biomoleküle aufgebaut werden.

Proteine sind wundervoll komplizierte Moleküle, die in einer großen Vielfalt von Formen und Größen auftreten. Es gibt Strukturproteine, wie etwa die Fasern, aus denen unsere Haare bestehen oder die feste Chitinhülle um den Körper einer Schabe. Und es gibt Arbeiter-Proteine, wie etwa Hämoglobinmoleküle, die Sauerstoff in unserem Blut befördern oder das Insulin, das die Zellen unseres Körpers in die Lage versetzt, die in Glukose gespeicherte Energie zu verwerten. Nach gegenwärtigem Kenntnisstand enthält der menschliche Körper über fünfzigtausend verschiedene Proteine. Proteine sind so sehr *die* Moleküle des Lebens, wie wir es kennen, und zwar sowohl was die Struktur als auch was die chemische Aktivität anlangt, daß bis zu dem Zeitpunkt, als James Watson und Francis Crick die Struktur der DNA aufklärten, also bis Anfang der fünfziger Jahre, die DNA selbst lediglich als eine Art Gerüstmaterial angesehen wurde, das Proteinmolekülen eine Struktur zur Verfügung stellte, um sich auf der Innenseite der Zelle zu verankern, aber keine aktive Rolle in der Chemie des Lebens spielte.

Proteinmoleküle treten deshalb in einer so wunderbaren Vielfalt und Vielseitigkeit auf, weil sie aus langen Ketten von Untereinheiten bestehen, die Aminosäuren genannt werden. Die einzelnen Aminosäuren als solche haben keine besonders interessanten Eigenschaften – sie sind in keinem Sinne »lebendig«. Doch in der richtigen Weise aneinandergereiht, werden sie zu komplizierten Proteinmolekülen, die sich in spezifischer Weise in sich selbst falten. So entstehen Proteinmoleküle von äußerst gut definierter Form, die miteinander und mit weniger komplizierten Molekülen wechselwirken und so alle biologischen Aktivitäten durchführen. Gerade einmal 20 Aminosäuren bilden die Bausteine sämtlicher Proteine aller Lebewesen auf der Erde.\*  Obgleich wir weitere Aminosäuren kennen, spielen sie in biologischen Prozessen keine Rolle. Und alle Lebewesen benutzen denselben genetischen Code – dieselben Dreibuchstabenwörter im DNA-Code drücken in allen Lebewesen dieselbe Botschaft aus. Dies sind überzeugende Belege für die Hypothese, daß alles Leben auf der Erde von einer einzigen Lebensform (vielleicht sogar einer einzelnen Zelle) abstammt, die als erste die Fähigkeit entwickelte, DNA und Proteine in dieser Weise zu nutzen. All die Tausende verschiedener Proteine in unserem Körper und all die Proteine in allen anderen bekannten Lebewesen bestehen aus denselben 20 Aminosäuren, so wie alle Wörter Shakespeares und alle anderen Wörter in englischer Sprache aus denselben 26 Buchstaben des Alphabets bestehen.

Die DNA spielt in diesem Zusammenhang insofern eine Rolle, als die Wörter aus drei Buchstaben im DNA-Alphabet Aminosäuren codieren. In der DNA-Sprache bedeutet das »Wort« GAC beispielsweise »erzeuge ein Molekül Asparaginsäure«, wäh-

---

\* Zwei weitere Aminosäuren kommen in sehr wenigen Proteinen vor und eine der 20 Aminosäuren, die ich erwähnt habe, in zwei ganz geringfügig voneinander abweichenden Formen. Daher finden Sie in anderen Publikationen möglicherweise die Angabe, daß sich Proteine aus 20, 21 oder 23 verschiedenen Aminosäuren zusammensetzen. Aber 20 ist eine hübsche runde Zahl, und ich werde dabei bleiben.

rend das Wort AGG der Zellmaschinerie die Anweisung erteilt, ein Molekül der Aminosäure Arginin herzustellen. Man kann Proteinmoleküle, die aus Ketten von Aminosäuren bestehen, welche in einer spezifischen Reihenfolge angeordnet sind, mit Botschaften vergleichen, die in einer bestimmten Sprache geschrieben sind. Proteinmoleküle werden durch die Vielfalt der Aminosäuren so interessant.

Aminosäuren verdanken ihren Namen der Tatsache, daß sie eine Gruppe von Atomen enthalten, die aus einem Ammoniakmolekül gebildet wurden. Ein Ammoniakmolekül besteht aus einem Stickstoffatom, das durch chemische Bindungen mit drei Wasserstoffatomen verkoppelt ist. Wenn eines dieser Wasserstoffatome durch einen anderen Baustein ersetzt wird, heißt der Ammoniakrest Aminogruppe. In Aminosäuren schließt sich die Aminogruppe an ein Kohlenstoffatom an, das seinerseits mit anderen Atomen verbunden ist. Einer der anderen Bausteine, mit dem das Kohlenstoffatom in einer Aminosäure verbunden ist, ist immer eine bestimmte Atomgruppe, die sogenannte Carboxylgruppe, die allen organischen Säuren gemeinsam ist und der die Aminosäuren ihre Bezeichnung als »Säure« verdanken. Dabei handelt es sich um eine Verbindung aus einem Kohlenstoffatom, zwei Sauerstoffatomen und einem Wasserstoffatom mit der chemischen Formel $-COOH$ (der Bindestrich steht für die Bindung, die in diesem Fall eine Brücke zu einem anderen Kohlenstoffatom schlägt, das seinerseits an eine Aminogruppe gekoppelt ist). Das Kohlenstoffatom, an das sich sowohl die Aminogruppe als auch die Carboxylgruppe binden, kann zwei weitere chemische Bindungen eingehen, was die Vielfalt der Aminosäuren erklärt, die in Lebewesen anzutreffen sind. Diese anderen Gruppen bestehen ihrerseits nahezu ausschließlich aus Kohlenstoff, Wasserstoff, Stickstoff und Sauerstoff, wobei gelegentlich noch ein Schwefelatom eingebaut wird. CHON bildet somit den Kern der Proteinstruktur.

Auch DNA-Moleküle bestehen fast völlig aus CHON. So enthalten die chemischen Untereinheiten, aus denen die Buchstaben des DNA-Alphabets bestehen (die sogenannten Basen), nichts anderes; das Rückgrat des DNA-Moleküls, das die Basen zu einer langen Sequenz verknüpft, die eine Botschaft im genetischen Code ausdrückt, wird hingegen von einer Verbindung aus Atomen zusammengehalten, der sogenannten Phosphatgruppe, die, wie ihr Name schon andeutet, ein Phosphoratom enthält. Jede Phosphatgruppe ist mit einem Molekül eines Desoxyribose genannten Zuckers verknüpft, und jedes Zuckermolekül bindet sich an eine Base, die seitlich von ihm absteht. Das Zuckermolekül ist an eine andere Phosphatgruppe angeknüpft, die ihrerseits an ein weiteres Zuckermolekül (mit angehängter Base) bindet, und so weiter.

Ich möchte nun kurz vom eigentlichen Thema abschweifen, um genauer auf zwei subtile Kennzeichen der Chemie des Lebens einzugehen, Eigentümlichkeiten zweier Komponenten von CHON, die helfen, die Fülle und Vielfalt des Lebens zu erklären. Diese Merkmale sind so wesentlich, daß einige Wissenschaftler behaupten, die Geschichte des Lebens erschöpfe sich nicht in der Nutzung der Bausteine, die zufälligerweise zur Verfügung standen. Das erste, relativ offenkundige Merkmal der Chemie des Lebens besteht darin, daß dem Kohlenstoff eine überragende Bedeutung zukommt, was sich unter anderem darin widerspiegelt, daß die Erforschung der Kohlenstoffchemie auch als »organische« Chemie bezeichnet wird. Und zwar spielt Kohlenstoff in der Chemie des Lebens deshalb eine so wichtige Rolle, weil er chemische Bindungen mit vier anderen Atomen (darunter auch anderen Kohlenstoffatomen) gleichzeitig eingehen kann. Wasserstoff beispielsweise kann nur eine reguläre Bindung an ein anderes Atom aufbauen, während Sauerstoff zwei chemische Bindungen eingehen kann. Chemische Bindungen sind Verknüpfungen zwischen Atomen und werden von den Elektronen in den Hüllen dieser Atome hergestellt – tatsächlich gerät ein Elektron eines jeden Atoms unter den Einfluß beider Atomkerne, so daß das Elektronenpaar eine Bindung darstellt, welche die beiden Atome zusammenhält. Aus Gründen, die mit der

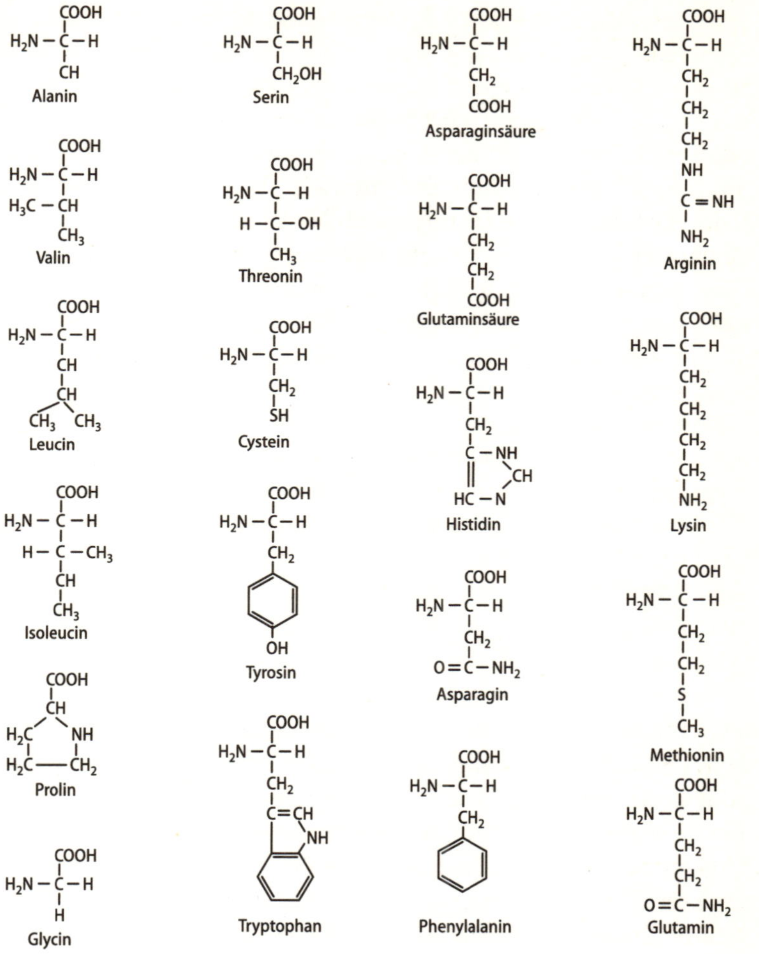

## Leben, wie wir es kennen 53

**Alanin:** H₂N–CH(COOH)–CH
**Valin:** H₂N–CH(COOH)–CH(CH₃)–CH₃
**Leucin:** H₂N–CH(COOH)–CH₂–CH(CH₃)(CH₃)
**Isoleucin:** H₂N–CH(COOH)–CH(CH₃)–CH₂–CH₃
**Prolin**
**Glycin:** H₂N–CH(COOH)–H

**Serin:** H₂N–CH(COOH)–CH₂OH
**Threonin:** H₂N–CH(COOH)–CH(OH)–CH₃
**Cystein:** H₂N–CH(COOH)–CH₂–SH
**Tyrosin**
**Tryptophan**

**Asparaginsäure:** H₂N–CH(COOH)–CH₂–COOH
**Glutaminsäure:** H₂N–CH(COOH)–CH₂–CH₂–COOH
**Histidin**
**Asparagin:** H₂N–CH(COOH)–CH₂–C(=O)–NH₂
**Phenylalanin**

**Arginin:** H₂N–CH(COOH)–CH₂–CH₂–CH₂–NH–C(=NH)–NH₂
**Lysin:** H₂N–CH(COOH)–CH₂–CH₂–CH₂–CH₂–NH₂
**Methionin:** H₂N–CH(COOH)–CH₂–CH₂–S–CH₃
**Glutamin:** H₂N–CH(COOH)–CH₂–CH₂–C(=O)–NH₂

**ABBILDUNG 2.1** Die Aminosäuren. Man beachte die überragende Bedeutung von CHON für die Chemie des Lebens.

Anordnung der Elektronen in der Atomhülle zusammenhängen, kann kein Atom mehr als vier Bindungen gleichzeitig eingehen, und Kohlenstoff ist das Atom, das diesen Trick am besten

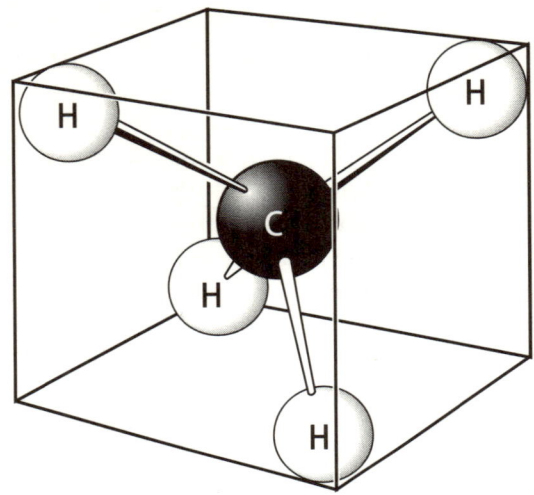

**ABBILDUNG 2.2** Die Struktur des einfachen Kohlenwasserstoffs (eine Verbindung, die Kohlenstoff und Wasserstoff enthält) Methan veranschaulicht, daß ein Kohlenstoffatom vier weit auseinanderliegende chemische Bindungen mit anderen Atomen eingehen kann – ein Schlüsselmerkmal der Chemie des Lebens.

beherrscht. Da sich Kohlenstoffatome unter anderem mit anderen Kohlenstoffatomen verbinden, können sie lange Ketten bilden. An die Seiten dieser Ketten beziehungsweise um die Ringe können sich wiederum andere interessante Atome oder Moleküle anlagern. Dies verleiht der Kohlenstoffchemie – organischen Chemie – ihren Reichtum. Zwar können auch andere Atome (Silizium beispielsweise) gleichzeitig vier Bindungen eingehen, doch sie sind, wie wir gesehen haben, viel seltener als Kohlenstoff. Kohlenstoff ist also vermutlich deshalb von zentraler Bedeutung für Leben, weil er sowohl weit verbreitet ist, als auch ein einzigartiges chemisches Bindungsvermögen besitzt.

Die zweite bemerkenswerte Eigenschaft betrifft den Wasserstoff, das einfachste Atom. Ich habe bewußt gesagt, ein Wasserstoffatom könne jeweils nur eine *reguläre* chemische Bindung bilden, denn es kann gleichzeitig auch eine schwächere Bindung mit einem anderen Atom eingehen, weil sein einzelnes Proton durch sein einzelnes Elektron nur unvollkommen gegen die Außenwelt abgeschirmt wird. Insbesondere wenn dieses Elektron für eine chemische Bindung an ein anderes Atom benutzt wird (zum Beispiel in einem Wassermolekül, wo zwei Wasserstoffatome an ein Sauerstoffatom binden), kann die positive Ladung des Protons nach wie vor die negative Ladung von Elektronen auf benachbarten Atomen beeinflussen oder davon beeinflußt werden. Dies bewirkt, daß einige Moleküle, die Wasserstoffatome in sich eingebaut haben, leicht »klebrig« in einem elektrischen Sinne werden. Wenn Wassermoleküle aneinander vorbeistreifen, werden die Wasserstoffatome in einem Molekül von den Sauerstoffatomen in anderen Molekülen angezogen. Diese Klebrigkeit bewirkt, daß Wasser bei einer Temperatur, wie sie heute auf der Erde vorherrscht, flüssig ist. Im großen und ganzen hängt die Temperatur, bei der ein Gas flüssig wird, von der Masse seiner Moleküle ab, wobei schwerere Moleküle erst bei höheren Temperaturen zu Flüssigkeiten kondensieren. Doch das Molekulargewicht eines Wassermoleküls beträgt lediglich 18 Einheiten auf der gängigen Skala, und ein Stoff wie Kohlendioxid mit einem Molekulargewicht von 48 Einheiten (mehr als das Doppelte des Gewichts von Wasser) ist bei Raumtemperatur, bei der Wasser flüssig ist, gasförmig.

Diese Affinität von Wasserstoffatomen, die bereits mit einem Molekül verbunden sind, zu benachbarten Molekülen heißt Wasserstoffbrücke. Die Wasserstoffbrückenbindung ist zwar schwächer als die übliche Form der chemischen Bindung, aber dennoch wirkungsvoll und sehr wichtig für das Leben, wie wir es kennen. Die beiden Stränge der DNA-Doppelhelix werden ausschließlich durch Wasserstoffbrücken zusammengehalten, und zwar auf sehr spezifische Weise. Wenn die beiden Basen T und A in der richtigen Anordnung einander gegenüberstehen (wobei jede Base natürlich mit ihrem jeweiligen Zuckermolekül verbunden bleibt, das Bestandteil des Rückgrats jedes DNA-Ein-

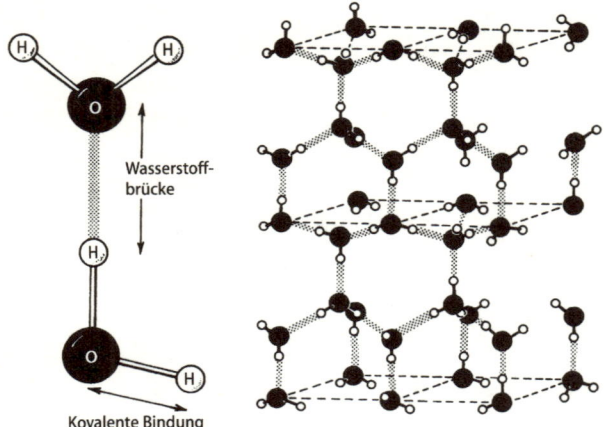

**ABBILDUNG 2.3** Unter geeigneten Bedingungen können Wasserstoffatome aufgrund ihrer besonderen, im Text beschriebenen Eigenschaften eine relativ schwache Bindung, eine sogenannte Wasserstoffbrücke, zu einigen anderen Atomen aufbauen. Die Wasserstoffbrücken wirken zwischen Wassermolekülen und führen dazu, daß Wasser bei relativ hohen Temperaturen flüssig ist und daß Eis eine sehr offene und zugleich feste Struktur aufweist.

zelstrangs ist), bilden sie ein Paar Wasserstoffbrücken aus, die die beiden Einheiten locker verbinden, ähnlich wie ein zweipoliger Stecker in eine zweipolige Steckdose paßt. Die Basen C und G binden sich in ähnlicher Weise aneinander, allerdings über drei Wasserstoffbrücken – so ähnlich wie ein dreipoliger Stecker in eine dreipolige Dose paßt. Die Paarungen sind spezifisch – T und A paaren miteinander, aber keine der beiden Basen kann mit C oder G paaren; C und G paaren miteinander, aber keine der beiden mit T oder A. Deshalb kann der »Reißverschluß« einer DNA-Doppelhelix von der Zellmaschinerie geöffnet werden, und jeder Strang kann als Matrize genutzt werden, an der die Zellmaschinerie (in Form von Proteinmolekülen) eine originalgetreue Kopie des fehlenden Strangs anfertigt, so daß sich ein DNA-Molekül identisch reproduzieren kann. Dies ist ein wichtiger Schritt bei der Fortpflanzung.

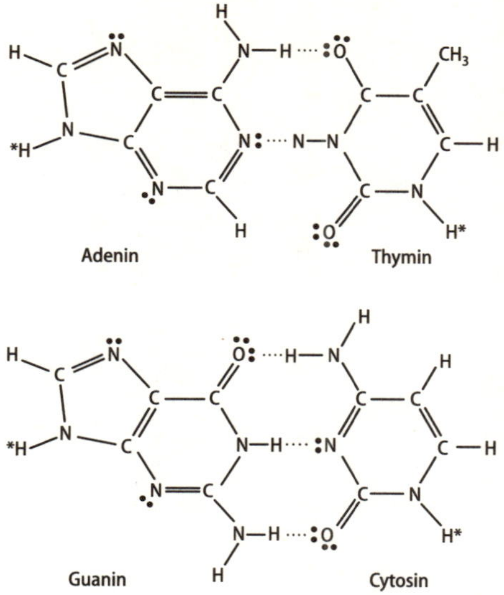

*Leben, wie wir es kennen* **57**

**ABBILDUNG 2.4** Die beiden Basenpaare in DNA-Molekülen werden durch Wasserstoffbrücken zusammengehalten. Dies ist ein Schlüsselmerkmal des Lebens, wie wir es kennen; beachten Sie, wie wichtig CHON auch hier sind.

Vergessen Sie also nicht, daß es mit CHON mehr auf sich hat als nur die Tatsache, daß es die Elemente sind, die einfach aufgrund ihrer leichten Verfügbarkeit eine so wichtige Rolle für die Biochemie des Lebens spielen. Die Geschichte hat jedoch noch einen anderen Aspekt. Leben kann es nur dort geben, wo chemische Rohstoffe und Energie in ausreichendem Maße zur Verfügung stehen – und der einzige Ort, von dem wir mit Sicherheit sagen können, daß dort Leben existiert, ist unser Heimatplanet, die Erde. Weist die Erde irgendeine Besonderheit auf, die ihre besonders gute Eignung als Heimstätte für das Leben begründen könnte?

Da ich in diesem Buch nur das »Leben, wie wir es kennen«, betrachte, könnte man auf den Gedanken kommen, daß die Bedingungen für die Entstehung von Leben eher selten erfüllt

# Kapitel 2

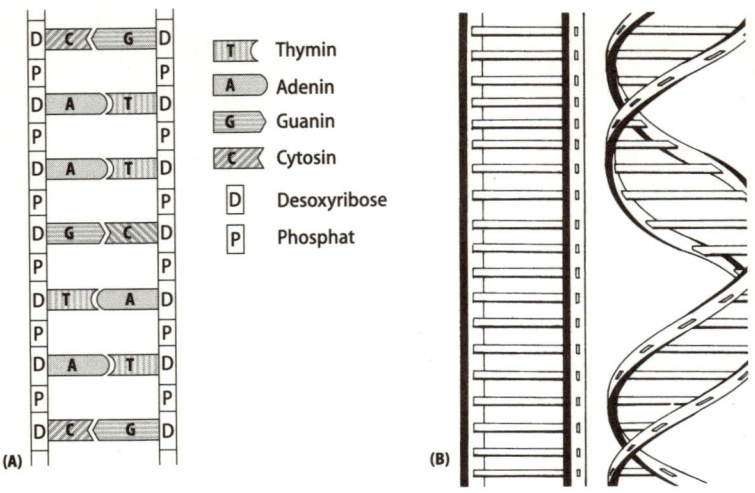

**ABBILDUNG 2.5 (A)** Die vielen Wasserstoffbrücken, die die beiden DNA-Stränge miteinander verknüpfen, bilden eine leiterähnliche Struktur, wobei die beiden DNA-Stränge parallel verlaufen. **(B)** Allerdings ist die »Leiter« schraubenförmig gewunden, so daß die bekannte Doppelhelix entsteht.

sind. Unter einem Gesichtswinkel ist die Erde gewiß ein ungewöhnlicher Planet, selbst nach den Maßstäben unseres Sonnensystems, und wir können (noch) nicht herausfinden, ob unser Sonnensystem repräsentativ für Planetensysteme ist, die mit anderen sonnenähnlichen Sternen verknüpft sind, auch wenn wir wissen, daß es sehr viele Sterne wie die Sonne gibt. Mit diesem Argument wird gelegentlich die Behauptung untermauert, Leben, wie wir es kennen, sei aus einem doppelten Grund selten – es brauche einen ungewöhnlichen Planeten, der seinerseits Teil eines ungewöhnlichen Planetensystems sein müsse. Ich finde dieses Argument nicht überzeugend, weil sich das Sonnensystem bei näherer Betrachtung als ungewöhnlich im umgekehrten Sinne erweisen könnte. Es gibt Anhaltspunkte dafür, daß man Leben nur selten auf einem Planeten eines Planetensystems antrifft, nicht, weil die meisten Planetensysteme keine geeigneten Orte für die Entstehung von Leben bieten, sondern weil die meisten Planetensysteme mehr als ein geeignetes Domizil für Leben haben.

Der Schlüssel für die Existenz von Leben, wie wir es kennen, ist Wasser, und dies in einem solchen Maße, daß wir eine Region ohne flüssiges Wasser mit genau dem gleichen Wort bezeichnen wie eine Region ohne Leben – als »Wüste«. Es gibt gute Gründe dafür, die mit den physikalischen und chemischen Eigenschaften von Wasser zusammenhängen. Wasser ist ein sehr gutes Lösungsmittel für andere Chemikalien, denen es dadurch die Gelegenheit gibt, miteinander in Wechselwirkung zu treten. Es schützt sie aber auch vor störenden Einflüssen aus der äußeren Umwelt, wie etwa schädlicher ultravioletter Strahlung, die wahrscheinlich die Erdoberfläche blankgeputzt hätte, bevor sich eine sauerstoffreiche Atmosphäre entwickelte. Und im richtigen Temperaturbereich (einem erstaunlich breiten Temperaturintervall, das auf der Erde häufig anzutreffen ist) liegt Wasser nicht bloß als festes Eis herum oder schwappt als eine Flüssigkeit umher oder schwebt als Gas in der Luft – es tut alle drei Dinge gleichzeitig, so daß alle drei Phasen von Wasser (fest, flüssig und gasförmig) in einem dynamischen Gleichgewicht koexistieren, in dem Moleküle fortwährend zwischen den drei Phasen wechseln. Dies trägt mit dazu bei, Wasser rund um den Planeten zu verteilen: Meerwasser verdunstet zu gasförmigem Wasserdampf, der als Regen fällt, Flüsse bildet und wieder zum Meer fließt. Dadurch kann Leben sowohl an Land als auch in den Ozeanen existieren (tatsächlich ist dies eine absolute Vorbedingung für die Existenz von Lebensformen wie dem Menschen auf trockenem Land). Für die gegenwärtige Diskussion werde ich Leben, wie wir es kennen, also einer noch restriktiveren (aber einfachen) Voraussetzung unterwerfen. Ich werde einen Planeten nur dann als potentielle Heimstatt für Leben betrachten, wenn sich auf ihm flüssiges Wasser findet.

Diese wichtigen Eigenschaften von Wasser verdanken sich zum

Teil seiner Fähigkeit, Wasserstoffbrücken zu bilden, so daß diese aufs engste mit den fundamentalen Eigenschaften der Atome zusammenhängen. Die Wasserstoffbrücke spielt auch bei einer weiteren ungewöhnlichen Eigenschaft von Wasser eine Rolle, die für die Existenz von Leben auf der Erde zweifellos von Belang ist und möglicherweise sogar weitgehendere Bedeutung hat. Eis schwimmt. Dies ist ein so vertrautes Phänomen, daß die spontane Reaktion darauf lautet: »Na und?« Aber denken wir einmal genauer darüber nach. Wir wären erstaunt, wenn wir etwa in einer Pfütze aus flüssigem Blei einen Klumpen Blei schwimmen sehen würden, ganz gleich, wie sorgfältig die Temperatur der Flüssigkeit reguliert würde. Normalerweise besitzen Feststoffe eine höhere Dichte als ihre flüssige Form, so daß ein fester Klumpen eines beliebigen Stoffs in einer Pfütze desselben Stoffs sinken sollte. Wasser verhält sich allein deshalb anders, weil sich Wasserstoffbrücken zwischen den Molekülen bilden. Weil die einzelnen Moleküle eine charakteristische V-Form besitzen, wobei das Sauerstoffatom an der Spitze des V sitzt, während die beiden Wasserstoffatome an den Enden der Schenkel des V sitzen, halten die Wasserstoffbrücken zwischen Wasserstoffatomen in einem Molekül und Sauerstoffatomen in anderen Molekülen die Anordnung der Moleküle in einem sehr offenen Gitter stabil, wenn Wasser gefriert (dieses Gitter weist große Ähnlichkeit mit dem Gitter in einem Diamantkristall auf, ist allerdings nicht so starr; vgl. Abbildung 2.3). Infolgedessen ist der Abstand zwischen den Wassermolekülen etwas größer als im flüssigen Aggregatzustand unmittelbar oberhalb des Gefrierpunkts. In der Flüssigkeit streifen die Moleküle aneinander vorbei, ohne daß die Wasserstoffbrücken sozusagen »fest werden«. Doch sobald die Temperatur auf den Gefrierpunkt fällt, rasten die Moleküle im Kristallgitter ein.

Aus diesem Grund schwimmt Eis auf Wasser. Weshalb ist dies für das Leben wichtig? Ein wesentlicher Grund besteht darin, daß Eis, das auf einem kalten Ozean treibt, wie eine Art Deckel wirkt, der die verbliebene Wärme zurückhält und die Verdunstung von der Oberfläche verhindert, die eine weitere Abkühlung des Ozeans fördern würde. Es gab viele Eiszeiten auf der Erde, als weite Teile der Oberfläche der Meere (wie die Arktis heute) von Treibeis bedeckt waren. Wenn sich Eis wie jeder Feststoff verhalten würde, der etwas auf sich hält, und in seiner eigenen Flüssigkeit versänke, dann gefrören die Meere bei einer Eiszeit von Grund auf. Eis würde sich in dem Maß an der Oberfläche formen, wie sich das Wasser abkühlte, aber es würde dann auf den Meeresboden sinken, weiteres Eis würde an der Oberfläche entstehen und auf den Boden sinken und so weiter. Dieser Prozeß würde so lange anhalten, bis die Ozeane ein fester Klumpen Eis wären und kein flüssiges Wasser mehr übrig wäre – und wenn dies geschähe, wäre es extrem schwierig, sie wieder zum Schmelzen zu bringen, denn selbst wenn sich das Klima wandelte, würde das Eis einen Großteil der von der Sonne einfallenden Wärme zurückstrahlen, und um das Eis zu tauen, müßte eine ungeheure Menge Energie zugeführt werden.

Auch in einem Fischteich im Garten sorgt schwimmendes Eis dafür, daß Bedingungen aufrechterhalten werden, unter denen Leben existieren kann. Die Eisschicht, die im Winter auf dem Teich schwimmt, sorgt dafür, daß das Wasser darunter flüssig bleibt, und bewahrt so ein geeignetes Umfeld für die Fische. Würde der Teich von Grund auf zufrieren, wäre ihr Schicksal schon bei einem relativ harmlosen Kälteeinbruch besiegelt. Bei starkem Frost wären die Fische gut beraten, ein kleines Loch im Eis offenzuhalten, damit darüber Sauerstoff ins Wasser gelangte; würden sie jedoch die Eisschicht vollständig aufbrechen, dann wäre dies das Dümmste, denn dadurch würde nur noch mehr flüssiges Wasser der Luft ausgesetzt und gefrieren.

All dies ist von großer Bedeutung, und ich bin deshalb so sehr in die Einzelheiten gegangen, weil wir jetzt eine potentielle Heimstatt für Leben im Sonnensystem kennen, die nur existiert, weil Eis auf Wasser schwimmt. Ende der neunziger Jahre kam es zu einer der großen Sensationen im Zeitalter der Weltraumforschung, als nämlich die Raumsonde Galileo das Jupitersystem erkundete und dabei wiederholt an dem Jupitermond Europa vorbeiflog; gleichzeitig funkte sie Bilder und andere Daten zur Erde. Die Befunde sprechen eindeutig dafür, daß die Oberfläche von Europa größtenteils (vielleicht sogar gänzlich) von schwimmendem Packeis bedeckt ist, das große Ähnlichkeit mit dem Eis der Arktis besitzt. Europa ist gerade (wirklich nur gerade!) warm genug, daß dort flüssiges Wasser existieren kann, weil die Gezeitenkräfte von Jupiter, die ständig den steinigen Kern des Mondes zusammenpressen und ausdehnen, in dessen Innerem Wärme erzeugen. Ohne die Eisdecke würde die Wärme rasch entweichen und der Mond gefrieren. Aufgrund seiner Eishülle gilt Europa heute als potentieller Träger von Leben, und es gibt Pläne für künftige Weltraummissionen, in deren Verlauf Sonden die Eisdecke durchdringen und das wäßrige Umfeld darunter erkunden sollen.

In der äußeren Region des Sonnensystems gibt es einen weiteren Mond, der Leben beherbergen könnte. Titan, der größte Saturnmond, hat einen Durchmesser von 5150 km (50 Prozent größer als der Durchmesser unseres Mondes) und eine dichte (wenn auch mit − 180 °C recht kalte) Stickstoffatmosphäre. Man hat ihn mit der − in einen dicken Eismantel gehüllten − frühen Erde vor der Ankunft des Lebens verglichen. Würde Titan durch irgendein Ereignis auf die Temperatur erwärmt, bei der flüssiges Wasser fließen könnte, wäre es möglich (vielleicht sogar wahrscheinlich), daß die Prozesse, die zur Entstehung des Lebens auf der Erde führten, auch dort ablaufen.

Letzteres ist aufgrund einer weiteren überraschenden Entdeckung von Belang, die Astronomen Ende der neunziger Jahre machten. Wie ich in der Einleitung erwähnte, gibt es mittlerweile Indizien dafür, daß einige Dutzend Sterne von großen Planeten umlaufen werden; dies läßt sich daran sehen, daß die Planeten eine gravitative Anziehung auf ihre Muttersterne ausüben und gewissermaßen an ihnen rütteln. Bisher lassen sich nur große Planeten auf diese Weise aufspüren, weil der Rütteleffekt so klein ist, daß er sich für erdgroße Planeten nicht messen läßt. Die große Überraschung besteht nun darin, daß die meisten der bislang auf diese Weise entdeckten Riesenplaneten ihren Muttersternen sehr nahe sind, in manchen Fällen sogar näher als die Erde der Sonne (zum Vergleich: Jupiter, der größte Planet in unserem Sonnensystem, ist nur fünfmal weiter von der Sonne entfernt als die Erde). Gewöhnlich geht man davon aus, daß dies die Wahrscheinlichkeit, in diesen Planetensystemen Leben zu finden, deutlich verringert, weil ein Riesenplanet, der eine so enge Umlaufbahn um seinen Mutterstern beschreibt, auf alle erdartigen Planeten in erdähnlichen Umlaufbahnen eine so starke Massenanziehung ausüben würde, daß sie durch eine Art gravitativen Katapulteffekt völlig aus dem Planetensystem hinausgeschleudert würden. Aber dieses Argument übersieht die Tatsache, daß, falls ein solcher Planet eine Familie von Monden hat und wenn einige dieser Monde Europa oder Titan ähneln, auf diesen Monden möglicherweise Bedingungen herrschen, die mit Leben vereinbar sind. Da Jupiter vier große Monde hat und Saturn weitere vier (wobei »groß« hier alle Trabanten mit einem Durchmesser von über 1000 km meint), erhöht die Existenz eines Riesenplaneten in einer erdähnlichen Umlaufbahn allenfalls die Anzahl möglicher Träger von Leben in einem Planetensystem – einmal ganz abgesehen von der Möglichkeit, daß Lebensformen, die sich grundlegend von den hier auf der Erde vorkommenden Lebensformen unterscheiden, in der Atmosphäre der Riesenplaneten selbst existieren könnten.

Wir kennen also in den äußeren Bezirken unseres eigenen Sonnensystems, jenseits des Planetoidengürtels, der die Grenze der Umlaufbahnen der kleinen Planeten aus Gesteinsmaterial bezeichnet, mindestens zwei »Beinahe-Erfolge«. Aber wenn wir uns auf die vier inneren Planeten beschränken (die manchmal auch erdartige Planeten genannt werden, um sie von den gasförmigen Riesenplaneten beziehungsweise jupiterartigen Planeten zu unterscheiden), stellen wir fest, daß es vielleicht einfach Pech ist, daß nicht mindestens zwei Leben tragende Planeten unsere Sonne umlaufen, und wir sollten nicht länger von dem Glück reden, wenigstens einen Lebensträger zu besitzen.

Wir können Merkur vergessen, den sonnennächsten Planeten. Er ist eine Wüste mit einer sehr dünnen, sauerstoffarmen Atmosphäre und, ähnlich unserem Mond, von Einschlagkratern übersät. Mit einem Durchmesser von 4880 km liegt Merkur von seiner Größe her zwischen dem Mond und Mars. Da der Merkur keine Atmosphäre hat, in der durch das ständige Wehen von Winden Temperaturunterschiede ausgeglichen werden können, bewegen sich die Oberflächentemperaturen auf Merkur zwischen über 400 °C zur »Mittagszeit« und −180 °C um Mitternacht. Dies ist zweifelsfrei kein Ort für Leben, wie wir es kennen.

Auf den ersten Blick wirkt Venus, der der Sonne zweitnächste Planet, auch nicht viel einladender, obgleich sie 82 Prozent der Erdmasse besitzt und einen Durchmesser von 12 104 km hat, so daß sie, größenmäßig, der erdähnlichste (die Erde hat einen Durchmesser von 12 756 km) und zugleich der erdnächste Planet ist. Während Merkur keine nennenswerte Atmosphäre hat, besitzt Venus eine für Lebensformen wie uns zu dichte Atmosphäre. Diese dichte Atmosphäre, die größtenteils aus Kohlendioxid besteht, übt einen Druck an der Venusoberfläche aus, der den Atmosphärendruck auf Meereshöhe an der Erdoberfläche um etwa das 90fache übertrifft. Weil Venus näher an der Sonne ist als die Erde, sollte man erwarten, daß sie wärmer ist als die Erde. Der Treibhauseffekt der dichten Kohlendioxidatmosphäre bewirkt jedoch, daß ihre Temperaturen extreme Werte annehmen, wobei die Oberflächentemperatur auf der Venus wenigstens glühende 450 °C erreicht. Der Planet ist fast völlig von hohen Wolken bedeckt, die das Licht der Sonne zurückwerfen und sie zu einem strahlenden Gestirn am Firmament machen, das oft frühmorgens oder früh am Abend zu sehen ist – aber diese Wolken enthalten reichlich Schwefelsäuretröpfchen, so daß der Regen, der auf die Oberfläche von Venus fiele (in Wirklichkeit verdunstet er, lange bevor er die Oberfläche erreicht), sehr sauer wäre.

Doch wenn man die Venus mit der Erde vergleicht und die geologischen Daten daraufhin analysiert, wie die Erde ihre viel bescheidenere atmosphärische Gashülle erhielt, taucht ein faszinierendes Bild auf. Vergleicht man die Erde zunächst einmal mit dem Mond, so sieht man die Wirksamkeit des Treibhauseffekts. Die mittlere Temperatur auf dem Mond (gemittelt über alle Breiten und zwischen Nacht und Tag) beträgt $-18\,°C$. Das ist genau die Temperatur, die eine solche atmosphärelose Kugel aus Gestein in dieser Entfernung von der Sonne gemäß den Gesetzen der Physik (die beschreiben, auf welche Weise Körper wie Felsbrocken Wärme aufnehmen und wieder abstrahlen) haben sollte. Dies bedeutet unter anderem, daß die Temperatur auf der Erde, wenn sie keine Atmosphäre oder Ozeane hätte und lediglich eine Gesteinskugel im Weltall wäre, ebenfalls $-18\,°C$ betragen würde. In Wirklichkeit liegt jedoch die mittlere Temperatur über der Oberfläche unseres Planeten nahe bei $15\,°C$.

Der Wärmeunterschied (etwa $33\,°C$) wird fast ausschließlich durch den Treibhauseffekt von Gasen in der Erdatmosphäre verursacht, vor allem durch Kohlendioxid und Wasserdampf. Sonnenenergie in Form von Sonnenlicht durchdringt die Atmosphäre praktisch ungehindert und erwärmt die Oberfläche des Planeten. Die warme Oberfläche strahlt wieder Energie ab, allerdings mit größeren Wellenlängen (im Infrarotbereich des Spektrums). Ein Teil dieser Infrarotstrahlung wird im unteren Bereich der Atmosphäre absorbiert und hält die Erdoberfläche wärmer, als sie es sonst wäre. Dies ist der sogenannte Treibhauseffekt der Atmosphäre – und auch hier entspricht die beobachtete Temperaturzunahme auf der Erde exakt der berechneten Erwärmung, die durch die gemessene Menge Kohlendioxid und Wasserdampf in der Luft erzeugt werden sollte. So gesehen, ist der Treibhauseffekt eine gute Sache – ohne ihn gäbe es uns Menschen nicht. Klimatologen (und sogar Politiker) machen sich heute dennoch Sorgen wegen des Treibhauseffekts, weil der Kohlendioxidgehalt in der Atmosphäre durch menschliche Aktivitäten (die Verbrennung fossiler Brennstoffe und so weiter) erhöht wird, was den Treibhauseffekt verstärkt und die Erde noch wärmer macht (diese Zunahme wird gelegentlich auch als »anthropogener« Treibhauseffekt bezeichnet) und möglicherweise verheerende Folgen für die Landwirtschaft hat.

Das natürliche Kohlendioxid bildet heute nur noch einen unbedeutenden Bestandteil der Atmosphäre; aus diesem Grund können menschliche Aktivitäten eine vergleichsweise starke Wirkung entfalten. Das Gas stammt ursprünglich aus vulkanischer Aktivität; bei dieser »Entgasung« wird unter anderem Kohlendioxid aus dem Innern des Planeten freigesetzt. Entsprechende Prozesse erzeugten die Atmosphären von Venus und Mars. Die Gesamtmenge an Kohlendioxid, die auf diese Weise im geologischen Zeitablauf aus dem Erdinnern freigesetzt wurde, entspricht schätzungsweise etwa dem 60- bis 70fachen des gesamten Gasgehalts in der heutigen Erdatmosphäre – und zwar bezieht sich das nicht nur auf das Kohlendioxid, sondern auf sämtliche heute in der Atmosphäre enthaltenen Gase. Diese Gasmenge würde einen Druck auf die Erdoberfläche ausüben, der 60- bis 70mal größer wäre als der heutige Atmosphärendruck. Wäre das gesamte Kohlendioxid in der Atmosphäre geblieben, wäre ein unkontrollierter Treibhauseffekt die Folge gewesen, der Verhältnisse erzeugt hätte, die weitgehend den Zuständen glichen, die heute auf der Oberfläche der Venus herrschen. Die Venus wäre kein Zwillingsplanet der Erde, sondern die Erde wäre ein Zwillingsplanet der Venus. Warum ist es nicht so gekommen?

Sobald die Temperatur auf der Venus oder der Erde den Siedepunkt von Wasser erreicht hätte, hätte sich das gesamte Wasser in Dampf verwandelt und so den atmosphärischen Treibhauseffekt noch verstärkt. Die Erde entwickelte sich deshalb anders als die Venus, weil es von Anfang an, gleich nachdem sich eine Atmosphäre gebildet hatte, flüssiges Wasser auf der Erde gab. Kohlendioxid löste sich im Wasser und lagerte sich in Form von Karbonatgesteinen ab – durch die Bestimmung des Karbonatgehalts der Gesteine wissen die Geologen, wieviel Kohlendioxid seit Entstehung der Erde entgast wurde.

Da die Venus sich jenes entscheidende Stückchen näher an der Sonne befindet als die Erde, war es dort seit der Frühzeit des

Sonnensystems schlicht zu warm für die Bildung von Meeren aus flüssigem Wasser. Da es keine Meere gab, verband sich das gesamte entgaste Kohlendioxid mit dem Wasserdampf und reicherte sich in der Atmosphäre an, bis sie die Dichte erreicht hatte, die wir heute sehen und die mit einem starken Treibhauseffekt einhergeht. Auch ist es kein Zufall, daß der Atmosphärendruck auf der Venus, der den an der Erdoberfläche um das 90fache übersteigt, ungefähr gleich dem Druck ist, den die Erdatmosphäre ausüben würde, wenn kein Kohlendioxid in Gesteinen gebunden worden wäre. Ähnliche Planeten haben ähnliche Mengen Kohlendioxid entgast. Wäre die Sonne etwas kühler gewesen oder hätte die Venus eine etwas sonnenfernere Umlaufbahn beschrieben, wäre sie vielleicht zu einem echten Zwilling der Erde mit Meeren, einer dünnen Atmosphäre und Leben geworden.

Sehen wir uns nun den Bereich des Planetensystems an, der sonnenferner ist als die Erde. Dort finden wir den Planeten Mars. Mars hat eine dünne Atmosphäre, die fast völlig aus Kohlendioxid besteht. Seine Oberfläche ist heute eine rote Wüste, in der es keinerlei Anzeichen von Leben gibt. Aber in dieser Wüste finden sich eindeutige Spuren dafür, daß einst Wasser auf dem Mars geflossen ist – tief eingeschnittene Canyons und Flußtäler –, und geologische Merkmale, die auf verblüffende Weise den Strukturen gleichen, die auf der Erde durch Wasser unter der Oberfläche geformt wurden. Offenkundig besaß der Mars, als er jung war, eine recht dichte Atmosphäre, deren Treibhauseffekt stark genug war, um Wasser fließen zu lassen. Doch weil Mars viel kleiner ist als die Erde (er hat nur die Hälfte des Erddurchmessers und nur ein Zehntel ihrer Masse), kühlte das Marsinnere sehr schnell aus, und seine geologische Aktivität kam vor langer Zeit zum Erliegen, so daß kein weiteres Kohlendioxid durch Entgasung freigesetzt wurde. Und die Atmosphäre, die bis dahin entstanden war, verflüchtigte sich nach und nach im Weltraum, weil die Massenanziehung des Mars nicht ausreichte, um sie festzuhalten. Als sich die Atmosphäre verdünnte, schwächte sich der Treibhauseffekt ab, und der Planet gefror – obgleich dort zweifellos noch immer eine große Menge Wasser vorhanden ist, das gefroren unter der Oberfläche eingeschlossen ist. Wenn der Mars so groß wäre wie die Erde, dann wäre es durchaus möglich, daß jenseits der Umlaufbahn der Erde um die Sonne ein Zwillingsplanet derselben entstanden wäre.

Betrachten wir die Sache nun unter dem Gesichtspunkt der Temperatur der Sonne. Schließlich haben nicht alle Sterne die gleiche Leuchtkraft. Man könnte sagen (und einige Wissenschaftler tun dies), wir hätten Glück, daß die Wärme der Sonne gerade genügt, um Leben auf der Erde zu ermöglichen. Nicht zu warm und nicht zu kalt, sondern wie ein Fläschchen für einen Säugling »genau richtig«. Wenn die Sonne etwas kühler gewesen wäre, dann wären Erde und Venus potentielle Lebensträger gewesen. Wäre sie noch etwas kühler gewesen, gäbe es Wasser auf der Venus, selbst wenn die Erde gefroren wäre. Und wenn die Sonne ein wenig wärmer gewesen wäre, hätte der Mars über hinreichend lange Zeiträume Bedingungen aufgewiesen, die der Entstehung von Leben förderlich gewesen wären, selbst wenn die Erde der Venus in die unkontrollierte Treibhausfalle gefolgt wäre. Offenbar ist es bei einem Planetensystem wie dem unseren sehr wahrscheinlich, daß mindestens ein Planet flüssiges Wasser aufweist. Deshalb bin ich der Meinung, daß es eher Pech ist, daß wir in praktikabler Reichweite für unsere derzeitigen Raumfahrzeuge nicht wenigstens einen Planeten haben, der geeignete Bedingungen für Leben, wie wir es kennen, aufweist.

Alles spricht dafür, daß wenigstens einige der Sterne, die wir am Firmament sehen, von Planeten (oder Monden) umlaufen werden, auf denen Leben, wie wir es kennen, existiert. Betrachten wir daher einmal das Weltall als Ganzes. Wir können dabei die genauen Umstände der Bildung von Planeten beziehungsweise des Ursprungs von Leben zunächst ausklammern. Wir wissen, daß dies geschieht, wenn auf einem Planeten wie der Erde eine hinreichende Menge an CHON vorhanden ist. Aber können wir erklären, wie die Elemente, aus denen der menschliche Körper besteht, also hauptsächlich CHON, entstanden sind? Da müssen wir verstehen, welche Prozesse im Innern von Sternen ablaufen – und wir wollen mit einem Stern wie der Sonne beginnen.

*Kapitel 3*

## STERNE SIND SONNEN

Was die Bedeutung solcher Ausdrücke wie »Atom« und »Atomkern« anlangt, so bin ich bislang stillschweigend davon ausgegangen, daß der Leser wohl weiß, daß die Sonne ein Stern ist und daß sie im Vergleich zu den Lichtpunkten, die die anderen Sterne sind, am Himmel vor allem deshalb so groß und strahlend erscheint, weil sie der Erde viel näher ist als die anderen Sterne. Tatsächlich hielt man die Sterne in der Antike für Lichtpunkte – winzige Löcher in einer kugelförmigen Schale aus dunkler Materie, die die Erde umhüllte, und durch diese Löcher, so glaubte man, könnten wir das dahinterliegende Licht sehen. Dies war damals keine völlig hirnrissige Idee, und zwar aus zwei Gründen. Erstens schienen die Sterne in ihren Positionen »fixiert« zu sein und Muster zu bilden, die als Sternbilder bezeichnet wurden. Es war daher eine vernünftige Annahme, daß sie alle an einer Struktur befestigt wären, die sich um die Erde drehte. Zweitens gab es nicht sehr viele Sterne, die man auf diese Weise erklären mußte. Am gesamten Himmel kann man mit dem nackten Auge maximal etwa sechstausend Sterne ausmachen, auch wenn man nicht durch künstliches Licht (oder Mondlicht) geblendet wird. Vielleicht meinen Sie jetzt, man könne zu jedem beliebigen Zeitpunkt in jeder Nacht dreitausend Sterne beobachten, da ja immer nur die Hälfte des Himmels sichtbar ist; doch leuchtschwache Sterne, die niedrig am Horizont stehen, verschwinden meist im atmosphärischen Dunst, Berge und Bäume verdecken einige Sterne; daher sollte man realistischerweise davon ausgehen, daß zu jedem beliebigen Zeitpunkt an einem dunklen, klaren Himmel allenfalls zweitausend

Sterne sichtbar sind. Dies sind Zahlen, die vernünftigen menschlichen Maßstäben angemessen sind und die Sterne als etwas erscheinen lassen, das in einen menschlichen Rahmen paßt. Jene Vorstellung von sechstausend winzigen Löchern in einer Himmelskugel war mehrere Jahrtausende im Schwange. Erst Anfang des 17. Jahrhunderts änderten sich die Dinge, als Galileo Galilei sein Fernrohr auf die Milchstraße richtete und entdeckte, daß sie aus unzähligen Einzelsternen besteht, die dem nackten Auge in ihrer Gesamtheit als eine weiße Wolke erscheinen.

Wichtig ist es hier festzuhalten, daß gleich zu Beginn der naturwissenschaftlichen Erforschung der Sterne die Technik ins Spiel kommt. Fortschritte in der Astrophysik, der Untersuchung der Sterne, waren nur mit Hilfe der Technik möglich. Unabhängig davon, wie gescheit jemand ist oder wie brillant seine theoretischen Konzepte sind, läßt sich doch nur durch Vergleich mit Beobachtungen herausfinden, welche gescheiten Ideen richtig sind und weiterverfolgt werden sollten und welche falsch sind und verworfen werden müssen. Aus diesem Grund glaubten die Alten, Erscheinungen, die sie am Himmel sahen, seien das Werk von Göttern – buchstäblich himmlische Erscheinungen. Es gibt viele Legenden über die Entstehung der Milchstraße selbst; die Sage, die der Milchstraße ihren modernen Namen gegeben hat, stammt aus der griechischen Mythologie, die das weiße Lichtband, das quer über den Himmel lief, als Milch deutete, die aus der Brust der Göttin Hera versprizte, als diese erwachte und den an ihre Brust gelegten fremden Säugling Herakles wegstieß. Die alten Griechen (und die Angehörigen anderer alter Kulturen) sind nicht deshalb auf solche Ideen gekommen, weil sie dümmer gewesen wären als die neuzeitlichen Astronomen, sondern weil ihnen sehr viel weniger Wissen zur Verfügung stand. Wie gescheit einige der Alten waren, ersieht man an den Spekulationen des griechischen Philosophen Demokrit, der schon im 5. Jahrhundert v. Chr. (etwa zweitausend Jahre vor Galileo Galilei) behauptete, die Milchstraße bestehe aus unzähligen Sternen, von denen jeder einzelne zu leuchtschwach sei, um als solcher erkannt zu werden, die jedoch zusammen zu einem leuchtenden Band quer über den Himmel verschmölzen.

Demokrit war auch einer der ersten führenden Verfechter der Atomtheorie (genauer gesagt Atomhypothese, denn streng genommen ist eine Theorie so lange eine Hypothese, bis sie durch Experimente und Beobachtungen überprüft wurde und diese Tests bestanden hat). Aber in beiden Fällen konnte er seine Ideen nicht auf die Probe stellen, weil er nicht über die geeignete Technik verfügte. Sie blieben Hypothesen, bis die Technik zu ihrer Überprüfung erfunden war. Hätte Demokrit in der zweiten Hälfte des 16. Jahrhunderts gelebt und gearbeitet, dann hätte er vielleicht einen ebenso nachhaltigen Einfluß auf die Entwicklung der Naturwissenschaft ausgeübt wie Galileo Galilei, der in seinem (1610 erschienenen) Buch *Sidereus nuncius* (»Sternenbotschaft«) schrieb:

> Ich habe Natur und Stoff der Milchstraße beobachtet. Mit Hilfe des Fernrohrs habe ich diese so direkt und mit einer so augenfälligen Gewißheit betrachtet, daß all die Kontroversen, die Philosophen durch so viele Jahrhunderte bedrückten, gelöst wurden und wir endlich von den wortreichen Debatten darüber befreit sind. Die Galaxis ist tatsächlich nichts anderes als eine Anhäufung zahlloser Sterne, die sich zu Haufen zusammengelagert haben. Gleich auf welchen Ausschnitt davon das Fernrohr gerichtet wird, bieten sich dem Auge sogleich Unmengen von Sternen dar. Viele davon sind relativ groß und recht hell, während sich die kleineren Sterne jeder Berechnung entziehen.

Mit der modernen Technik – modernen Fernrohren – können wir Galileo Galilei noch übertreffen. Indem die Astronomen die Zahl der Sterne in einer kleinen Teilfläche der Milchstraße zählten und das Ergebnis mit einem Faktor multiplizierten, der die Fläche der gesamten Milchstraße am Himmel abdeckt, gelangten sie zu der Schätzung, daß die Galaxis aus etwa 200 Milliarden

Sternen besteht – eine Zahl, die weit jenseits menschlicher Alltagserfahrung liegt. Etwa hundert Jahre nach den Entdeckungen Galileis wurde schließlich der zweite Stützpfeiler der »auf dem gesunden Menschenverstand basierenden« Vorstellung, die Sterne seien winzige, an einer starren Sphäre um die Erde befestigte Lichter, ebenfalls umgestoßen. Edmond Halley, nach dem ein berühmter Komet benannt ist, wurde von der Royal Society damit beauftragt, anhand der Daten von Beobachtungen, die der erste Astronomer Royal, John Flamsteed, durchgeführt hatte, einen neuen Sternkatalog zusammenzustellen.\* Im Verlauf seiner Arbeit verglich Halley Daten aus einem Katalog, den Hipparchos (von Nikaia) im 2. Jahrhundert v. Chr. zusammengetragen hatte, mit den neuen Daten. Natürlich hatte Flamsteed viele weitere Sterne katalogisiert, aber sein Katalog enthielt auch die hellen Sterne, die Hipparchos erforscht hatte. Halley stellte fest, daß die Daten aus den beiden Katalogen in den meisten Fällen übereinstimmten; dies zeigt, daß die alten Griechen geschickte Beobachter waren, die die Positionen der Sterne am Himmel präzise bestimmten. In einigen wenigen Fällen gab es jedoch verblüffende Abweichungen zwischen den Sternpositionen, die Hipparchos angegeben hatte, und den Positionen derselben Sterne, wie sie im 18. Jahrhundert beobachtet wurden. Daraus ließ sich nur eine Schlußfolgerung ziehen: Einige der Sterne hatten sich in den dazwischenliegenden Jahrhunderten am Himmel bewegt. Sie waren keineswegs an einem Rahmenwerk befestigt, sondern konnten sich unabhängig voneinander bewegen.

Doch wurde schon damals behauptet, die Sterne seien ebenfalls Sonnen. Zwischen Galileo Galileis und Halleys Zeit hatten mehrere Astronomen versucht, die Entfernungen der Sterne

---

\* Dies gab damals Anlaß zu einem erbitterten Streit, da sich Flamsteed dagegen verwahrte, daß ein anderer seine Daten benutzte, aber der Disput, der daraus erwuchs, braucht uns hier nicht zu interessieren.

abzuschätzen. Dabei gingen sie von der Annahme aus, daß alle Sterne dieselbe Helligkeit wie die Sonne besitzen und nur deshalb so leuchtschwach erscheinen, weil sie so weit von der Erde entfernt sind. Dies würde unter anderem bedeuten, daß leuchtschwächere Sterne weiter von der Erde entfernt sind als leuchtstarke Sterne, so daß sie nicht alle an ein und derselben Kristallkugel um die Erde befestigt sein konnten – aber die Idee von einer Kristallkugel war schon durch Galileis Entdeckungen unhaltbar geworden. Einer der Wissenschaftler, die dieses Verfahren erprobten, war Isaac Newton, der berechnete, daß der helle Stern Sirius, falls er tatsächlich die gleiche Leuchtkraft besitzt wie unsere Sonne, etwa eine Million Mal weiter von der Erde entfernt sein müßte als die Sonne. Dies ist nur etwa doppelt soviel wie die moderne Schätzung für seine Entfernung von der Erde, und es vermittelt Ihnen eine anschauliche Vorstellung von den Entfernungen, die Sie zurücklegen müßten, um die *näheren* Sterne zu erreichen. Anders formuliert: Sirius ist so weit von der Erde entfernt, daß Licht 8,6 Jahre braucht, um von Sirius zur Erde zu gelangen (seine Entfernung von der Erde beträgt also 8,6 Lichtjahre); Licht braucht nur 8,3 Minuten, um von der Sonne zur Erde zu gelangen (die Entfernung der Erde von der Sonne beträgt also nur 8,3 Lichtminuten). Und Licht breitet sich mit einer Geschwindigkeit von 300 000 km/s aus.

Die Astronomen begannen erst nach 1830, sich ernsthaft mit den tatsächlichen Entfernungen der Sterne zu befassen. Erst zu diesem Zeitpunkt konnten sie einige dieser Entfernungen mit der geometrischen Technik der Parallaxe direkt bestimmen. Die nächstgelegenen Sterne sind so erdnah, daß sich ihre Position an der Himmelskugel im Vergleich zu dem ferneren Hintergrund der »Fixsterne« scheinbar geringfügig verschiebt, wenn die Erde ihre Umlaufbahn um die Sonne beschreibt. Die Position eines bestimmten Sterns, relativ zu den Hintergrundkonstellationen, läßt sich in Zeitintervallen von Halbjahren mit großer Genauigkeit bestimmen, denn dann steht die Erde an gegenüberliegenden Punkten ihrer Bahn um die Sonne. Die scheinbare Verschie-

## Sterne sind Sonnen

bung der Position des beobachteten Sterns wird Parallaxe des Sterns genannt und wird in Bogensekunden gemessen. Für die nächsten Sterne beträgt die gemessene Verschiebung oder Parallaxe einige Zehntel einer Bogensekunde, was Entfernungen von bis zu zehn Lichtjahren entspricht. Um die Fähigkeit der Astronomen, die diese Parallaxen als erste bestimmten, angemessen zu würdigen, muß man sich klarmachen, daß der Winkel, unter dem der Vollmond am Nachthimmel erscheint, etwa 30 Bogenminuten beträgt. Die größten gemessenen Sternparallaxen entsprechen einer scheinbaren Sternverschiebung um Entfernungen, die etwa ein Sechzigstel von 1 Prozent der Größe des Vollmondes am Himmel betragen.

Bis zum Jahr 1900 wurden Parallaxen für lediglich 60 Sterne gemessen. Wenn dies die einzige Methode wäre, mit der Astronomen die Entfernungen von Sternen direkt messen könnten, dann wüßten sie noch immer kaum etwas über die Natur und die Funktionsweise der verschiedenen Sterntypen. Man kann jedoch die Entfernungen der Sterne auch noch mit einem anderen geometrischen Verfahren messen; damit dringen Astronomen gerade so weit in den Weltraum vor, daß sie allmählich in der Lage sind, die Eigentümlichkeiten verschiedener Sterntypen zu verstehen. Dieses Verfahren eignet sich für Sternhaufen, also für Gruppen von Sternen, die sich gemeinsam durch das Weltall bewegen, ähnlich einer Schule von Fischen, die in derselben Richtung durchs Meer schwimmen. Allerdings läßt es sich nur bei Haufen anwenden, die so nahe sind, daß ihre Bewegung erkennbar ist. Astronomen fotografieren die Haufen im Abstand von Jahren (oder Jahrzehnten) und vergleichen die Positionen der Sterne auf den beiden Bildern.

Eine Gruppe von Sternen, die in dieselbe Richtung fliegen, bewegen sich tatsächlich auf parallelen Bahnen, wie die Fahrzeuge auf einer achtspurigen Autobahn, die alle in dieselbe Richtung fahren. Von der Seite aus betrachtet, scheinen die Fahrspuren der Autobahn alle in einem fernen Punkt zusammenzulaufen, dem »Fluchtpunkt«, auf den alle Fahrzeuge zusteuern.

Mißt man über viele Jahre hinweg die Bewegung der Sterne in einem Haufen am Himmel, dann erhält man ebenfalls den Eindruck, daß sie sich alle auf einen bestimmten Punkt am Himmel zu bewegen (der für jeden Haufen natürlich ein anderer ist). Zugleich können Astronomen die Geschwindigkeit messen, mit der sich Sterne durch den Weltraum bewegen. Man kann ohne weiteres feststellen, wie schnell sie sich in der Sichtlinie bewegen (wenn man über genügend Geduld oder sehr alte Angaben über die früheren Positionen der Sterne verfügt). Anhand dieser Winkelbewegung ließe sich die Entfernung des Sterns ermitteln, wenn man die tatsächliche Geschwindigkeit durch den Weltraum kennen würde. Je schneller sich der Stern bewegt, um so stärker wird sich in einem Jahrzehnt oder einem Jahrhundert seine Position verschieben; aber je weiter der Stern entfernt ist, um so geringer ist die Verschiebung am Himmel. Der Stern kann sich natürlich außerdem in der Sichtlinie auf uns zu oder von uns weg bewegen. Glücklicherweise läßt sich diese Komponente der Geschwindigkeit unter Ausnutzung des Doppler-Effekts sehr leicht bestimmen.

Der Doppler-Effekt – der 1842 von Christian Doppler vorhergesagt wurde und in der zweiten Hälfte des 19. Jahrhunderts zu einem nützlichen astronomischen Instrument wurde – ist eine Änderung der Wellenlänge von Licht, die dadurch verursacht wird, daß sich eine Lichtquelle auf den Beobachter zu oder vom Beobachter weg bewegt. Bei Objekten, die sich wegbewegen, wird das ausgesandte Licht zu größeren Wellenlängen »gedehnt« (so wie man eine Feder dehnt), und da rotes Licht größere Wellenlängen hat als blaues Licht, nennt man dies Rotverschiebung. Objekte, die sich auf den Beobachter zu bewegen, »stauchen« die Wellenlängen des Lichts, das sie aussenden (so wie man eine Feder zusammenpreßt), und haben eine Blauverschiebung zur Folge. Indem man das Ausmaß der Rot- beziehungsweise Blauverschiebung in dem von einem Stern ausgestrahlten Licht mißt, kann man seine Geschwindigkeit (seine tatsächliche Geschwindigkeit durch den Raum) in der Sichtlinie bestimmen. Aufgrund des Effekts der konvergierenden Linien kennen wir jedoch die tatsächliche Richtung, in die sich die Sterne bewegen. In jedem Fall gibt es nur eine wahre Geschwindigkeit durch den Weltraum, die quer zur Sichtlinie gerichtet ist und, zusammen mit der gemessenen Geschwindigkeit in der Sichtlinie, die Gesamtbewegung des Sterns mit der Bewegung des gesamten Haufens zu dem bekannten Punkt am Himmel, zu dem sich der gesamte Haufen bewegt, koordiniert. Die bekannte wahre Geschwindigkeit eines Sterns, quer zur Sichtlinie, die auf diese Weise berechnet wird, kann man dann mit der Winkelgeschwindigkeit vergleichen, mit der sich der Stern von der Erde weg bewegt; anschließend kann man berechnen, wie weit er entfernt sein muß, um die beobachtete Winkelbewegung quer zur Sichtlinie zu erzeugen.

Ich habe diesen Punkt etwas ausführlicher erörtert, weil er für alles folgende von grundlegender Bedeutung ist. Sie müssen die Berechnung nicht selbst durchführen können, aber Sie müssen davon überzeugt sein, daß Astronomen wirklich über eine zuverlässige Methode für die Messung von Entfernungen zu nahen Sternhaufen – oder zumindest zu einem bestimmten Sternhaufen – verfügen. Mit dieser sogenannten Methode der Sternstromparallaxe läßt sich die Entfernung zu diesem besonderen Sternhaufen, den sogenannten Hyaden, die im Sternbild Stier liegen, zuverlässig bestimmen. Die Hyaden umfassen mehr als zweihundert Sterne, die, etwa 150 Lichtjahre von der Erde entfernt, über ein kleines Raumvolumen verstreut sind. Sie sind so weit entfernt, daß der Abstand von einer Seite des Haufens zur anderen vernachlässigt werden kann – wir können so tun, als wären alle Sterne der Hyaden gleich weit von der Erde entfernt. Allerdings haben sie sehr unterschiedliche Helligkeiten. Daher müssen die Sterne tatsächlich unterschiedlich hell sein – es kann sich nicht um eine Sinnestäuschung handeln, die dadurch hervorgerufen wird, daß einige der Sterne erdnäher als andere sind. Und weil wir die Entfernungen zu jedem der Sterne und ihre scheinbaren Helligkeiten kennen, können wir ihre absoluten

Helligkeiten (Leuchtkraftwerte) im Vergleich zur Helligkeit der Sonne berechnen. Diese Information sagt uns, daß die Sonne ungefähr in der Mitte des Leuchtkraftspektrums der Sterne liegt und, so gesehen, ein durchschnittlicher Stern ist (in einer anderen Sichtweise besitzt sie eine überdurchschnittliche Helligkeit, da es viel mehr leuchtschwache als leuchtstarke Sterne gibt). Doch selbst diese grundlegende Information kennen wir mit Sicherheit erst seit der zweiten Hälfte des 19. Jahrhunderts – seit kaum mehr als hundert Jahren.

Die Entfernungen anderer Sternhaufen, weit jenseits der Hyaden, werden mit unterschiedlichen Methoden bestimmt. Sobald man weiß, daß bestimmte Sterntypen, die sich durch ihre Farben unterscheiden, eine bestimmte absolute Helligkeit (Leuchtkraft) besitzen, kann man sie ihrerseits als Entfernungsmesser (sogenannte »Standardkerzen«) benutzen, indem man ihre scheinbare Helligkeit mit der erwarteten absoluten Helligkeit vergleicht. Die besten Entfernungsmesser sind Sterne, die sich auf ganz spezifische Weise verändern (so daß man sie leicht identifizieren kann) und die alle ungefähr die gleiche Helligkeit aufweisen (was sie zu guten Standardkerzen macht). Wenn man einen dieser sogenannten RR-Lyrae-Sterne in einem Sternhaufen aufspürt, kann man ihn dazu benutzen, eine Entfernung vom Haufen zu berechnen, bevor man dann all die Einzelsterne im Haufen miteinander vergleicht, um Unterschiede in ihrer Leuchtkraft zu ermitteln. Anschließend kann man den Sternhaufen dann mit anderen Haufen vergleichen, um mehr über die Ähnlichkeiten und Unterschiede zwischen den Sternen zu erfahren.

Mit einer anderen Klasse veränderlicher Sterne, den sogenannten Delta-Cephei-Sternen oder Cepheiden, lassen sich die Entfernungen anderer Galaxien jenseits unserer Milchstraße bestimmen. Aber wir brauchen zum gegenwärtigen Zeitpunkt nicht über die Milchstraße hinaus zu gehen. Die Methoden der Entfernungsmessung, die ich beschrieben habe, reichen aus, um zu zeigen, daß die Milchstraße insgesamt ein scheibenförmiges System mit einem Durchmesser von etwa 100 000 Lichtjahren und einer Dicke von nur 1000 Lichtjahren ist, das schätzungsweise 200 Milliarden Sterne enthält (und diese Erkenntnisse haben wir erst nach und nach ab 1920, vor etwas mehr als einem Menschenalter gesammelt). Die Sonne befindet sich in der Scheibe, etwa zwei Drittel vom Zentrum der Galaxis entfernt, und sie umläuft deren Zentrum, so wie die Planeten die Sonne umlaufen. Die Gesamtzahl der Sterne in der Galaxis entspricht etwa der Anzahl der Reiskörner, die in eine Kathedrale passen; wollte man jedoch die Reiskörner so ausstreuen, daß man ein maßstabsgetreues Modell der Milchstraße erhielte, dann hätte das Modell einen Durchmesser von etwa 400 000 Kilometern, was ungefähr der Entfernung zwischen Erde und Mond entspricht.

Entfernungen geben uns Aufschluß über die jeweilige Leuchtkraft der Sterne, und damit ist schon viel für die Aufklärung der Frage gewonnen, was in Sternen geschieht. Die jetzt noch fehlende Information betrifft ihre Massen. Tatsächlich gibt es nur eine Möglichkeit, wie sich die Massen von Sternen präzise bestimmen lassen; dazu müssen wir ein Doppelsternsystem betrachten, in dem sich zwei Sterne gegenseitig umlaufen, so wie sich Erde und Mond umlaufen. Im Anschluß an Galileis Entwicklung des astronomischen Fernrohrs entdeckten Astronomen Paare von Sternen, die am Himmel dicht beieinander liegen. Doch erst 1767 behauptete der britische Universalgelehrte John Michell (der übrigens als erster die Hypothese von Schwarzen Löchern formulierte), bei einigen dieser Paare könnte es sich um Sterne handeln, die physikalisch miteinander verbunden seien und nicht bloß zufällig dicht benachbart erschienen, wobei sich ein Stern relativ nahe bei der Erde befindet und der andere viel weiter weg, aber fast in derselben Sichtlinie liegt, so wie der Mond zu einer bestimmten Nachtzeit »nahe bei« einem bestimmten Stern erscheint. Die ersten systematischen Beobachtungen solcher Doppelsterne führte im letzten Viertel des 18. Jahrhunderts William Herschel durch, und seine Beobachtungen, wie sich einige dieser Sternpaare im Verlauf von etwa zwanzig Jahren merklich umeinander bewegten, lieferten den Beweis dafür, daß diese Systeme, in seinen eigenen Worten, »echte Kombinationen zweier Sterne sind, die durch die gegenseitige Massenanziehung eng zusammengehalten werden«.

Im 19. Jahrhundert wurde die Erforschung von Doppelsternen zu einem zentralen Thema der Astronomie, eben weil es möglich ist, die Massen der beiden Komponenten eines Doppelsterns dadurch zu bestimmen, daß man den genauen Verlauf der Bahnen ermittelt, die sie umeinander beschreiben. Durch die Untersuchung der Planetenbahnen im Sonnensystem und aufgrund des Newtonschen Gravitationsgesetzes und seiner Axiome (die er 1687 in seinem bedeutendsten Werk, den *Principia*, veröffentlichte) wissen die Astronomen, daß man die Bahnen von Doppelsternsystemen mittels zweier einfacher Gleichungen beschreiben kann. Die eine Gleichung stellt eine Beziehung her zwischen der Entfernung der beiden Mitglieder des Doppelsterns und ihrer gemeinsamen Masse (die Masse des Sterns A *plus* die Masse des Sterns B). Die andere setzt die Entfernung jedes Sterns vom Massenmittelpunkt des Doppelsternsystems (seinem »Gleichgewichtspunkt«, wenn Sie so wollen) zum Verhältnis der Massen der beiden Komponenten (die Masse von Sterne A *dividiert* durch die Masse von Stern B) in Beziehung. Sobald man die Gesamtmasse und das Verhältnis der beiden Massen kennt, lassen sich die tatsächlichen Massen der beiden Sterne problemlos bestimmen.

Natürlich ist es in der Praxis nicht ganz so einfach – zumal in der Astronomie. Man muß die Doppelsterne jahre- oder gar jahrzehntelang beobachten, um ihre Bahnen zuverlässig bestimmen zu können, und man muß die Orientierung der Bahn am Himmel einkalkulieren (ob wir sie von der Seite oder von vorne oder von irgendwo dazwischen sehen). Wie langsam man hier Fortschritte erzielt, sieht man daran, daß der wegbereitende Astrophysiker Sir Arthur Eddington, der 1924 alle verfügbaren Informationen zusammentrug und in einem Diagramm darstellte, in dem die Helligkeit eines Sterns (die absolute Helligkeit für Sterne, deren Entfernungen von der Erde wir kennen) zu seiner Masse in Beziehung gesetzt wurde, nur mit einigen Dutzend exakt bestimmten Sternmassen arbeiten konnte. Aber diese genügten, um zwei Dinge zu zeigen: daß es ein Spektrum von Sternenmassen gibt, das von etwa einem Fünftel einer Sonnenmasse* bis zu etwa fünfundzwanzig Sonnenmassen reicht, und, was am wichtigsten ist, daß zwischen der Masse eines Sterns und seiner Helligkeit eine sehr einfache Beziehung besteht. Im allgemeinen leuchten massereichere Sterne heller als masseärmere. Für Sterne, die der Sonne recht ähnlich sind (und deren Massen von etwa 0,3 bis 7 Sonnenmassen reichen), gilt konkret, daß die absolute Helligkeit eines Sterns proportional zur vierten Potenz seiner Masse ($M^4$) ist; die Verdopplung der Masse eines Sterns führt also zu einer Zunahme seiner Leuchtkraft um das Sechzehnfache. Für massereichere Sterne entspricht die absolute Helligkeit der dritten Potenz der Masse ($M^3$), so daß ein Stern bei Verdopplung seiner Masse »nur« achtmal heller leuchtet. Wie wir noch sehen werden, liefert diese einfache Beziehung zwischen Masse und Helligkeit wertvolle Aufschlüsse darüber, wie Sterne ihre Leuchtkraft erhalten, indem sie in ihrem Innern Wärme erzeugen. Diese ersten wissenschaftlichen Entdeckungen über die physikalischen Prozesse in Sternen gehen auf die Mitte der zwanziger Jahre des 20. Jahrhunderts zurück – die Astrophysik ist weitgehend eine Wissenschaft des 20. Jahrhunderts. Dies hat seine Ursache darin, daß naturwissenschaftliche Fortschritte, wie bereits erwähnt, aufs engste mit dem technischen Fortschritt verknüpft und davon abhängig sind: Die Astronomen konnten die physikalischen Abläufe in Sternen erst aufklären, als ihnen die erforderlichen Instrumente zur Verfügung standen. Zwei Schlüsselentwicklungen im 19. Jahrhundert waren es, die Wissenschaftlern wie Eddington die Möglichkeiten eröffneten, herauszufinden, was in Sternen vor sich geht:

---

* Eine praktische Methode, die Massen von Sternen auszudrücken, wobei die Masse der Sonne als 1 Einheit angesetzt wird.

Der erste Durchbruch gehört heute so selbstverständlich zu unserem Alltagsleben, daß man kaum begreift, weshalb diese Technik einer wissenschaftlichen Revolution gleichkam. Die Fotografie wurde Ende der dreißiger Jahre des 19. Jahrhunderts erfunden und fast sofort (schlecht und recht) in der Astronomie eingesetzt. Die Sonne war aufgrund ihrer Helligkeit ein naheliegender Gegenstand der Aufmerksamkeit der ersten Astronomen, und das erste Daguerreotyp\*, das die Sonnenscheibe zeigte, wurde 1845 von zwei Physikern in Paris aufgenommen. Als sich die Fotografie in der zweiten Hälfte des 19. Jahrhunderts weiterentwickelte, wurden die Platten so lichtempfindlich (»schnell«, wie die Fotografen sagen würden), daß man nachts durch Fernrohre Aufnahmen von Sternen machen konnte. Dies hatte enorme Auswirkungen auf die Wissenschaft. Erstens bedeutete es, daß sich Astronomen selbst bei Untersuchungen, die so einfach sind wie die Erforschung von Doppelsternen, nicht länger einzig auf Zeichnungen verlassen mußten, wenn sie die Bahnen von Sternen von Jahr zu Jahr oder von Jahrzehnt zu Jahrzehnt verglichen. Bei älteren Messungen und Zeichnungen, die von einer anderen Person stammten, nagten immer Zweifel an ihrer Richtigkeit. Mit dem Aufkommen der Fotografie wurde diese Unsicherheit ausgeräumt. Und zweitens konnten die Fotografen in dem Maße, wie die fotografischen Emulsionen lichtempfindlicher (»schneller«) wurden und mehr Details festhielten, Sterne und andere leuchtschwache Objekte aufspüren, die das menschliche Auge selbst mit Hilfe eines Fernrohrs nicht sehen konnte.

Selbst wenn man etwas durch ein Fernrohr betrachtet, ist das menschliche Auge bald gesättigt und sieht keine Objekte mehr, die eine bestimmte Helligkeit unterschreiten. Wenn man einen leuchtschwachen Stern nicht sofort sieht, dann sieht man ihn überhaupt nicht (angenommen, die Augen haben sich an die Dunkelheit adaptiert), selbst wenn man Stunden damit ver-

---

\* Eine frühe Form der Fotografie, bei der man eine mit Joddämpfen lichtempfindlich gemachte Silberplatte benutzte.

bringt, durch das Fernrohr zu starren. Bei Fotografien dagegen verstärkt jede zusätzliche Lichteinwirkung auf die Fotoplatte oder den fotografischen Film die Spuren dessen, was vorausging. Je länger man ein Foto belichtet, um so leuchtschwächere Objekte werden aufgenommen. Dies erschloß der Forschung buchstäblich eine ganz neue Welt. Aber dies war noch nicht die wichtigste Errungenschaft der Astrofotografie. Der größte Erfolg der astronomischen Fotografie, der Eckstein, auf dem die ganze Astrophysik ruht, kam, als sie mit einem anderen wissenschaftlichen Durchbruch aus der Mitte des 19. Jahrhunderts kombiniert wurde – der Entwicklung der Spektroskopie. Mit der Spektroskopie, die das von einem Objekt, etwa einem Stern, abgestrahlte Licht (beziehungsweise ein lichtabsorbierendes Gas) daraufhin analysiert, woraus das Objekt besteht, lassen sich dank des Doppler-Effekts auch Aufschlüsse darüber erzielen, wie sich das Objekt bewegt. Ohne diese beiden Informationen gäbe es keine Wissenschaft der Astrophysik.

Die Bezeichnung »Spektroskopie« leitet sich von Spektrum ab – dem vertrauten Regenbogen aus farbigem Licht, den man sieht, wenn weißes Licht durch ein Prisma geleitet wird (oder in einem Regenbogen selbst). Wie so viele Dinge in der Physik wurde auch das Spektrum erstmals von Isaac Newton gründlich untersucht, der nachwies, daß weißes Licht ein Gemisch aus verschiedenen Farben ist, das durch das Prisma zerlegt wird (Rot, Orange, Gelb, Grün, Blau, Indigo und Violett), und daß man erneut weißes Licht erhält, wenn diese Farben wieder zu einem Lichtstrahl vereinigt werden. Wir erklären diese Erscheinung heute unter Bezug auf die Wellenlänge des Lichts – rotes Licht hat die größte Wellenlänge von allen Farben des Spektrums, Violett die kleinste. Entscheidend ist, daß jede Wellenlänge (jede Farbe) beim Durchgang durch das Prisma um einen anderen Winkel abgelenkt wird, so daß die Farben (die alle in weißem Licht vermischt sind) zu einem Spektrum zerlegt werden. In gewissem Sinne geht es in der Spektroskopie einfach darum, die Farbe von Licht aus verschiedenen Quellen zu analysieren –

**ABBILDUNG 3.1** Spektrallinien. In diesem Spektrum ist das Linienmuster (der »kosmische Strichcode«) deutlich zu erkennen. Kleinere Wellenlängen (die blauem Licht entsprechen) sind rechts zu finden, größere Wellenlängen (rotes Licht) links.

allerdings geht sie bei der Zuordnung der Farben weit über die vertrauten Farben des Regenbogens hinaus.

Wenn man das von Licht, das durch ein Prisma gelenkt wird, erzeugte Regenbogenmuster vergrößert, zeigt sich, daß das Spektrum viele scharf abgegrenzte helle und dunkle Linien aufweist. Als erster bemerkte dies der englische Physiker und Chemiker William Wollaston, der zu Beginn des 19. Jahrhunderts Sonnenlicht durch ein Prisma leitete und in dem vergrößerten Spektrum viele dunkle Linien sah. Aber er starb 1828, ohne dieser Entdeckung weiter nachgegangen zu sein, und überließ deren Weiterentwicklung anderen. Kurz nachdem Wollaston die Spektrallinien entdeckt hatte, fielen dem deutschen Physiker Joseph von Fraunhofer ebenfalls dunkle Linien im Spektrum der Sonne auf, die er im zweiten Jahrzehnt des 19. Jahrhunderts untersuchte – aber er starb zwei Jahre vor Wollaston, so daß die Weiterentwicklung dieser Ideen der nächsten Generation von Physikern vorbehalten bleiben sollte.

Die entscheidenden weiteren Schritte machten Robert Bunsen und Gustav Kirchhoff zwischen 1850 und 1870 in Deutschland. Es ist dies derselbe Robert Bunsen, nach dem der berühmte Bunsenbrenner benannt ist, auch wenn er ihn nicht erfunden hat –

der Grundentwurf geht auf Michael Faraday in London zurück; er wurde von Bunsens Assistent Peter Desdega verbessert und unter Bunsens Namen vermarktet. Aber die Verbindung zwischen Bunsen und dem Brenner ist wichtig und bedeutsam, weil Bunsen und Kirchhoff die Spektren, die sie untersuchten, dadurch erhielten, daß sie verschiedene Stoffe in der durchsichtigen Flamme eines Bunsenbrenners erhitzten und das Licht, das die Proben ausstrahlten, spektroskopisch analysierten.

In dem Spektrum des Lichts, das von der Sonne oder einem anderen Stern emittiert wird, zeigen sich zahlreiche dunkle Linien, von denen manche dünner und heller, andere dicker und dunkler sind. Fraunhofer zählte 574 Linien im Spektrum des Sonnenlichts, jede mit ihrer eigenen exakt definierten Wellenlänge; darüber hinaus fand er viele identische Linien im Licht von der Venus (das lediglich reflektiertes Sonnenlicht ist, so daß dies nicht sonderlich überrascht) und von vielen Sternen (was viel aufschlußreicher ist, denn sie leuchten ja aus eigener Kraft).* Die Linien gleichen auf recht verblüffende Weise dem Muster der Linien in einem heute gebräuchlichen Strichcode, und sie sind genauso unverwechselbar wie ein Strichcode, weil sie einem genau sagen, woraus das Objekt, das die Linien erzeugt, besteht. Die Schlüsselentdeckung Bunsens, die Kirchhoff dann weiterverfolgte, bestand darin, daß jedes Element sein charakteristisches Linienmuster im Spektrum hervorbringt, das genauso unverwechselbar und eindeutig ist wie ein Fingerabdruck. Wenn die Substanz heiß ist, erzeugt sie helle Emissionslinien; wenn weißes Licht durch ein kaltes Gas geschickt wird, erhält man ein Spektrum, in dem dunkle Absorptionslinien auftreten. Aber für ein bestimmtes Gas (etwa Wasserstoff) befinden sich die hellen Linien, die erzeugt werden, wenn das Gas heiß ist, an genau denselben Stellen im Spektrum (das heißt, sie haben genau dieselben

---

\* Mit modernen Techniken können Astronomen über 15 000 Linien im Sonnenspektrum identifizieren.

Wellenlängen) wie die dunklen Linien, die zu sehen sind, wenn weißes Licht durch das kalte Gas hindurchgeht. Das charakteristische orangefarbene Licht in Straßenbeleuchtungen beispielsweise entsteht durch eine Spur von Natrium in den Leuchtröhren, das durch den elektrischen Strom, der durch die Röhre fließt, angeregt wird. Heißes Natrium strahlt immer Energie mit zwei wohldefinierten Wellenlängen im gelborangen Teil des Spektrums ab, die zwei leuchtend gelb-orange Spektrallinien erzeugen. Dies ist ein besonders passendes Beispiel, weil Kirchhoff 1859 zum ersten Mal die Anwesenheit eines Elements außerhalb der Erde nachwies, als er nämlich die charakteristischen Natriumlinien (in diesem Fall als dunkle Absorptionslinien) im Spektrum des Sonnenlichts fand.

Sobald der Zusammenhang zwischen der chemischen Zusammensetzung eines Stoffs und seinem Spektrum bekannt war und nachdem Chemiker viele verschiedene Stoffe auf diese Weise im Labor untersucht hatten, wobei sie die Wärme von Bunsenbrennern benutzten, um die spektroskopischen Fingerabdrücke verschiedener Elemente zu erhalten, konnten sie sogleich bestimmen (wie das Beispiel der Entdeckung von Natrium in der Sonne verdeutlicht), welche Elemente in den Sternen vorhanden sind, indem sie die Spektrallinien in ihrem Licht analysierten – vorausgesetzt, die Sterne waren so hell, daß ihre Spektren auf diese Weise untersucht werden konnten. Man benutzte dieses Verfahren, um herauszufinden, woraus Sterne bestehen, auch wenn die Frage, weshalb die einzelnen Elemente einzigartige Spektren besitzen, erst später beantwortet wurde.

Obgleich die Oberflächentemperatur der Sonne 6000 °C beträgt, erscheinen die Linien im Sonnenspektrum als dunkler Wald und nicht als helle Linien, weil das Gas, das die Ursache dieser Linien ist und das unmittelbar über der sichtbaren Sonnenoberfläche schwebt, kühler ist als diese und Energie absorbiert, wenn das Licht der Sonne durch es hindurchläuft.

Mittels der Kombination von Spektroskopie und Fotografie konnte man feststellen, woraus Sterne bestehen. Licht von einem

Stern fällt in ein Fernrohr ein und trifft dort auf ein Prisma (oder auf ein Beugungsgitter, das die gleiche Funktion erfüllt), in dem es in ein sehr kleines Spektrum aufgefächert wird, das bei langer Belichtungszeit fotografiert wird, um die Details sichtbar zu machen. In der Frühzeit der Technik war dies in der Praxis unglaublich schwierig, da das schwache Licht eines Einzelsterns noch schwächer ist, wenn es auf diese Weise gestreut wird, und fotografische Techniken konnten selbst für die hellsten Sterne kaum Spektren liefern. Aber es funktionierte, und im Verlauf der Jahrzehnte erhielten die Astronomen auf diese Weise Spektren für immer leuchtschwächere Objekte.

Bemerkenswerterweise wußte im 19. Jahrhundert kein Wissenschaftler, wie die Linien in den Spektren erzeugt werden. Man brauchte es auch nicht unbedingt zu wissen, da bekannt war, daß man zum Beispiel im Spektrum von Natrium immer die gleichen beiden Linien sieht. Kein anderer Stoff erzeugte diese beiden charakteristischen Linien mit ausgerechnet diesen beiden Wellenlängen, so daß man, wenn man sie im Licht der Sonne oder eines anderen Sterns entdeckte, wußte, daß dieses Objekt (oder zumindest seine Oberfläche) Natrium enthielt. Das gleiche empirische Argument gilt auch für alle anderen Elemente.

Erst im 20. Jahrhundert, nach der Entwicklung der Quantentheorie, gelang es, zu erklären, wie die Linien entstehen. Man stelle sich der Einfachheit halber vor, daß die Elektronen in einem Atom den Atomkern so umlaufen, wie die Planeten Bahnen um die Sonne beschreiben. Wenn ein Elektron von einer Bahn auf eine andere Bahn mit niedrigerer Energie springt (so als hüpfte Mars auf die Umlaufbahn der Erde), wird Energie in Form von Licht freigesetzt – eine exakt definierte Energiemenge, die einer bestimmten Wellenlänge von Licht entspricht, welche durch den Abstand zwischen den erlaubten Elektronenbahnen (beziehungsweise Energieniveaus) festgelegt wird. Dieser Effekt, der sich in ungeheuer vielen Atomen desselben Elements wiederholt, erzeugt eine helle Spektrallinie mit einer Wellenlänge, die der Energiedifferenz der beiden Bahnen entspricht. In ähnlicher Weise

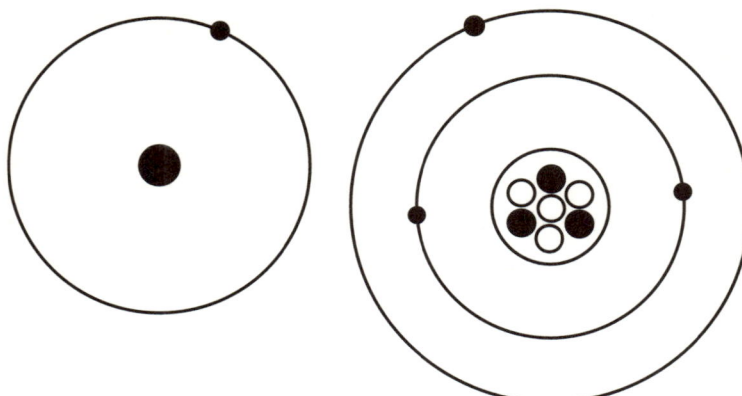

**ABBILDUNG 3.2** Niels Bohr erklärte die Existenz von Spektrallinien mit Hilfe eines Atommodells, in dem Elektronen den Kern im Zentrum des Atoms umlaufen. Eine scharfe Spektrallinie entspricht der Energie, die zu einem Elektron gehört, das von einer Bahn auf eine andere springt – springt es nach innen, wird Energie freigesetzt, was eine helle Linie erzeugt; springt es nach außen, wird Energie absorbiert, was eine dunkle Linie erzeugt. Das Modell ist nur eine Näherung. Entscheidend ist, daß jedes Element eine spezifische spektrale Signatur besitzt. In der Abbildung sehen Sie ein Wasserstoffatom, links, und ein Lithium-7-Atom, rechts.

springt ein Elektron auf ein höheres Energieniveau (so als würde es von der Umlaufbahn der Erde auf die Marsbahn springen), wenn die gleiche Energiemenge von einem Atom absorbiert wird. Wenn sich dieser Vorgang in zahllosen Atomen desselben Elements wiederholt, erzeugt er eine dunkle Linie im Spektrum. Jede Atomart hat ihre spezifische Anzahl von Elektronenenergieniveaus, so daß jedes Element seine unverwechselbare Anzahl von Spektrallinien hat. Die quantenphysikalische Erklärung der Linien im Spektrum von Wasserstoff (durch Niels Bohr im zweiten Jahrzehnt des 20. Jahrhunderts) ließ die Naturwissenschaftler erstmals aufhorchen und veranlaßte sie dazu, die Quantentheorie als ein nützliches Instrument zur Erklärung der in Atomen ablaufenden Prozesse anzuerkennen. Doch so erfreulich es auch sein mag, eine Vorstellung davon zu haben, wie die Linien in Spektren entstehen, bedarf es doch keiner quantenphysikalischen Kenntnisse, um absolut sicher zu sein, daß ein bestimmtes Strichcodemuster von Linien im Spektrum des Lichts von einem Stern Auskunft darüber gibt, woraus sich ein Stern zusammensetzt.

Und dann gibt es noch die Doppler-Verschiebung. Wenn das Licht von einem Stern zum blauen Ende des Spektrums hin verschoben ist, deutet dies darauf hin, daß es sich auf den Beobachter zu bewegt; ist das Licht zum roten Ende des Spektrums hin verschoben, dann ist dies ein Indiz, daß sich der Stern vom Beobachter weg bewegt. Woher aber wissen wir dies? Weil das, was tatsächlich im Regenbogenspektrum beobachtet wird, das Muster der Spektrallinien ist und weil das, was beim Doppler-Effekt eigentlich gemessen wird, das Ausmaß ist, in dem diese Linien gegenüber ihren exakten Positionen im Spektrum (ihren exakten Wellenlängen) unter Laborbedingungen hier auf der Erde verschoben werden. Christian Doppler sagte 1842 den Doppler-Effekt für Schallwellen in der Luft voraus. Ein Jahr später wurden seine Vorhersagen in einem der unterhaltsamsten öffentlichen Experimente aller Zeiten überprüft: Ein Zug sollte einen offenen Eisenbahnwaggon, der vollbesetzt war mit Trompetern, die alle aus Leibeskräften denselben Ton bliesen, an einer Gruppe von Musikern vorbeiziehen, die alle das absolute Gehör hatten und daher die Änderung der Höhe des Trompetentons exakt feststellen konnten. Doppler selbst erkannte, daß der Effekt auch für Licht gelten sollte, ging aber nicht in die Details; die Theorie des Doppler-Effekts für Licht wurde erstmals 1848 von dem französischen Physiker Armand Fizeau ausgearbeitet – volle zehn Jahre, bevor Bunsen und Kirchhoff sich ernsthaft mit der Spektroskopie befaßten. Als die Technik der Spektroskopie so weit ausgereift war, daß man damit Informationen über die Geschwindigkeiten von Sternen sammeln konnte – einschließlich Informationen über die Geschwindigkeit, mit der sich Sterne in Doppelsternsystemen umeinander bewegen, die ihrerseits Rückschlüsse auf die Sternmassen zulassen –, konnte man daher auf eine kohärente Theorie des Doppler-Effekts zurückgreifen. In der zweiten Hälfte des 19. Jahrhunderts begann sich alles zusammenzufügen.

Weil all diese Techniken Ende des 19. und Anfang des 20. Jahrhunderts zusammenkamen, ist die Astrophysik ein echtes Kind des 20. Jahrhunderts. Aber es gab noch immer ein großes Rätsel, das im Verlauf des 19. Jahrhunderts sogar noch rätselhafter geworden war und das zeigt, daß die Astronomen selbst Anfang des 20. Jahrhunderts noch einen weiten Weg zurückzulegen hatten, bevor sie von sich behaupten konnten, die physikalischen Prozesse im Innern der Sonne und der Sterne zu verstehen. Niemand wußte, wie es die Sonne und die anderen Sterne fertigbrachten, so lange zu leuchten, wie es nach geologischen Befunden und aufgrund des sehr hohen Alters der Erde erforderlich zu sein schien. Obgleich technische Fortschritte wie die Fotografie und die Spektroskopie unverzichtbar waren, bevor die Astrophysik in Schwung kommen konnte, war es nicht minder wichtig, daß Physiker und Astronomen ein solides theoretisches Verständnis dafür entwickelten, ob und inwieweit die Gesetze der Physik in der Welt insgesamt gelten. Die Newtonschen Axiome waren seit ein paar hundert Jahren bekannt, aber der wichtigste Fortschritt in der physikalischen Theoriebildung betraf im 19. Jahrhundert die Thermodynamik, die Wärmelehre, die sich mit der Frage befaßt, wie sich Wärme im besonderen und Energie im allgemeinen innerhalb eines physikalischen Systems und zwischen Systemen bewegt.

Einige der Schlüsselerkenntnisse, zumal was das Alter der Sonne anlangt, stammen von einem der unbesungenen Helden der Naturwissenschaft, dessen Arbeit zu seinen Lebzeiten weitgehend unbeachtet blieb, im Rückblick jedoch als herausragend gelten kann. Robert von Mayer war ein deutscher Physiker, der nach Abschluß seines Studiums mit sechsundzwanzig Jahren eine Stelle als Schiffsarzt auf einem Ostindien-Segler antrat. Damals war der routinemäßige Aderlaß noch immer eine anerkannte medizinische Behandlungsform und wurde gerade in den

Tropen oftmals mit besonderer Begeisterung vorgenommen, war man doch der Meinung, daß die Entnahme einer geringen Menge Blut ansonsten kerngesunde Menschen vor den entkräftenden Wirkungen der tropischen Hitze schütze. Mayer kannte die Vorstellung (die von Antoine Lavoisier im 18. Jahrhundert propagiert worden war), daß sich warmblütige Tiere wie wir durch eine Form sehr langsamer Verbrennung im Körper warm halten, bei der Stoffe aus den Nahrungsmitteln mit dem Sauerstoff der Luft verbunden (»verbrannt«) werden, und er wußte, daß hellrotes, sauerstoffreiches Blut, das von der Lunge kommt, in Arterien durch den Körper transportiert wird, während dunkleres, purpurrotes Blut, dem der Sauerstoff entzogen wurde, durch die Venen zurück zur Lunge fließt. Ärzte, die einen Aderlaß vornahmen, achteten immer sorgfältig darauf, eine Vene und keine Arterie zu öffnen, weil das Blut in den Arterien unter großem Druck steht und weil die Blutung aus einer Arterie schwerer zu stillen ist als die aus einer Vene. Doch als Mayer auf Java einen Matrosen zur Ader ließ, stellte er mit Erstaunen fest, daß sein venöses Blut fast genauso hell gefärbt war wie das normale arterielle Blut – tatsächlich glaubte er zuerst, er habe versehentlich eine Arterie aufgeschnitten. Das gleiche stellte er beim Blut der anderen Seeleute und bei sich selbst fest.

Mayer zog daraus sogleich den richtigen Schluß: Das venöse Blut von Menschen, die in den Tropen weilen, enthält mehr Sauerstoff als das Blut derselben Personen in Europa, weil sie hauptsächlich durch die Wärme der Sonne warm gehalten werden und daher für die Verbrennung von Nahrungsmitteln in ihren Muskeln nicht so viel Sauerstoff brauchen. Daraus folgerte er, alle Formen von Wärme und Energie seien austauschbar – Muskelanstrengung, Körperwärme, Wärme der Sonne und selbst andere Energieformen wie etwa die Energie, die bei der Verbrennung von Kohle freigesetzt wird, seien verschiedene Facetten eines einzigen Phänomens, und, am allerwichtigsten, Wärme oder Energie würden niemals erschaffen, sondern nur von einer Form in eine andere umgewandelt.

Als Mayer 1841 nach Deutschland zurückkehrte, ließ er sich als praktischer Arzt nieder. Aber nebenher befaßte er sich mit Physik und arbeitete seine Ideen zur Thermodynamik aus; er veröffentlichte die ersten wissenschaftlichen Aufsätze, in denen er die Äquivalenz verschiedener Energieformen postulierte. Er veröffentlichte sogar eine gedankenreiche Diskussion über die Wärmequelle der Sonne, die wir in Kürze erörtern werden. Aber seine Arbeit wurde ignoriert, und als andere Wissenschaftler ähnliche Entdeckungen publizierten und den Beifall erhielten, der eigentlich ihm zugestanden hätte, traf ihn dies so schwer, daß er 1850 einen Selbstmordversuch unternahm und mehrere Jahre in einer Nervenheilanstalt verbrachte. Zum Glück stieß seine Arbeit jedoch allmählich auf gewisse Anerkennung; er wurde wieder gesund und lebte bis 1878.

Ein anderer vergessener Pionier der Thermodynamik hatte nicht so viel Glück. Der Schotte John Waterston, der fast zur gleichen Zeit lebte wie Mayer, war ein Bauingenieur, der um 1830 am Ausbau des Schienennetzes in England mitarbeitete, bevor er nach Indien übersiedelte, um Kadetten im Dienste der Ostindischen Kompanie zu unterrichten. Er sparte eisern und ging schon 1857 (im Alter von 46 Jahren) in den Ruhestand. Dann kehrte er nach England zurück und widmete sich der physikalischen Forschung. Sein Hauptinteresse galt der Thermodynamik, mit der er sich jahrelang in seiner Freizeit beschäftigt hatte und über die er Aufsätze zur Publikation eingereicht hatte. Waterston hatte den Aufsatz mit seiner zentralen Hypothese über die Art und Weise, wie Energie sich unter den Atomen beziehungsweise Molekülen eines Gases verteilt, 1845 aus Indien an die Royal Society in London geschickt, aber die »Experten« der Gesellschaft waren wenig beeindruckt und beschlossen nicht nur, den Aufsatz nicht zu veröffentlichen, sondern sie verlegten ihn auch noch – es war das einzige Exemplar, da Waterston unbedachterweise kein Duplikat angefertigt hatte (dies mutet einen unglaublich leichtfertig an, selbst in einer Zeit, in der es noch keine Kopiergeräte gab, wenn man bedenkt, daß der Aufsatz, der sein Lebenswerk enthielt, um die halbe Welt verschickt wurde). Auch Waterston verbitterte die fehlende Anerkennung. Am 18. Juni 1883 verließ er sein Haus und verschwand spurlos. Im Jahr 1891 wurde Waterstons »verschollener« Aufsatz in den Archiven der Royal Society aufgefunden, und seine Bedeutung wurde von einer neuen Generation von Physikern sogleich erkannt. 1892 wurde er schließlich veröffentlicht – zu spät, um seinem Autor Gerechtigkeit widerfahren zu lassen.

Waterston ist für unsere Geschichte deshalb von Belang, weil er die Wärmeerzeugung in der Sonne auf die gleiche Weise erklärte wie Mayer. Beide Männer erkannten (wobei sie ihrer Zeit voraus waren, denn viele andere Physiker wollten die Hinweise zunächst nicht wahrhaben), daß die Erde nach jedem menschlichen Zeitmaßstab sehr alt sein mußte, wenn den Naturkräften genügend Zeit zur Verfügung gestanden haben soll, um Gebirge aufzufalten und abzutragen und so weiter. Nachdem Charles Darwin 1859 seine Theorie der Evolution durch natürliche Auslese veröffentlicht hatte, rückte das Altersproblem immer stärker ins Blickfeld, da die natürliche Selektion eine gewaltige Zeitspanne erfordert, um aus dem gemeinsamen einfachen Urahn die gesamte Vielfalt des Lebens auf der Erde hervorzubringen. In der zweiten Hälfte des 19. Jahrhunderts tobte eine Debatte zwischen Geologen und Evolutionsforschern, die behaupteten, die Erde (und damit die Sonne) müsse Hunderte oder gar Tausende Millionen von Jahren alt sein, auf der einen Seite und den Physikern auf der anderen Seite, die beteuerten, es gebe keinen bekannten physikalischen Mechanismus, der das Leuchten der Sonne über diesen langen Zeitraum erklären könne.

Die Argumentation der Physiker stützte sich hauptsächlich auf Arbeiten, die, unabhängig voneinander, Hermann von Helmholtz in Deutschland und William Thomson (der spätere Lord Kelvin) in England vorlegten. Beiden waren jedoch Mayer und Waterston zuvorgekommen, die erkannt hatten, daß keine Form chemischer Energie (wie etwa brennende Kohle) die Sonne länger als ein paar tausend Jahre heiß gehalten haben könne, und

## Kapitel 3

die die einzige alternative Energiequelle, welche die Physik des 19. Jahrhunderts kannte – die Massenanziehungskraft –, ins Spiel brachten. Kelvin verdient allerdings die größere Anerkennung, weil er schließlich die Theorie in ihrer vollständigsten Form entwickelte. Die Gravitation ist eine potentielle Quelle der Sonnenenergie, weil jedes Objekt, das unter dem Einfluß der Massenanziehung in Richtung eines Himmelskörpers wie der Sonne fällt, so lange beschleunigt, bis es auf die Oberfläche trifft. Dort wird die Bewegungsenergie (kinetische Energie) beim Aufprall in Wärmeenergie umgewandelt (die gleiche Umwandlung von Bewegungsenergie in Wärmeenergie erklärt, weshalb die Bremsen eines Autos heiß werden, wenn ein Fahrzeug damit zum Stillstand gebracht oder seine Geschwindigkeit gedrosselt wird; dies zeigt sich in augenfälliger Weise, wenn die Scheibenbremsen von Formel-I-Boliden glühen). Sowohl Mayer als auch Waterston behaupteten, die Sonne könne Millionen von Jahren heiß gehalten werden, wenn sie durch einen steten Beschuß mit Asteroiden (kosmischen Gesteinsbrocken mit einem Durchmesser von meist wenigen Kilometern) »geschürt« werde, die aus dem Weltall auf sie fielen.

Die Menge an Materie, die jedes Jahr auf die Sonne fallen müßte, um diesen Zweck zu erfüllen, ist gar nicht so ungeheuer groß – etwa 1 Prozent der Erdmasse pro Jahre würde genügen. Aber selbst wenn man die Frage beiseite läßt, woher all diese Materie kommen sollte, wäre die Wirkung auf die Sonne recht beachtlich, wenn man sie über Millionen (oder auch Tausende) von Jahren addieren würde. In dem Maße, wie die Masse der Sonne mit dieser stetigen Rate zunähme, würde auch ihre gravitative Anziehung auf die Planeten zunehmen. Sie hätte die Erde immer fest in ihrem Griff, so daß ein Jahr immer kürzer würde. Da wir aus antiken Berichten über Finsternisse wissen, daß sich die Umlaufbahn der Erde und die Länge des Jahres seit Jahrtausenden nicht verändert haben, läßt sich diese einfache Version der Hypothese einer gravitationsbedingten Erwärmung ausschließen. Aber es gibt eine verbesserte Form dieser Hypothese, die der Sonne eine potentielle Lebenszeit von einigen zehn Millionen Jahren gibt, und dies ist die letzte Weiterentwicklung des Szenarios der gravitativen Erwärmung, die Helmholtz und Kelvin schließlich erarbeiteten.

In der Thermodynamik wird Wärme als Bewegung der Atome oder Moleküle aufgefaßt, aus denen sich ein Stoff zusammensetzt. Je schneller sich die Teilchen bewegen, um so heißer ist der Körper. Jedes Teilchen besitzt seine eigene kinetische Energie, und in einem sehr kleinen Maßstab reagiert es auf die Gravitation genauso wie ein großer Gesteinsbrocken. Wenn es zum Mittelpunkt eines massereichen Objekts fällt, nimmt es aus dem Gravitationsfeld kinetische Energie auf, so daß es sich immer schneller bewegt. Dies gilt auch dann, wenn die Atome und Moleküle Teil des massereichen Objekts sind. Wenn die Sonne ein wenig schrumpfen würde, dann würden sich alle Teilchen, aus denen die Sonne besteht, etwas schneller bewegen und Wärme erzeugen. Um ihre heutige Leuchtkraft zu erhalten und stetig Wärme in den Weltraum abzustrahlen, müßte die Sonne um ganze 50 Meter pro Jahrhundert schrumpfen – das ist viel zu wenig, als daß die Astronomen des 19. Jahrhunderts dies hätten bemerken können. Dies würde sich nicht auf die Umlaufbahnen der Planeten auswirken, weil die Gesamtmasse der Sonne und daher ihre gravitative Anziehungskraft unverändert bliebe.

Die physikalische Beschreibung ist in sich stimmig – dennoch hatte dieser Ideenkomplex eine große Schwachstelle, weil die Sonne nach diesem Konzept in etwa 20 Millionen Jahren völlig zusammenschrumpfen würde; als Kelvin diese Hypothese 1887 in ihrer endgültigen Form entwickelt hatte, postulierten die Geologen und Evolutionsforscher, daß selbst diese enorme Zeitspanne viel zu kurz sei. Die Sonne hätte nur dann hinreichend lang Wärme erzeugen können, um die geologischen Befunde und die Evolution des Lebens auf der Erde zu erklären, wenn sie eine Energiequelle nutzte, die der Physik des 19. Jahrhunderts unbekannt war. Diese Energiequelle liegt, wie wir heute wissen, im Atomkern, aber der Atomkern wurde erst im ersten Jahrzehnt des 20. Jahrhunderts entdeckt. Der amerikanische Geologe Thomas Chamberlin nahm die weitere Entwicklung mit bemerkenswertem Gespür vorweg, als er 1899 in der Zeitschrift *Science* schrieb:

> Ist unser heutiger Kenntnisstand über das Verhalten der Materie unter so außergewöhnlichen Bedingungen, wie sie im Innern der Sonne gegeben sind, erschöpfend genug, um die Behauptung zu rechtfertigen, daß dort keine unbekannten Wärmequellen existieren? Nach wie vor ist ungeklärt, wie die Atome im Innern aufgebaut sind. Es ist nicht unwahrscheinlich, daß sie zusammengesetzte Gebilde und Reservoire gewaltiger Energien sind. Zweifellos wird kein gewissenhafter Chemiker behaupten, daß die Atome wirklich elementar sind oder daß in ihnen keine Energien der ersten Größenordnung eingeschlossen sein könnten. Kein bedachtsamer Chemiker würde… behaupten oder bestreiten, daß aufgrund der außerordentlichen Bedingungen, die im Zentrum der Sonne herrschen, ein Teil dieser Energie freigesetzt werden könnte.

Chamberlin hatte, wie wir noch sehen werden, ins Schwarze getroffen. Aber bevor dies bestätigt wurde, mußten Physiker erst einmal diese »Reservoire gewaltiger Energien« verstehen, und die Klassifikation der Sterne und die Herausarbeitung ihrer Verwandtschaftsbeziehungen sollten den Astronomen noch viel Arbeit abverlangen.

*Kapitel 4*

## IM INNERN DER STERNE

Wissenschaftsgeschichte wird ganz ähnlich wie die allgemeine Kulturgeschichte oftmals anhand herausragender Persönlichkeiten erzählt. Wir erfahren, wer die bedeutenden Entdeckungen gemacht hat und wann; dabei wird stillschweigend unterstellt, daß die Wissenschaftsgeschichte möglicherweise einen ganz anderen Verlauf genommen hätte, wenn Geistesgrößen wie Isaac Newton, Charles Darwin, Marie Curie oder Niels Bohr nie gelebt hätten. Aber dieser Eindruck ist falsch. Wie ich klarzumachen versuchte, ist der naturwissenschaftliche Fortschritt aufs engste mit dem technischen Fortschritt verknüpft, und außerdem stützen sich naturwissenschaftliche Fortschritte auf die gesicherten Erkenntnisse der Vergangenheit. So hätte beispielsweise Isaac Newton niemals Albert Einsteins Relativitätstheorie aufstellen können, weil ihm weder die Erkenntnisse über die Natur des Lichts, auf die sich Einstein stützte, noch die mathematischen Verfahren, die im 19. Jahrhundert entwickelt wurden und die Einstein die Werkzeuge für seine Beschreibung des Zusammenhangs zwischen Raum und Zeit an die Hand gaben, zu Gebote standen.

Wissenschaftliche Fortschritte sind im allgemeinen Kinder ihrer Zeit, und wenn eine bestimmte Entdeckung nicht von dem einen Wissenschaftler gemacht worden wäre, dann wäre höchstwahrscheinlich ungefähr zur gleichen Zeit ein anderer auf die gleiche Idee gekommen. Das klassische Beispiel hierfür ist die Theorie der Evolution durch natürliche Selektion. Charles Darwins überragende Leistung gilt weithin als die bedeutendste naturwissenschaftliche Theorie aller Zeiten. In Wirklichkeit entwickelte ein anderer Naturforscher, Alfred Russel Wallace, der sich auf genau die gleichen vorausgegangenen Arbeiten bezog, exakt die gleiche Theorie, und zwar kurz nachdem Darwin sein Durchbruch gelang. Darwin hielt seine Ideen geheim, nicht zuletzt, weil er besorgt war wegen der möglichen Reaktion seiner Frau, einer frommen Christin; er veröffentlichte sie erst, nachdem Wallace Darwin eine Zusammenfassung seiner eigenen, identischen Theorie geschickt hatte, um seine Meinung darüber einzuholen. Hätte Darwin nicht gelebt, dann würden wir vermutlich Wallace' Theorie der Evolution durch natürliche Selektion als die wohl bedeutendste naturwissenschaftliche Theorie aller Zeiten betrachten.

Nur sehr, sehr selten kann man auf eine bedeutende Entwicklung in den Naturwissenschaften zeigen und sagen, daß sie ohne eine bestimmte geniale Persönlichkeit nicht zustande gekommen wäre. Die einzige Ausnahme, die mir einfällt, ist Isaac Newton selbst, der Ende des 17. Jahrhunderts die naturwissenschaftliche Methode als solche begründete. Ohne Newton hätte sich vermutlich die ganze Entwicklung der Naturwissenschaften um eine Generation verzögert. Aber meine These über die logische Fortentwicklung der Naturwissenschaft aus vorangehenden naturwissenschaftlichen Erkenntnissen – wenn auch mit Hilfe neuer Techniken (die sich ihrerseits einem besseren Verständnis naturwissenschaftlicher Zusammenhänge verdanken) – wird besonders gut durch die Art und Weise veranschaulicht, wie Astronomen das wichtigste Diagramm der gesamten Astrophysik entdeckten beziehungsweise erfanden; es handelt sich um ein Hilfsmittel, auf dem unser gesamtes Verständnis der Vorgänge im Innern von Sternen basiert.

Das Diagramm heißt Hertzsprung-Russell-Diagramm (abgekürzt HRD), und zwar aus dem guten Grund, daß zwei Astronomen es etwa zur gleichen Zeit und unabhängig voneinander entdeckten: der Däne Ejnar Hertzsprung und der Amerikaner Henry Norris Russell. Die Bedeutung des HRD als Grundstein der Astrophysik entspricht der Bedeutung des Periodensystems der Elemente (das übrigens ebenfalls von mehreren Naturwissenschaftlern unabhängig voneinander entdeckt wurde) als eines Grundsteins der Chemie. Das Periodensystem der Elemente beruht auf Beobachtungen der Eigenschaften der chemischen Elemente und gibt uns Aufschluß darüber, *wie* die verschiedenen Elemente miteinander verwandt sind, während die Theoretiker uns sagen, *warum* – denn eine gute Theorie beziehungsweise ein aussagekräftiges Modell der Atomstruktur muß das Periodensystem der Elemente erklären. In ähnlicher Weise gibt uns das HRD Aufschluß darüber, *wie* die verschiedenen Sterntypen miteinander verwandt sind, während wiederum die Theoretiker uns sagen, *warum* – eine gute Theorie beziehungsweise ein schlüssiges Modell des Sternaufbaus muß das HRD erklären können. Und es ist nicht weiter verwunderlich, daß zwei Wissenschaftler zu Beginn des 20. Jahrhunderts getrennt voneinander das HRD entwickelten, weil, wie bereits erwähnt, die Astronomen Eigenschaften wie Farben und absolute Helligkeiten der Sterne erst gegen Ende des 19. Jahrhunderts so präzise beobachten bzw. messen konnten, daß sie die Sterne auf diese Weise klassifizieren konnten.

Die Farben der Sterne spielen an dieser Stelle eine Rolle, weil Farbe temperaturabhängig ist. Diese Beziehung ist uns in ihrer einfachsten Form aus der Alltagserfahrung bekannt. Erinnern Sie sich an die rot glühenden Scheibenbremsen? Wenn sie noch heißer wären, würden dieselben Scheiben blau-weiß glühen; wenn sie etwas kühler wären, würden sie unsichtbare Infrarotstrahlung abstrahlen, und wir würden sie als schwarz wahrnehmen. In der gleichen Weise ist ein roter Stern an seiner Oberfläche, von der das Licht abgestrahlt wird, kühler als ein weißer Stern, und ein orange-gelber Stern wie die Sonne liegt irgendwo dazwischen. Aber Astronomen können noch mehr Informationen daraus entnehmen. Indem sie exakt messen, wieviel Energie ein Stern auf drei verschiedenen Wellenlängen (in der Regel drei exakt definierte Wellenlängen, wenngleich die Messung auch, obzwar weniger genau, auf zwei Wellenlängen erfolgen kann) abstrahlt, können sie mit sehr großer Genauigkeit sagen, wie heiß die Oberfläche dieses Sterns ist. Diese Oberflächentemperatur wird im HRD mit der absoluten Helligkeit des Sterns verglichen (für die man seine Entfernung kennen muß). Weil es um Farben geht und weil Helligkeit ein anderes Wort für Leuchtkraft ist, wird das HR-Diagramm manchmal auch »Farben-Helligkeits-Diagramm« genannt.

Hertzsprung war der erste, der versuchte, die Farben und Helligkeiten von Sternen auf systematische Weise miteinander in Beziehung zu setzen, und er veröffentlichte 1905 und 1907 Aufsätze darüber. Er stellte fest, daß blaue und weiße Sterne immer hell leuchten, während von den orangen und roten Sternen einige hell, andere dagegen matt leuchten. Im Jahre 1911 veröffentlichte er die ersten Graphen, auf denen er Farben und Helligkeiten von Sternen zueinander in Beziehung setzte, also die ersten Beispiele dessen, was wir heute HRD nennen. Alle seine Arbeiten erschienen jedoch in relativ unbekannten Zeitschriften, die keine große Leserschaft hatten – und jedenfalls nicht von amerikanischen Astronomen gelesen wurden. Als Russell, der als Astronom an der Princeton University lehrte und forschte, 1913 die gleiche Beziehung feststellte und ähnliche Graphen veröffentlichte, tat er dies, ohne von Hertzsprungs Arbeit zu wissen.

Man erkennt die Aussagekraft des HRD sofort, wenn man sich eine der ersten Entdeckungen, die Hertzsprung machte, genauer ansieht: die Tatsache, daß orange und rote Sterne in zwei verschiedenen Spielarten aufzutreten scheinen. Wenn die Farbe von der Oberflächentemperatur eines Sterns abhängt, wie können dann zwei Sterne mit derselben Farbe verschiedene Helligkeiten besitzen? Dies kann nur damit zusammenhängen, daß einige Sterne groß und andere klein sind. Die Temperatur eines Sterns sagt uns, wieviel Wärme von jedem Quadratmeter der Sternoberfläche entweicht. Wenn ein Stern also eine Oberfläche hat, die hundertmal größer ist als die Oberfläche eines anderen Sterns, dann leuchtet er hundertmal heller, auch wenn die beiden Sterne dieselbe Oberflächentemperatur und daher dieselbe Farbe haben. Man kann dies auch umkehren: Wenn man die absolute Helligkeit und die Farbe (Temperatur) eines Sterns kennt, kann man seine Größe berechnen. Das bemerkenswerteste Merkmal des HR-Diagramms besteht jedoch darin, daß die meisten Sterne der einfachen Regel folgen, daß hellere Sterne tatsächlich heißer sind als leuchtschwächere Sterne. Obgleich die Helligkeit eines Sterns in herkömmlicher Weise auf der vertikalen Achse des Graphen abgetragen wird, trägt man die Temperatur aus historischen Gründen in umgekehrter Richtung ab, so daß sie auf der horizontalen Achse von rechts nach links zunimmt; dies bedeutet, daß heißere Sterne links und kühlere Sterne rechts liegen. In einem solchen Diagramm (der Graph in Abbildung 4.1 bezieht sich auf Sterne in der Nachbarschaft der Sonne, und zwar in einem Umkreis von 70 Lichtjahren um die Erde) liegen die meisten Sterne auf einem Ast, der von links oben (heiß und leuchtstark) nach rechts unten (kühl und leuchtschwach) verläuft. Dieser Ast wird Hauptreihe genannt, und die Sonne ist ein Hauptreihenstern. Einige Ausnahmen von dieser Regel sind die Sterne, die sowohl hell leuchten als auch kühl sind; dies bedeutet, daß sie groß sind – viel größer als die Sonne – und oberhalb der Hauptreihe liegen. Ein Stern, der hundertmal größer als die Sonne ist, wird Riese genannt; ein Stern, der tausendmal so groß ist wie die Sonne, heißt Superriese; und ein Stern, der nur zehnmal so groß wie die Sonne ist, wird Unterriese genannt (diese Dimensionen beziehen sich auf die Größe der Sterne, nicht auf ihre Massen). Nach ihrer roten Farbe und ihrer Größe werden die großen Sterne oft Rote Riesen genannt (beziehungsweise Rote Überriesen).

Weit unterhalb der Hauptreihe, in der linken unteren Ecke des HR-Diagramms liegen die Sterne, die sowohl klein als auch heiß sind. Dies bedeutet, daß bei einer insgesamt sehr kleinen Sternoberfläche (im Vergleich zur Sonne) je Quadratmeter Oberfläche sehr viel Wärme ausgestrahlt wird, so daß sie leuchtschwach sind, obschon sie weiß glühen. Diese Sterne heißen Weiße Zwerge. Einige andere Sterne liegen direkt unterhalb der Hauptreihe und werden Unterzwerge genannt. 90 Prozent aller Sterne liegen

## 102 Kapitel 4

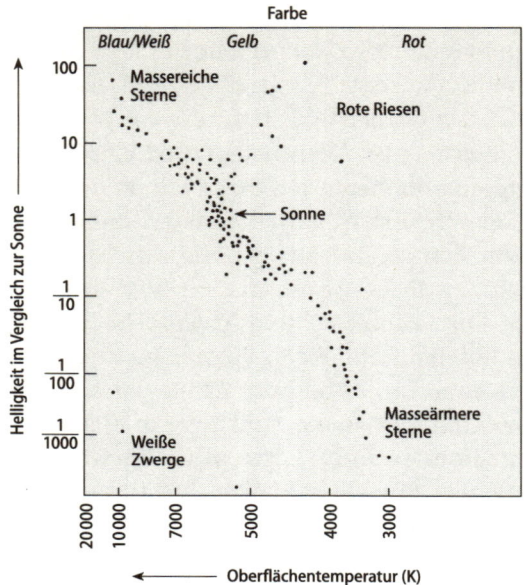

**ABBILDUNG 4.1** Das Hertzsprung-Russell-Diagramm für Sterne in der Nachbarschaft der Sonne. Die Einzelheiten werden im Text erklärt.

jedoch in der Hauptreihe. Erst ab 1920 zeigte sich, daß uns dies sehr bedeutsame Aufschlüsse über den inneren Aufbau der Sterne und die Mechanismen der stellaren Wärmeerzeugung gibt. Damals trug der wegbereitende Astrophysiker Arthur Eddington, der an der Universität Cambridge lehrte, alle verfügbaren Messungen von Sternmassen zusammen und stellte fest, daß eine einfache Beziehung zwischen der Masse eines Sterns in der Hauptreihe und seiner Leuchtkraft besteht. Die leuchtstärksten Sterne (die Sterne im oberen linken Bereich der Hauptreihe) sind zugleich die massereichsten. Eddington fand heraus, daß es Sterne mit nur einem Fünftel der Sonnenmasse und Sterne mit 25 Sonnenmassen gibt – ein solcher Hauptreihenstern, der 25mal soviel Masse besitzt wie die Sonne, besitzt zugleich eine um das 4000fache höhere Leuchtkraft.

Dem liegt eine gewisse Logik zugrunde, welche Astronomen, die die Prozesse im Sterninnern aufklären wollten, eine große Hilfe war. Ein massereicherer Stern muß seinen Brennstoff (worum es sich dabei auch handeln mag) stürmischer verbrennen, um seinem eigenen Gewicht standzuhalten – er muß in seinem Innern einen höheren Druck erzeugen, und das bedeutet, daß er schneller Energie freisetzen muß und somit seinen Brennstoff schneller verbrennen muß. Daher sollte es uns nicht überraschen, daß ein solcher Stern diesen Brennstoff schneller aufbraucht als ein leichterer Stern und nicht so lange in der Hauptreihe überlebt wie ein kleinerer (masseärmerer Stern) – das »James-Dean-Szenario«, wonach helle Sterne ein flottes Leben führen und jung sterben.

Wenn wir die HRD von Kugelsternhaufen analysieren, sehen wir genau diesen Prozeß ablaufen. Es handelt sich dabei um Sterngruppen, die alle aus einer kollabierenden Gas- und Staubwolke entstanden und daher alle gleich alt sind. Wenn Astronomen das HRD eines solchen Haufens auswerten, stellen sie fest, daß es keine Sterne am helleren Ende der Hauptreihe gibt, dafür aber einen Schweif kühlerer Sterne, der sich im Diagramm nach links erstreckt. Dies ist der sogenannte Horizontalast. Sobald wir erst einmal wissen, wie lange es dauert, bis Sterne unterschiedlicher Massen ihren Brennstoff aufgebraucht haben und sich von der Hauptreihe weg bewegen, können wir berechnen, wie alt ein Kugelsternhaufen ist. Zu diesem Zweck messen wir einfach, wo die Hauptreihe endet und zur Region der Roten Riesen abzweigt – aber diese Möglichkeit war 1924, als Eddington sein Masse-Leuchtkraft-Diagramm veröffentlichte, noch ferne Zukunftsmusik. Anfang der zwanziger Jahre begannen die Astronomen gerade erst zu erahnen, wie die Sonne und die Sterne in ihrem Innern Energie erzeugen, und im Hinblick auf die Frage, woraus die Sonne und die Sterne eigentlich bestehen, tappten sie noch immer fast völlig im dunkeln.

Die »Reservoire gewaltiger Energien« tief im Innern des Atoms, von denen Thomas Chamberlin 1899 sprach, wurden schon seit

1890 erforscht, obgleich man damals nicht so recht wußte, was man eigentlich erforschte. In den folgenden Jahrzehnten überschlugen sich die Entdeckungen; technische Neuerungen ermöglichten Experimente, die ihrerseits die Theoriebildung anregten, und die Theorien wiederum förderten die Entwicklung neuer Experimente mit noch fortschrittlicheren Techniken. Die Schlüsseltechnik, die den Durchbruch ermöglichte, mutet heute recht einfach an – eine Vakuumglasröhre, in der wenig oder gar kein Gas mehr enthalten ist und durch die eine elektrische Entladung von einer Metallplatte an dem einen Ende der Röhre (der sogenannten Katode) zu einer zweiten Metallplatte (der sogenannten Anode) am anderen Ende geschickt wird. Das Ganze ähnelt einer Neonröhre beziehungsweise der Bildröhre eines Fernsehapparats. Experimente, bei denen Elektrizität durch solche Gasentladungsröhren geleitet wurde, erforderten jedoch die Entwicklung von Pumpen, die so leistungsstark waren, daß sie praktisch die gesamte Luft aus den Röhren saugten; erst um 1870 vervollkommnete William Crookes die Gasentladungsröhre.

Nach 1890 war Wilhelm Conrad Röntgen einer der vielen Physiker, die die Natur der Strahlung erforschten, die sich bei einer Gasentladungsröhre von der Katode zur Anode ausbreitete (die Strahlung wurde damals Katodenstrahlung genannt). Als er 1895 untersuchte, auf welche Weise diese Strahlen auf einem Leuchtschirm Lichtblitze erzeugten, fiel ihm auf, daß auf einem anderen Fluoreszenzschirm, der nahe bei seinem Apparat, aber außerhalb der Katodenstrahlung lag, ebenfalls Lichtblitze aufleuchteten. Es zeigte sich, daß sie durch eine bis dahin unbekannte Art von Strahlung verursacht wurden, die von dem Punkt auf der Glaswand der Entladungsröhre ausging, an dem die Katodenstrahlen auftrafen – eine sekundäre Form der Strahlung, die durch die Wirkung der Katodenstrahlen selbst erzeugt wurde. Er hatte die X-Strahlen entdeckt, die später ihm zu Ehren Röntgenstrahlen genannt wurden. Schon bald stellte sich heraus, daß sie eine Form von elektromagnetischer Strahlung waren, genauso wie Licht, nur mit viel kleineren Wellenlängen.

*Im Innern der Sterne* **105**

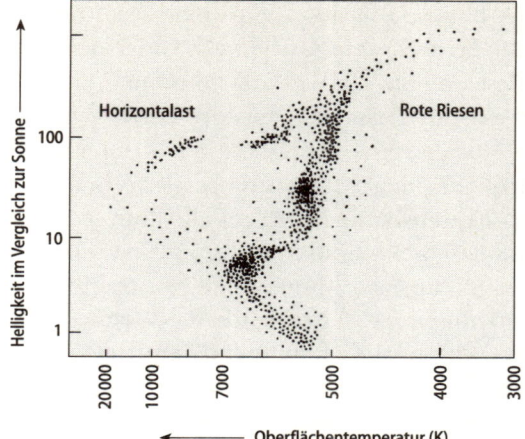

**ABBILDUNG 4.2** Das Hertzsprung-Russell-Diagramm eines typischen Kugelsternhaufens. Weil die größten, heißesten Hauptreihensterne im oberen linken Bereich des Diagramms ein flottes Leben führen und jung sterben, gibt uns der Punkt, an dem die Hauptreihe nach rechts abbiegt, Aufschluß darüber, wie alt der Sternhaufen ist.

Zwei Jahre später, 1897, behauptete J. J. Thomson, Katodenstrahlen seien in Wirklichkeit kleine Teilchen, die jeweils eine kleine negative elektrische Ladung trügen und offenbar aus Atomen herausgelöst worden seien (er bewies dies erst 1899, doch die meisten Physiker feierten 1997 das hundertjährige Jubiläum der Entdeckung des Elektrons). Und bei beiden Entdeckungen, Röntgenstrahlen und Elektronen, hatte der deutsche Physiker Philipp Lenard nur ganz knapp das Nachsehen, als ihm zuerst Röntgen und dann Thomson bei einem bedeutenden Durchbruch um Haaresbreite zuvorkamen. Doch keine der beiden bahnbrechenden Entdeckungen hätte einer früheren Generation von Naturwissenschaftlern gelingen können, und zwar ganz einfach deshalb, weil sie keine hinreichend leistungsfähigen Luftpumpen besaßen, mit denen sie geeignete Vakuumentladungsröhren hätten herstellen können.

Röntgens Entdeckung löste eine weitere Runde von Experimenten aus. Seine X-Strahlen gingen von einem hellen Punkt auf der Glaswand der Entladungsröhre aus, wo die Katodenstrahlen (Elektronen) das Glas fluoreszieren ließen. Mehrere weitere Stoffe fluoreszieren in ähnlicher Weise unter der Einwirkung von Sonnenlicht. Henri Becquerel in Paris begann unter dem Eindruck der Entdeckung Röntgens alle fluoreszierenden Stoffe, deren er habhaft werden konnte, daraufhin zu untersuchen, ob sie eine der Röntgenstrahlung ähnliche Strahlung aussandten. Becquerel nahm einige Kristalle, die leuchteten, nachdem er sie dem Sonnenlicht ausgesetzt hatte, und entdeckte, daß die Strahlen, die sie emittierten, einen Schleier auf einer Fotoplatte hinterließen, und zwar selbst dann, wenn die Fotoplatte in zwei dicke Bögen Schwarzpapier eingeschlagen war. Zuerst glaubte er, eine den X-Strahlen ähnliche Strahlung entdeckt zu haben – vielleicht sandten die Kristalle ja sogar X-Strahlen aus. Doch Ende Februar 1896 blieb der Himmel über Paris mehrere Tage lang bedeckt, während eine neue Experimentanordnung in einem Geschirrschrank darauf wartete, dem Sonnenlicht ausgesetzt zu werden. Diesmal stand eine mit Kristallen gefüllte Schale auf der doppelt eingeschlagenen Fotoplatte, und zwischen der Schale und der Platte lag ein kreuzförmiges Metallstück. Als Becquerel es satt hatte, auf die Sonne zu warten, entwickelte er die Fotoplatte scheinbar aus einer Laune heraus trotzdem, und zu seinem Erstaunen fand er darauf ein klares Bild der Konturlinie des Metallkreuzes. Die Kristalle, mit denen er experimentierte, hatten eine Strahlung erzeugt, die das Schwarzpapier, das die Platte abschirmte, (nicht aber das Metallkreuz) durchdrungen und dieses mit einem Grauschleier belichtet hatte, obgleich die Kristalle nicht dem Sonnenlicht ausgesetzt worden waren und nicht fluoreszierten. Becquerel hatte die Radioaktivität entdeckt, und er zeigte schon bald, daß die Quelle dieser Art von Strahlung Uran war, eines der chemischen Elemente, das in den von ihm untersuchten Kristallen enthalten war.

Die Entdeckung der Radioaktivität stellte alle Physiker vor ein großes Rätsel, da sie scheinbar »einfach so« entstand. Um Röntgenstrahlen zu erzeugen, muß man Energie in Form von Elektrizität in eine Entladungsröhre leiten, damit sie Katodenstrahlen erzeugt; die Energie der Katodenstrahlen löste dann im Röhrenglas eine (damals noch nicht verstandene) Wirkung aus, die dieses leuchten und Röntgenstrahlen emittieren ließ. Bei Fluoreszenz wurde das Leuchten des Materials, das dem Sonnenlicht ausgesetzt worden war, eindeutig durch die Energie verursacht, die es von der Sonne aufgenommen hatte – es handelte sich gewissermaßen um gespeichertes Sonnenlicht. Woher aber stammte die Energie, die bei der Radioaktivität freigesetzt wurde?

Das Rätsel holte die Naturwissenschaftler 1903 mit voller Wucht ein. Zu diesem Zeitpunkt hatten Marie und Pierre Curie, die dort weitermachten, wo Becquerel aufgehört hatte, gezeigt, daß Radioaktivität (Marie Curie prägte 1898 den Terminus »radioaktiver Stoff«) nicht nur bei Uran vorkommt: Außerdem hatten sie zwei bislang unbekannte Elemente entdeckt, Polonium und Radium, die hoch radioaktiv sind. Im Jahr 1903, als die Curies zusammen mit Becquerel für ihre Arbeiten zur Radioaktivität den Nobelpreis für Physik erhielten, bestimmten Pierre Curie und sein Assistent Albert Laborde die Wärmemenge, die Radium spontan, ohne meßbare Energiezufuhr von außen, erzeugte. Die Radioaktivität im Innern von Radium bewirkt, daß sich ein Stück Metall warm anfühlt. Curie und Laborde fanden heraus, daß jedes Gramm reines Radium pro Stunde genügend Energie freisetzt, um 1,3 g Wasser von 0 °C bis auf den Siedepunkt zu erwärmen. Radium setzt genügend Energie frei, um in einer Stunde sein eigenes Gewicht in Eis zu schmelzen!

Dieser Befund sorgte für Ratlosigkeit. Einige Physiker behaupteten allen Ernstes, der Energie(erhaltungs)satz, eines der grundlegendsten Naturgesetze, sei möglicherweise verletzt worden, da Energie buchstäblich aus dem Nichts aufgetaucht sei. Im Jahr 1904 verwarf der mittlerweile achtzigjährige Lord Kelvin diese Möglichkeit und behauptete vielmehr, die Energie müsse durch geheimnisvolle, unsichtbare Wellen von außen auf das Radium übertragen werden – »Ich wage zu behaupten, daß Ätherwellen das Radium irgendwie mit Energie versorgen.« Aber er irrte sich, und insbesondere ein Forscher war geradezu prädestiniert dazu, das von Curie und Laborde aufgeworfene Rätsel aufzugreifen und die »Reservoire gewaltiger Energie« innerhalb des Atoms zu ergründen.

Ernest Rutherford war gebürtiger Neuseeländer, doch zu der Zeit, als Becquerel die Radioaktivität entdeckte, arbeitete er als Forscher am Cavendish Laboratory in Cambridge unter Leitung von J. J. Thomson (später lehrte er in Kanada und an der Universität Manchester, bevor er 1919 die Nachfolge von Thomson als Direktor des Cavendish Laboratory antrat). 1897 wandte er sich der Erforschung der Radioaktivität zu und wies schon bald nach, daß die von Becquerel entdeckte Strahlung eigentlich aus zwei Arten von »Strahlen« besteht, die er, nach den ersten beiden Buchstaben des griechischen Alphabets, Alphastrahlung und Betastrahlung nannte. Im Jahr 1900 entdeckte er eine dritte Strahlungsart, die er als Gammastrahlung bezeichnete. Spätere Untersuchungen ergaben, daß Betastrahlen nichts anderes sind als schnelle Elektronen – sie sind mit Katodenstrahlen identisch, übertragen jedoch viel mehr Energie –, während Gammastrahlen eine Form hochenergetischer elektromagnetischer Strahlung sind, ähnlich den Röntgenstrahlen, aber mit noch höherer Energie. Rutherford konzentrierte sich auf die Alphastrahlung (während eines langen Zeitraums, in dem er auch andere Arbeiten durchführte) und konzipierte eine Reihe von Experimenten, die zunächst den Nachweis erbrachten, daß die Alphastrahlung ebenfalls aus einem Teilchenstrom besteht. Im Jahr 1908 dann zeigte er, daß ein einzelnes Alphateilchen (wie es genannt wurde) dieselbe Masse hatte (so genau sich diese damals experimentell bestimmen ließ) wie vier Wasserstoffatome, aber zwei Einheiten positiver elektrischer Ladung trug. Es war identisch mit einem Heliumatom, das zwei Elektronen verloren hatte.

Die moderne Vorstellung vom inneren Aufbau eines Atoms, das aus einem sehr kleinen, positiv geladenen Kern im Zentrum besteht, der von einer Wolke negativ geladener Elektronen umhüllt ist, basiert ebenfalls auf Rutherfords Arbeit über Alphateilchen. Doch sollte dies noch ein paar Jahre dauern. Auf Rutherfords Betreiben beschossen zwei Forscher in Manchester, Hans Geiger und Ernest Marsden, dünne Blätter aus Goldfolie mit Alphastrahlen (die durch natürlichen radioaktiven Zerfall entstanden) und beobachteten, wie sich die Alphateilchen verhielten.* Die meisten bewegten sich auf geraden Bahnen durch die Folie, doch einige wurden um einen großen Winkel abgelenkt oder prallten sogar in dieselbe Richtung zurück, aus der sie gekommen waren, als wären sie gegen etwas Festes gestoßen. Aufgrund dieser experimentellen Befunde konzipierte Rutherford sein Atommodell, wonach das Atom aus einem sehr kleinen, festen Atomkern im Zentrum besteht, der von einer dünnen Elektronenwolke umhüllt wird. Im modernen Sprachgebrauch ist ein Alphateilchen identisch mit einem Heliumkern und besteht aus zwei Protonen und zwei Neutronen, die durch die starke Wechselwirkung zusammengehalten werden. Der Begriff »Atomkern« wurde in diesem Zusammenhang erstmals 1912 von Rutherford benutzt, kurz nachdem Geiger und Marsden ihre Experimente mit Alphastrahlen durchgeführt hatten.

Ein anderer Aspekt war bereits durch Arbeiten geklärt worden, die Rutherford mit Frederick Soddy in Kanada ausgeführt hatte, wo er von 1898 bis 1907 tätig gewesen war. Sie wiesen nach, daß beim radioaktiven Zerfall die Atome eines radioaktiven Elements (oder, wie wir heute sagen würden, die Kerne dieser Atome) in Atome (Kerne) eines anderen Elements zerlegt werden. Wenn beispielsweise Radium zerfällt, wandelt sich der Kern unter Aussendung eines Alphateilchens (eines Heliumkerns) in einen Kern des Gases Radon um. Radon selbst ist hoch radioaktiv und zerfällt unter Aussendung von (unter ande-

---

* Dies ist ein besonders schlagendes Beispiel dafür, wie Fortschritte in der Naturwissenschaft zustande kommen – denn kaum zehn Jahre, nachdem Becquerel die Radioaktivität *entdeckt* hatte, wurde sie von Rutherfords Team *genutzt*, um die Struktur des Atoms zu erkunden.

rem) Betastrahlen rasch weiter. Doch die Details brauchen uns hier nicht zu interessieren. Entscheidend ist die von Rutherford gemachte Entdeckung, daß der radioaktive Zerfall immer in Übereinstimmung mit einem statistischen Gesetz erfolgt, so daß genau die Hälfte der Atome eines bestimmten radioaktiven Elements in einem bestimmten Zeitintervall (das heute als Halbwertszeit bezeichnet wird), das für jedes radioaktive Element anders ist, zerfällt. Selbst wenn die Halbwertszeit sehr viel länger ist als die menschliche Lebenszeit, kann man sie dadurch bestimmen, daß man die Radioaktivität einer Probe eines radioaktiven Elements für eine relativ kurze Zeit im Labor beobachtet und mißt, wie die Strahlung allmählich abklingt.

Aus diesen Untersuchungen folgt, daß, unabhängig von der Anzahl der radioaktiven Atome, die zu Beginn vorhanden sind, die Hälfte davon in der Halbwertszeit zerfällt; in der nächsten Halbwertszeit zerfällt dann die Hälfte des Rests (ein Viertel der Ausgangszahl); in der nächsten Halbwertszeit wandelt sich dann ein Achtel der Ausgangszahl der radioaktiven Atome um und so weiter. Da ist keine Zauberei im Spiel – es ist nicht so, daß jedes Einzelatom »wissen« muß, was die anderen Atome tun. Für jedes einzelne Atome eines bestimmten radioaktiven Elements muß lediglich gelten, daß es in einer Halbwertszeit mit einer Wahrscheinlichkeit von 50 Prozent zerfällt (bzw. nicht zerfällt). Wenn in der Probe genügend Atome enthalten sind, dann folgt der Rest mit der gleichen logischen Folgerichtigkeit wie die Tatsache, daß beim Würfeln die Zahl 3 mit einer Wahrscheinlichkeit von eins zu sechs oben zu liegen kommt, ganz gleich, wie oft man bereits gewürfelt hat oder welche Zahl beim letzten Würfeln oben lag. Für Radium beträgt die Halbwertszeit 1602 Jahre. Der springende Punkt dabei ist, daß die Energiequelle der Radioaktivität folglich nicht unerschöpflich ist – es hatte zunächst nur den Anschein, weil die Experimente nicht empfindlich genug waren, um die Abnahme der Radioaktivität beim Zerfall der Ausgangsprobe zu messen. Doch wenn man eine Probe reinen Radiums in einer strahlungssicheren Kammer versiegelte, so daß keine Zerfallsprodukte entweichen könnten, und 1602 Jahre wartete, dann würde am Ende dieses Zeitraums die Wärme, die das übriggebliebene Stoffgemisch erzeugt, zwei Stunden – nicht eine – brauchen, um sein eigenes Gewicht in Eis zu schmelzen.

Doch noch immer hatte man keine Antwort auf die Frage, wie die Energie ursprünglich in die radioaktiven Kerne kam; aber immerhin wußten die Physiker jetzt, daß es sich um einen begrenzten Energievorrat handelte, ähnlich wie in einem Kohlenrevier oder einem Erdölfeld – kein unerschöpfliches, von magischen Ätherwellen immer wieder aufgefülltes Reservoir. Schon 1903 schrieb Rutherford in seinem Buch *Radioactivity:* »Die fortwährende Aussendung von Energie aus den aktiven Elementen hat ihren Ursprung in der inneren Energie, die dem Atom innewohnt.« Im gleichen Jahr (in dem auch Curie und Laborde die von Radium freigesetzte Wärme bestimmten) konnte Rutherford in Kanada gemeinsam mit Howard Barnes nachweisen, daß die während des radioaktiven Zerfalls erzeugte Wärmemenge von der Anzahl der Alphateilchen abhängt, die von einer radioaktiven Substanz emittiert werden. Die Alphateilchen kollidieren mit den Atomen (genauer gesagt: den Kernen) benachbarter Materie einschließlich der anderen Radiumatome in der Probe und geben dabei ihre kinetische Energie als Wärme ab.

Ebenfalls im Jahr 1903 begannen die Astronomen die Möglichkeit zu erwägen, daß Radioaktivität die Energiequelle sein könnte, die die Sonne heiß hält. Der englische Astronom William Wilson errechnete, daß schon 3,6 Gramm reines Radium pro Kubikmeter Sonnenvolumen ausreichen würden, um (durch radioaktiven Zerfall) die gesamte Wärme zu erzeugen, die heute von der Sonnenoberfläche abgestrahlt wird. Der Astronom George Darwin, einer der Söhne Charles Darwins, griff diesen Gedanken auf und machte sich dafür stark. Ende 1903 stieß die Annahme, die Wärme der Sonne müsse aus radioaktiver Energie stammen, bereits auf breite Zustimmung. Diese Hypothese war natürlich falsch: Falls die Energie der Sonne aus dem Zerfall von beispielsweise Radium stammte, dann würde sie in

1602 Jahren nurmehr halb soviel Energie wie heute abstrahlen, in 3204 Jahren nur noch ein Viertel (umgekehrt müßte sie vor nur 1602 Jahren, also durchaus innerhalb historischer Zeiträume, doppelt soviel Energie produziert haben wie heute). Außerdem gibt es keine spektroskopischen Indizien, die darauf hindeuteten, daß in der Sonne große Mengen Radiums (oder irgendeines anderen radioaktiven Elements) vorkämen. Aber Wilson und Darwin irrten sich in einer Weise, die rational nachvollziehbar ist (ebenso wie Kelvin und Helmholtz, als sie die Strahlungsleistung der Sonne berechneten); das heißt, sie stellten unter Berücksichtigung des ihnen zur Verfügung stehenden Wissens die logisch naheliegendste Vermutung über die Quelle der Sonnenenergie auf. Und zum ersten Mal suchten Astronomen am richtigen Ort nach der Quelle der Sternenergie – im Innern des Atoms. Allerdings wußten sie noch immer nicht, wieviel Energie im Innern des Atoms gespeichert sein konnte. Doch hier sollten die Arbeiten Albert Einsteins bald Abhilfe schaffen.

1905 veröffentlichte Einstein seine Spezielle Relativitätstheorie. Diese Theorie postuliert unter anderem, daß Masse und Energie äquivalent sind, entsprechend der berühmten Formel $E = mc^2$: Eine Masse $m$ ist der Energie $E$ äquivalent, die sich dadurch bestimmen läßt, daß man die Masse mit dem Quadrat der Lichtgeschwindigkeit multipliziert. Da die Lichtgeschwindigkeit sehr groß ist – 300 000 km/s –, entspricht selbst eine sehr kleine Masse einer sehr hohen Energie.* Ende 1905 ging Einstein in einem

---

* Da es einigen Leuten noch immer schwerfällt, sich mit der dem Alltagsverstand widersprechenden Natur der Einsteinschen Theorie anzufreunden, möchte ich darauf hinweisen, daß dies nicht die überspannte Idee eines verrückten Professors ist. Vielmehr wurden alle Vorhersagen der Theorie einschließlich der Beziehung zwischen Masse und Energie seit 1905 viele Male experimentell überprüft, und die Theorie erwies sich als eine auf viele Dezimalstellen genaue Beschreibung der Natur. Auch wenn sie einem nicht gefällt, muß man ihre Gültigkeit anerkennen, denn sonst gleicht man jemandem, der die Erde noch heute für eine Scheibe hält.

zweiten Aufsatz über die Spezielle Relativitätstheorie gezielt auf die Frage ein, woher die Energie, die beim radioaktiven Zerfall freigesetzt werde, stamme. Und er schrieb damals, daß sich die Masse eines Körpers, der die Energie $L$ in Form von Strahlung abgebe, um $L/c^2$ verringere. Wir können mit diesem Quotienten berechnen (auch wenn Einstein selbst dies nicht getan hat), wieviel Masse die Sonne je Sekunde verlieren muß, um die Energie zu erzeugen, die von ihrer Oberfläche in den Weltraum strömt. Es sind knapp unter 5 Millionen Tonnen Materie pro Sekunde – was nach menschlichen Maßstäben eine riesige Menge ist, aber im Vergleich zur Größe der Sonne ist es eine solche Kleinigkeit, daß selbst dann, wenn die Sonne eine Milliarde Jahre lang diese ungeheure Menge Energie verströmen würde, nur ungefähr ein Tausendstel der Sonnenmasse in Energie umgewandelt werden müßte. »Atomenergie« (genauer gesagt: Kernenergie) könnte mithin die Leuchtkraft der Sonne für so lange Zeiträume unvermindert erhalten, daß sich die geologischen und evolutionsgeschichtlichen Zeugnisse für das hohe Alter der Erde damit erklären ließen. Aber wie genau wandelt die Natur die relativ kleine Menge von $m$ in all dieses $E$ um?

Erst 1919 dämmerte den Astronomen, daß sie auf dem Holzweg gewesen waren, als sie glaubten, die Sterne produzierten ihre Energie mittels radioaktiven Zerfalls – und sie erkannten es damals dank eines weiteren bahnbrechenden Experiments, das wichtige neue Erkenntnisse über die Natur der Atomkerne lieferte. Ein Jahrzehnt vorher hatte Rutherford die Masse des Alphateilchens gemessen und festgestellt, daß es ungefähr dieselbe Masse hat wie vier Wasserstoffatome. Doch 1919 entwickelte Francis Aston am Cavendish Laboratory eine genauere Methode zur Bestimmung dieser Massen (indem er maß, wie stark geladene Teilchen in einem Magnetfeld abgelenkt werden) und wies nach, daß die Masse eines Alphateilchens nicht genau der Masse von vier Wasserstoffkernen (vier Protonen) entspricht. Dieses »nicht genau« erklärt, wie alle Sterne in der Hauptreihe des HRD ihre Energiefreisetzung aufrechterhalten.

Aston wies nach, daß die Masse eines Heliumkerns um 0,8 Prozent geringer ist als die Masse vier einzelner Wasserstoffkerne (vier einzelner Protonen) zusammengerechnet. Das Neutron war damals noch nicht entdeckt worden, und die Physiker rätselten noch, woraus sich Atomkerne zusammensetzten; aber es schien eine vernünftige Annahme zu sein, daß ein Heliumkern vier Protonen plus zwei Elektronen enthält, die zwei positive Ladungen der Protonen ausgleichen. Die Masse eines Elektrons beträgt nur etwa ein Zweitausendstel der Protonmasse, so daß sie auf dieser Ebene nicht in die Berechnung eingeht und sich nicht auf die Argumentation auswirkt. Da die Atomgewichte der Elemente in sehr guter Näherung ganzzahligen Vielfachen des Atomgewichts von Wasserstoff entsprechen, war ziemlich klar, daß die Atome anderer Elemente (irgendwie) aus Wasserstoffatomen als ihren elementaren Bausteinen zusammengesetzt sein mußten. Allerdings zeigten die genauen Messungen Astons (bei anderen Elementen sowie bei Helium), daß ein ganz klein wenig Masse verlorengeht. Eddington griff diese Idee auf, und im Jahr darauf – 1920 – legte er bei der Jahrestagung der British Association for the Advancement of Science (BA) einem faszinierten, wenn auch verdutzten Publikum dar, was dies bedeutete:

> Ein Stern zapft mit Mitteln, die wir nicht kennen, ein gewaltiges Energiereservoir an. Bei diesem Reservoir kann es sich schwerlich um etwas anderes handeln als um subatomare Energie, die bekanntlich in jeglicher Form von Materie in großer Menge enthalten ist. Manchmal träumen wir davon, daß der Mensch eines Tages lernen wird, diese Energie freizusetzen und für seine Zwecke zu nutzen. Der Vorrat ist praktisch unerschöpflich; wir müßten ihn nur anzapfen können. In der Sonne ist so viel davon enthalten, daß sie ihre Wärmeleistung 15 Milliarden Jahre lang aufrechterhalten kann... Aston hat überdies schlüssig nachgewiesen, daß die Masse des Heliumatoms sogar geringer ist als die Masse der vier Wasserstoffatome, aus denen es sich zusammen-

setzt – und jedenfalls darin stimmen die Chemiker mit ihm überein. Bei der Synthese geht eine Masse von 1/120 verloren, denn das Atomgewicht von Wasserstoff beträgt 1,008 und das von Helium genau 4. Ich möchte nicht näher auf den eleganten Beweis dafür eingehen, da Sie es zweifellos von ihm selbst hören werden. Masse kann nicht vernichtet werden, und der Fehlbetrag kann nur der Masse der elektrischen Energie entsprechen, die bei der Umwandlung freigesetzt wird. Aus diesem Grund können wir sofort die Energiemenge berechnen, die freigesetzt wird, wenn aus Wasserstoff Helium gebildet wird. Bestehen anfänglich 5 Prozent der Masse eines Sterns aus Wasserstoffatomen, die sich nach und nach zu komplexeren Elementen verbinden, dann genügt die dabei insgesamt freigesetzte Wärme völlig unseren Anforderungen, und wir brauchen nicht weiter nach der Quelle der Energie eines Sterns zu suchen.

Eddington, der praktisch die Astrophysik begründete, traf mit dem Tenor dieser Ausführungen genau ins Schwarze. Aber zwei Probleme verhinderten jahrelang einen Fortschritt – ein theoretisches und ein empirisches. Was die theoretische Seite betrifft, so wußte niemand, wie zwei Protonen (geschweige denn vier) sich einander so weit annähern können, daß sie einen festen Verband bilden. Selbst wenn man davon ausging, daß die Atomkerne von einer unbekannten Kraft zusammengehalten werden, obgleich die positive Ladung aller Protonen den Kern auseinanderzureißen droht (dies war lange bevor man die starke Kernkraft auch nur annäherungsweise verstand), war ziemlich klar, daß diese Bindungswirkung auf den Kern beschränkt sein muß, da sie andernfalls alles in einen riesigen Materieklumpen, einem gigantischen Atomkern ähnlich, saugen würde. Wenn zwei Protonen frontal kollidierten und sich berührten, könnten sie vielleicht aneinander hängenbleiben. Doch da sie elektrisch positiv geladen sind, wirkt zwischen ihnen eine Abstoßungskraft, deren Stärke gleich 1 dividiert durch das Quadrat des Abstandes zwischen ihnen ist und die um so größer wird, je näher sie sich kommen. Wie also konnten Wasserstoffatome »nach und nach zu komplexeren Elementen zusammengesetzt werden«?

Das andere Problem war eigentlich ein Mißverständnis, das Eddington und seine Kollegen auf die falsche Fährte lockte, als sie die Einzelheiten der subatomaren Prozesse herausarbeiten wollten, die im Innern von Sternen ablaufen. In der Rede vor der BA im Jahr 1920 erwähnte er die Möglichkeit, daß 5 Prozent der Masse eines Sterns aus Wasserstoff bestehen könnte. Diese Annahme, verbunden mit der Möglichkeit, daß all dieser Wasserstoff in Helium umgewandelt wird, brachte Eddington dazu, die Lebenszeit der Sonne auf 15 Milliarden Jahre zu schätzen. Aber weshalb ausgerechnet 5 Prozent? Weil die Astronomen um 1920 glaubten, daß die Sonne und die Sterne grundsätzlich eine ähnliche chemische Zusammensetzung aufweisen wie die Erde. Dem lag unausgesprochen die anthropozentrische Annahme zugrunde, daß andere Körper im Weltall aus denselben Elementen bestehen müßten wie wir. Aber es war teilweise auch eine Fehldeutung des Waldes von Linien im Spektrum der Sonne, der darauf hindeutete, daß in der Atmosphäre des erdnächsten Sterns eine enorme Vielfalt von Elementen enthalten ist. Nach der herrschenden Meinung des Jahres 1920 griff Eddington also allenfalls zu hoch, als er behauptete, sage und schreibe 5 Prozent der Sonnenmasse bestehe aus Wasserstoff.

Beide Probleme wurden in der zweiten Hälfte der zwanziger Jahre gelöst, und ab diesem Zeitpunkt machte die Erforschung des inneren Aufbaus der Sterne rasch enorme Fortschritte. Doch in der Zwischenzeit hatte Eddington den Weg gewiesen, indem er erstmals die Temperaturen berechnete, die im Zentrum von Sternen herrschen müssen. Dabei machte er sich physikalische Grundkenntnisse, eine Menge Intuition und die wachsende Menge von Daten über die Beziehung zwischen Masse und Leuchtkraft der Hauptreihensterne zunutze. Eddington erkannte, daß man nicht zu wissen braucht, woher ein Stern seine Energie bekommt, um eine ungefähre Vorstellung davon zu entwikkeln, was in seinem Innern abläuft. Er erkannte auch, daß die Grundgesetze der Physik, welche die Prozesse im Sterninnern beschreiben, die Gesetze sind, die das Verhalten eines heißen Gases beschreiben – eines der einfachsten und am besten erforschten physikalischen Systeme. Dies mutet auf den ersten Blick überraschend an, da die mittlere Dichte der Sonne das Anderthalbfache der Dichte von Wasser beträgt und die Dichte in ihrem Innern ein Vielfaches der Dichte von Blei ausmacht. Aber das »Gas«, aus dem die Sterne bestehen, ist nicht vergleichbar mit der Luft, die wir atmen.

Ein gewöhnliches Gas läßt sich mittels sehr einfacher Gesetze und Gleichungen beschreiben, weil es sich wie eine Menge harter Kügelchen (Atome) verhält, die umherspringen und miteinander sowie mit den Wänden des Behältnisses kollidieren, in dem das Gas eingeschlossen ist. In einem Festkörper wie etwa Blei sind die Atome dicht zusammengepackt und rühren sich kaum von der Stelle. Doch wie ich in Kapitel 2 beschrieben habe, ist der Kern eines Atoms viel kleiner als das Atom selbst. Wenn ein beliebiger Stoff (Wasserstoff, Blei oder irgendein anderes Element) stark genug erhitzt wird, werden die Elektronen durch die Energie der Teilchenstöße und die Wirkung der elektromagnetischen Strahlung, die durch ihre Wechselwirkung mit geladenen Teilchen entsteht, aus den Atomen herausgerissen und lassen nackte Atomkerne zurück. Das so entstehende heiße Gemisch aus positiv geladenen Kernen und negativ geladenen Elektronen wird Plasma genannt, und es verhält sich wie ein Gas, weil sich jetzt die *Kerne* wie harte Kügelchen verhalten, die umherspringen und miteinander kollidieren. Der Größenunterschied zwischen einem Atom und einem Atomkern ist so enorm, daß sich ein Plasma wie ein ideales Gas verhält, und zwar selbst bei Dichten, die weit größer sind als die Dichten im Zentrum der Sonne. Und die Gesetze, die das Verhalten eines idealen Gases beschreiben, sagen uns, wie heiß ein Stern mit einer bestimmten Masse und einer bestimmten Leuchtkraft im Innern sein muß, um der gravitativen Eigenanziehung standzuhalten.

Tatsächlich ist dies ein sehr störungsanfälliger Balanceakt. Neben dem normalen Druck, den herumhüpfende und miteinander kollidierende Teilchen im Sterninnern ausüben, kommen hier geladene Teilchen ins Spiel, die eine Menge elektromagnetische Energie abstrahlen – etwa Röntgenstrahlen und Gammastrahlen. Diese Strahlung tritt in Wechselwirkung mit anderen geladenen Teilchen im Plasma und erzeugt so einen zusätzlichen Druck, den sogenannten Strahlungsdruck. Wenn ein Gasball im Weltraum kollabiert und sich im Innern stark aufheizt (anfänglich infolge der von Kelvin und Helmholtz beschriebenen Freisetzung von Gravitationsenergie), kann er drei mögliche Endzustände annehmen. Eine kleine Gaskugel wird sich im Innern nicht allzu stark aufheizen, die Wärmeenergie wird abgestrahlt werden, und die Kugel wird in der von Kelvin und Helmholtz diskutierten Zeitskala abkühlen. Sie wird als eine kühle Gaskugel enden, ähnlich dem Planeten Jupiter, beziehungsweise als ein sogenannter Brauner Zwerg, der vielleicht das 70fache der Jupitermasse besitzt (aber nur 7 Prozent der Masse unserer Sonne), ein »Beinahe-Stern«, der knapp unterhalb der Zündungsschwelle für die Kernfusionsprozesse liegt, die die Hauptreihensterne am Leuchten halten. Das andere Extrem ist eine große Gaskugel, die bei ihrem Kollaps so viel Wärme erzeugt, daß in ihrem Zentrum eine dichtes, heißes Plasma entsteht, das durch das Zusammenwirken von Gas- und Strahlungsdruck auseinanderfliegt, so daß aus ihr kein Hauptreihenstern werden kann. Doch zwischen diesen beiden Extremen liegt ein schmaler Massebereich, in dem die Gaskugel so heiß wird, daß sich Plasma bildet (und, wie wir heute wissen, Kernreaktionen in Gang gesetzt werden, die Wärme im Kugelzentrum erzeugen), aber nicht so heiß, daß sie explodiert. Nur Sterne in dem Bereich von etwa 0,1 bis 100 Sonnenmassen sind in dieser Hinsicht stabil – und dies folgt aus den einfachen Gesetzen der Gas- bzw. Plasmaphysik, ganz gleich auf welche Weise Sterne in ihrem Innern Wärme erzeugen. Wenn Astronomen Sterne beobachten, stellen sie zu ihrer Freude fest, daß es keine Sterne mit weniger als einem Zehntel

Sonnenmasse gibt und keinen mit viel mehr als 100 Sonnenmassen. Das Weltall gehorcht also tatsächlich denselben physikalischen Gesetzen, die wir in Labors hier auf der Erde erforschen.

Wenn man die Berechnungen ausführt, wie es Eddington getan hat, kann man sogar die Temperatur berechnen, die heute im Zentrum eines Sterns herrschen muß, wenn man seine Masse, seine Leuchtkraft und seine Zusammensetzung kennt. Letztere spielt eine Rolle, weil sie sich auf die Anzahl der harten Kügelchen auswirkt, die in einem Stern herumschnellen und zu dem Druck beitragen, der ihn aufrechterhält. Sind weniger Teilchen vorhanden, müssen sie sich schneller bewegen, um denselben Gesamtdruck zu erzeugen – das bedeutet, daß sie heißer sein müssen. Entscheidend ist die Anzahl der Atomkerne, die in diese Berechnung jeweils als ein Teilchen eingehen. Da jeder Heliumkern im wesentlichen aus vier Wasserstoffkernen besteht, enthielte ein Stern, der beispielsweise gänzlich aus Wasserstoff besteht, vier Mal so viele herumschnellende Teilchen wie ein Stern mit genau derselben Masse, der jedoch völlig aus Helium besteht (und gäbe es einen Stern, der gänzlich aus Radium besteht, das eine Atommasse von 226 hat, dann würde er nur 1/226 so viele Kerne wie ein einzig und allein aus Wasserstoff bestehender Stern mit derselben Masse enthalten). Bei ansonsten gleichen Bedingungen müßte der Heliumstern in seinem Zentrum viel heißer sein als der Wasserstoffstern (und der Radiumstern noch heißer), um der nach innen gerichteten gravitativen Anziehung standzuhalten.

Weil Eddington nicht wußte, daß Sterne in der Hauptreihe fast ausschließlich aus Wasserstoff und Helium bestehen, errechnete er einen zu hohen Wert für die Zentraltemperatur eines Hauptreihensterns – etwa 40 Millionen Grad Kelvin (die, praktisch gesehen, 40 Millionen Grad Celsius entsprechen). Aber dies spielte keine Rolle. Wichtig war seine aus der Masse-Leuchtkraft-Beziehung und den Gesetzen der Gasphysik abgeleitete Entdeckung, daß alle Hauptreihensterne die gleiche Zentraltemperatur haben. Damit hatte er eindeutig ein Merkmal entdeckt, das grundlegende Aufschlüsse über die im Sterninnern ablaufenden Prozesse gab. In seinem 1926 erschienenen Buch *The Internal Constitution of the Stars* (»Der innere Aufbau der Sterne«) erwähnte er zwei bestimmte Sterne, die er untersucht hatte, und schrieb:

> Nimmt man dies für bare Münze, dann deutet [es] darauf hin, daß gleich, ob nun 680 Erg pro Gramm (im Fall von V Puppis) oder 0,08 Erg (bei Krueger 60) zugeführt werden müssen, der Stern auf 40 000 000° aufgeheizt werden muß, um dies zu bekommen. In diesem Moment zapft er einen unbegrenzten Vorrat an.

An einer späteren Stelle seines Buches ging er ausführlich auf dieses Thema ein:

> [Ein Stern] zieht sich so lange zusammen, bis seine Zentraltemperatur 40 Millionen Grad erreicht. Dann wird die Hauptenergiezufuhr plötzlich geöffnet... Ein Stern in der [Hauptreihe] muß einfach eine gerade ausreichende Menge seiner Materie über der kritischen Temperatur halten, um die erforderliche Zufuhr sicherzustellen.

Unabhängig von der genauen Temperatur, die bei der Berechnung herauskam, ist der entscheidende Punkt der, daß alle Hauptreihensterne, die Sonne eingeschlossen, ihre Energie auf exakt die gleiche Weise erhalten. Interessanterweise erschien das Buch genau zu der Zeit, als die Quantenphysiker neue Ideen darüber präsentierten, wie sich Teilchen, etwa Protonen, verhalten. Das sollte schon bald erklären, wie Kernfusionsprozesse die elektrische Abstoßung zwischen Protonen überwinden. Eddington, immer auf der Höhe der Zeit, erwähnte in einem Vorwort vom Juli 1926, daß »während dieses Manuskript in Druck geht, die Umrisse einer ›neuen Quantentheorie‹ sichtbar werden, die bedeutsame Rückwirkungen auf das Sternproblem haben könnte, sobald sie detaillierter entwickelt ist«. Er sollte recht behalten.

Das Grundpostulat der Quantentheorie, das ab 1925 herausgearbeitet wurde und seither ein Eckpfeiler der Physik ist, lautet, daß sich Quantengebilde auf der subatomaren Ebene von Teilchen wie Protonen und Elektronen nicht ganz so wie harte Kügelchen, sondern vielmehr wie Zwittergebilde aus einer Welle und einem Teilchen verhalten (sogenannter Welle-Teilchen-Dualismus). Dies gilt in beide Richtungen – Licht, das die Physiker des 19. Jahrhunderts ausschließlich als elektromagnetische Welle beschrieben (so wie ich es bislang getan habe), verhält sich zugleich wie ein Strom winziger Teilchen, sogenannter Photonen; Elektronen, die J. J. Thomson als kleine Teilchen beschrieb, verhalten sich gleichzeitig wie Wellen. Dies ist nicht der Ort, um auf alle Einzelheiten einzugehen (die ich in meinem Buch *Auf der Suche nach Schrödingers Katze* behandelt habe); doch sehr viele Experimente haben bis auf viele Dezimalstellen genau bestätigt, daß sich die Quantenwelt (die Welt der Atome und subatomaren Teilchen) tatsächlich so verhält. Der Effekt ist bei masseärmeren Teilchen größer, und in der Größenordnung der menschlichen Alltagserfahrung wird er überhaupt nicht sichtbar, weder bei Zuckerwürfeln noch bei Flußpferden. Die Quantentheorie sagt uns, daß es unangemessen ist, ein Proton als ein Kügelchen mit wohldefiniertem Rand zu betrachten. Richtiger ist es, das Proton als eine Konzentration von Masse (= Energie) und elektrischer Ladung zu definieren, zu der eine kleine Wellengruppe, ein sogenanntes Wellenpaket, gehört.

Im Jahr 1928 erkannte ein junger russischer Physiker, der als Gast an der Universität Göttingen weilte, daß diese Wellennatur grundlegender Konstituenten der Materie die Radioaktivität erklären könnte – die Art und Weise, wie Alphateilchen während des radioaktiven Zerfalls aus einem Atomkern entweichen. Das Problem liegt darin, daß die starke Wechselwirkung, die den Kern zusammenhält, selbst in einem radioaktiven Kern ein bißchen (ein ganz kleines bißchen) zu stark ist, um die Alphateilchen entweichen zu lassen. Ein Alphateilchen, das sich knapp außerhalb des Kerns befindet, wird nicht von der starken Wechselwirkung angezogen, sondern vom Kern abgestoßen, weil beide positiv geladen sind. Aber im Kern werden alle Teilchen durch die starke Wechselwirkung, die die elektrische Abstoßung übersteigt, an ihrem Platz gehalten. Es ist, als lägen die Teilchen im Krater eines Vulkans – die Alphateilchen haben nicht genügend Energie, um aus dem Vulkan hinauszuklettern und den abschüssigen Berghang hinabzurollen.

Doch George Gamow folgerte aus der Wellennatur des Alphateilchens, daß es in gewisser Hinsicht zu groß sei, um nahtlos in den Krater des Vulkans zu passen. Ein Teil der Welle würde die Seitenwand des »Berges« durchstoßen, so daß sich das Alpha-»Teilchen« allmählich (auf einer Zeitskala, die mit seiner Halbwertszeit zusammenhängt) auf die andere Seite durchgraben könnte. Dort angelangt, würde es »wegrollen«, abgestoßen durch die positive Ladung des Kerns. Man nennt dieses Phänomen aus naheliegenden Gründen »Tunneleffekt«. Und obgleich ich die Idee hier nur in Grundzügen dargelegt habe, sagen präzise Berechnungen auf Grundlage der Quantentheorie die genaue Menge an Alphastrahlung, die mit dem Durchtunneln von Atomkernen, wie etwa Radiumkernen, verbunden ist, tatsächlich richtig vorher (die richtigen Halbwertszeiten und so weiter).

Dies war für die Teilchenphysiker eine spannende Neuigkeit. Aber Gamow wurde auch klar, daß der Prozeß ebenso in umgekehrter Richtung ablaufen kann. Wenn sich zwei positiv geladene Protonen weit genug einander annähern, können sich die gestreckten Ränder der Wellenpakete überlappen, auch wenn sich die positiv geladenen Kerne der Wellenpakete nicht berühren. Diese Überlagerung kann die beiden Wellen zueinander ziehen, auch wenn sich einfache Teilchen, die sich mit der gleichen Energie (der gleichen Geschwindigkeit) einander annähern, niemals berühren und unter den Einfluß der starken Wechselwirkung geraten würden. Es ist wie bei zwei Menschen, die im Meer schwimmen, sich die Hände reichen und aufeinander zu

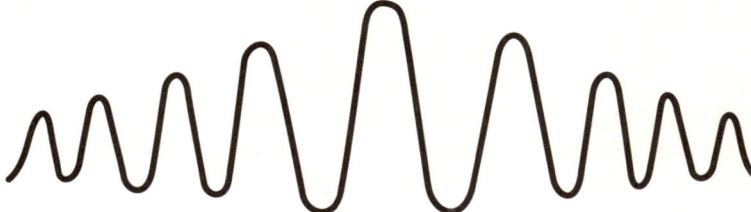

**ABBILDUNG 4.3** Die Quantenphysik zeigt, daß man Bausteine der Materie, die man für winzige, punktförmige Teilchen hielt (etwa Elektronen und Protonen), besser als über ein Raumvolumen verteilte Gebilde betrachten sollte, vergleichbar einem kurzen Wellenimpuls (einem Wellenpaket).

ziehen, obwohl die Wellen sie eigentlich auseinandertreiben. Gamow machte seine Kollegen sogleich darauf aufmerksam; zwei von ihnen griffen die Anregung auf und erklärten mit dem Tunneleffekt, wie durch Kernfusion im Sterninnern Energie erzeugt wird. Aber auch ihre Überlegungen wurden noch dadurch beeinträchtigt, daß sie anfänglich davon ausgingen, daß Wasserstoffkerne (Protonen) mit größeren Kernen wechselwirkten (ganz ähnlich wie bei einem umgekehrten Alphazerfall), und nicht auf die Idee kamen, daß Protonen direkt miteinander wechselwirken könnten. Die Vorstellung, daß Wasserstoff der Hauptbestandteil der Sterne sein könnte, setzte sich nur sehr langsam durch, obgleich 1928 – demselben Jahr, in dem Gamow die Theorie des Tunneleffekts publizierte – eindeutige Indizien dafür vorgelegt wurden.

Dies ist ein weiteres Beispiel für eine wissenschaftliche Idee, die aus einer neuen Technik hervorging, als die Zeit reif war. Cecilia Payne (später Cecilia Payne-Gaposchkin), eine in England geborene Astronomin, die 1925 am Radcliffe College über die Beziehung zwischen Sterntemperaturen und Spektren promoviert hatte, äußerte als erste die Vermutung, daß die Atmosphären der Sonne und der Sterne einen hohen Wasserstoffgehalt haben. Anhand spektroskopischer Messungen, die sie für ihre Doktorarbeit durchführte, stellte sie fest, daß die Sternatmosphären überwiegend aus Wasserstoff bestehen. Man kann dies im Rückblick als einen der ersten Hinweise darauf betrachten, daß Wasserstoff das bei weitem häufigste Element im sichtbaren Universum ist. Aber ihr Doktorvater bestand darauf, daß sie diese Entdeckung mit einer erläuternden Anmerkung publizierte, in der sie darauf hinwies, daß die Intensität der Wasserstofflinien in den von ihr untersuchten Spektren durch ein eigentümliches Verhalten des Wasserstoffs unter den Bedingungen, die in Sternen herrschen, verursacht worden sein müsse und nicht etwa auf eine sehr große Häufigkeit hindeute.* Im Jahre 1928 führte der deutsche Astronom Albrecht Unsöld jedoch eine detaillierte spektroskopische Untersuchung des Sonnenlichts durch und interpretierte die Stärke der Wasserstofflinien auf die naheliegendste Weise: daß nämlich die Sonne ungefähr eine Million Mal so viele Wasserstoffatome wie Atome von allen anderen Elementen zusammengenommen enthält. Nur ein Jahr später gelangte ein junger britischer Astronom, William McCrea, mit Hilfe einer anderen spektroskopischen Technik zu einer ähnlichen Schlußfolgerung.

Die dreifache Entdeckung wurde von den Astrophysikern bereitwillig aufgenommen, zeigte sie doch, daß die Sonne einen sehr hohen Wasserstoffgehalt aufweist, der allemal ausreicht, um, wie Eddington behauptet hatte, durch Umwandlung von

---

* In dem wissenschaftlichen Artikel, der auf ihrer Dissertation basiert und 1925 veröffentlicht wurde, schrieb sie – und betete dabei die Worte nach, die ihr von ihrem Prüfer in den Mund gelegt worden waren – über Wasserstoff und Helium: »Die enorme Häufigkeit, die für diese Elemente in der Sternatmosphäre abgeleitet wurde, ist höchstwahrscheinlich nicht zutreffend.« Cecilia Payne war schon als Studentin eine ausgezeichnete Astronomin, und sie war überzeugt davon, daß sie eine wichtige Erkenntnis über die Zusammensetzung der Sterne gewonnen hatte. Die Tatsache, daß ihr Prüfer (Henry Norris Russell) nicht glauben wollte, was die Spektren ihr sagten, zeigt, wie schwer es den Astronomen fiel, sich zu der Idee zu bekehren, daß Sterne im wesentlichen nicht aus den gleichen Stoffen bestehen wie die Erde.

*Im Innern der Sterne* **125**

**ABBILDUNG 4.4** Wenn sich zwei Protonen (oder sonstige Kerne) mit einer bestimmten Geschwindigkeit einander nähern, sorgt die durch ihre positive Ladung verursachte elektrische Abstoßung dafür, daß sie sich nicht berühren und nicht miteinander wechselwirken – *falls* sie Teilchen sind. Sind sie jedoch Wellenpakete, können die Ränder der Wellenpakete über einen längeren Bereich miteinander wechselwirken. Dies ermöglicht Kernfusionsprozesse bei Temperaturen, wie sie im Innern der Sonne und anderer Sterne herrschen. Die Existenz von Sternen wie der Sonne bestätigt die Genauigkeit der quantenphysikalischen Beschreibung der Wellennatur von »Teilchen«.

Wasserstoffkernen in Heliumkerne die Energie zu liefern, die erforderlich ist, um ihre Leuchtkraft über Jahrmilliarden weitgehend konstant zu halten. Zwanzig Jahre lang erkannte indes niemand, daß diese Untersuchungen der Sonnenatmosphäre den Astronomen sagten, daß das *Innere* der Sonne ebenfalls überwiegend aus Wasserstoff besteht (woraus folgt, daß auch andere Sterne hauptsächlich aus Wasserstoff bestehen und nicht nur ihre Atmosphäre einen hohen Wasserstoffgehalt besitzt). Doch trotz dieser Verwirrung und mehrerer weiterer Fehlschlüsse wußten die Astrophysiker Ende der dreißiger Jahre, etwas mehr als zehn Jahre nach der Entdeckung des Tunneleffekts, daß sich Protonen – und zwar jeweils vier gleichzeitig – im Zentrum von Hauptreihensternen nicht nur auf eine, sondern auf zwei verschiedene Weisen in Heliumkerne umwandeln können.

*Kapitel 5*

# REAKTIONSZYKLEN UND -KETTEN IN STERNEN

George Gamow veröffentlichte 1928 einen Aufsatz, in dem er den von ihm entdeckten Tunneleffekt beschrieb. Im Jahr darauf publizierten zwei junge Physiker, Robert Atkinson und Franz Houtermans, die ersten Berechnungen dazu, wie sich der Tunneleffekt im Sterninnern auswirken könnte. Ihr Aufsatz begann mit den Worten: »Vor kurzem wies Gamow nach, daß positiv geladene Teilchen in den Atomkern eindringen können, selbst wenn die traditionelle Annahme gilt, daß ihre Energie nicht ausreicht«; anschließend berechneten sie dann die Art von Kernreaktionen, die dabei eine Rolle spielen könnten. Dieser einleitende Satz resümiert sowohl den großen Erkenntnissprung, den Gamows Arbeit auslöste, als auch den weiten Weg, den die Astrophysiker bei der Enträtselung der Geheimnisse der Kernfusion in Sternen noch zurücklegen mußten. Denn obgleich Unsölds Arbeit über die Zusammensetzung der Sonnenatmosphäre 1928 erschienen war und McCreas Beitrag im selben Jahr erschien wie der Aufsatz von Atkinson und Houtermans, dachten sie alle noch immer an so etwas wie einen umgekehrten Alphazerfall, bei dem einfache Teilchen in die Kerne massereicher Elemente eindringen. Im Anschluß an Arthur Eddington behaupteten sie, der ausschlaggebende Prozeß, durch den die von Sternen freigesetzte Energie erzeugt werde, sei tatsächlich die Umwandlung von vier Protonen in einen Heliumkern (ein Alphateilchen). Allerdings behaupteten sie nicht, dies geschähe direkt, sondern benutzten die Analogie eines Kochtopfs. Der »Topf« wäre dann ein schwerer Kern im Zentrum eines Sterns wie der Sonne, der die Zutaten (vier Protonen und zwei Elektronen) nacheinander aus seiner Umgebung aufnehmen und sie zu einem Heliumkern verkochen sollte, den er dann durch den Alphazerfall ausspucken würde, woraufhin der ganze Prozeß wieder von vorn beginnen könne.

Der Beitrag von Atkinson und Houtermans ist vor allem deshalb so bedeutsam, weil sie erstmals Zahlen in die Berechnungen einführten, die auf dem immer präziseren Verständnis des Tunneleffekts basierten; dieses verdankte sich experimentellen Untersuchungen von Prozessen wie dem Alphazerfall und der neuen Quantentheorie der ausgehenden zwanziger Jahre. Da Sterne die größten Himmelskörper sind, die wir mit bloßem Auge sehen können, und da sich die Quantenphysik mit Gebilden befaßt, die viel kleiner sind als Atome, ist die Tatsache, daß die Quantenphysik erklärt, welche Prozesse im Sterninnern ablaufen, ein eindrucksvoller Beleg dafür, wie unser naturwissenschaftliches Verständnis der Welt auf allen Größenordnungen miteinander zusammenhängt – eine eindrucksvolle Bestätigung dafür, daß das ganze naturwissenschaftliche Unternehmen als solches auf dem richtigen Weg ist.

Wenn man sich die elektrische Abstoßung zwischen zwei positiv geladenen Teilchen, die sich einander annähern, als eine hügelähnliche physische Barriere vorstellt, dann liegt es auf der Hand, daß der Hügel um so höher und um so schwerer zu durchdringen ist, je mehr positive Ladung die Teilchen tragen, aber auch, daß es für ein Teilchen leichter ist, die Barriere zu überwinden, wenn es sich schneller bewegt. Leichte Teilchen bewegen sich bei jeder Temperatur schneller als schwere. Aus den Berechnungen über den Aufbau der Sterne, die Eddington und andere bereits durchgeführt hatten, wußten Atkinson und Houtermans ungefähr, welche Temperaturen zu berücksichtigen sind und welche Dichten und Drücke im Zentrum der Sterne herrschen. Daher wußten sie auch, wie schnell sich die Teilchen dort fortbewegten und wie heftig die Teilchen aufeinanderprallen würden. Sie zeigten, daß unter den Bedingungen, die im Innern von Hauptreihensternen herrschen, selbst bei Berücksichtigung des Tunneleffekts nur die schnellsten Teilchen mit der geringsten positiven Ladung (anders gesagt Protonen, also Wasserstoffkerne) die Barrieren durchdringen können. An den Prozessen, die die Leuchtkraft der Sterne (zumindest der Hauptreihensterne) aufrechterhalten, mußte Wasserstoff unmittelbar beteiligt sein; sie konnten nicht bloß infolge von Stößen zwischen Paaren massereicher Kerne bestehen, die sich dann umordneten und Alphateilchen ausspuckten.

Es ist verblüffend, wenn man sich klarmacht, wie schwer es für einen Hauptreihenstern ist, sich in dieser Weise Energie zu beschaffen. Jedesmal wenn ich mir die Zahlen anschaue, staune ich, wie schwach der Mechanismus der Energiefreisetzung in Sternen ist. Das klingt merkwürdig – schließlich ist die Sonne die reichhaltigste Energiequelle in unserer unmittelbaren Nachbarschaft. Wie kann man sie da als »schwach« bezeichnen? Aber bedenken Sie einmal folgendes: Erstens bewegen sich einige der Protonen in einem Stern wie der Sonne schneller als andere – die Gesamtverteilung der Geschwindigkeiten hängt von der Temperatur ab, die uns Aufschluß gibt sowohl über die mittlere Geschwindigkeit der Teilchen als auch (sehr genau) darüber, welcher Prozentsatz der Teilchen sich um einen bestimmten Betrag (beispielsweise 20 Prozent) schneller oder langsamer als die mittlere Geschwindigkeit bewegt. Wenn man die Berechnung von Atkinson und Houtermans unter Berücksichtigung der neuesten Erkenntnisse über die physikalischen Prozesse im Sterninnern aktualisiert, dann zeigt sich, daß (bei den Temperaturen, die im Sonnenzentrum herrschen) zwei Protonen selbst mit Unterstützung des Tunneleffekts nur dann miteinander verschmelzen, wenn sich eines mindestens fünfmal schneller als mit der mittleren Geschwindigkeit bewegt. Selbst so schnelle Teilchen verschmelzen nur bei einer geradlinigen Kollision. Wenn zwischen den Bahnen der beiden Teilchen der geringste Winkel klafft, dann streifen sie sich nur und setzen ihren Weg fort. In der Sonne selbst bewegt sich nur jedes hundertmillionste Proton so schnell, daß es die Barriere um ein anderes Proton durchdringen kann, und nur eine Kollision unter 10 Milliarden Billionen (1 von $10^{22}$) führt zu einer Kernverschmelzung. Dies bedeutet, daß jedes einzelne Proton im Schnitt 14 Milliarden Jahre in der Sonne herumschnellt und in dieser Zeit mit anderen Teilchen kollidiert und zurückprallt, bevor es bei einer geradlinigen Kollision mit einem Partner verschmelzen kann. Selbst im Zentrum der Sonne ist die Kernfusion ein extrem seltener Prozeß, was die einzelnen Protonen betrifft. Aber die Sonne enthält so viele Teilchen, daß in jeder Sekunde genügend Protonen an solchen Stößen beteiligt sind, um 616 Millionen Tonnen Wasserstoff zu erzeugen. Daraus entstehen genügend Alphateilchen, um 611 Millionen Tonnen Helium zu produzieren, wobei 5 Millionen Tonnen Masse in Energie umgewandelt werden. Dies ist jedoch ein so geringer Prozentsatz der Sonnenmasse, daß nach 4,5 Milliarden Jahren als Hauptreihenstern nur 4 Prozent des Anfangsbestandes an Wasserstoff in Helium umgewandelt worden sind.

Atkinson entwickelte die Theorie der Kernfusion in Sternen ab den dreißiger Jahren in eigener Regie weiter, da sich Houtermans' Interesse anderen Gebieten zuwandte. Er betrachtete verschiedene Formen der Wechselwirkung von Kernen, bei denen Wasserstoffkerne in die Kerne anderer Elemente eindringen, und stützte sich dabei sowohl auf theoretische Überlegungen als auch auf experimentelle Daten. Doch obgleich er 1936 den Nachweis erbrachte, daß unter den Bedingungen, die im Sonneninnern herrschen, die häufigste Wechselwirkung zwischen Kernen darin besteht, daß zwei Protonen miteinander reagieren und einen Deuteriumkern (Deuterium ist schwerer Wasserstoff) bilden, hatten die Astronomen noch immer nicht erkannt, daß die Sonne zum allergrößten Teil aus Wasserstoff besteht.

Dies hing mit einem unglücklichen Zufall zusammen. Nachdem Unsöld und McCrea gezeigt hatten, daß die Sonne (und folglich auch andere Hauptreihensterne) einen hohen Wasserstoffgehalt besitzen muß, überarbeiteten Astrophysiker Eddingtons bahnbrechende Berechnungen über den Sternaufbau, die in den dreißiger Jahren von dem aus Indien stammenden Astrophysiker Subrahmanyan Chandrasekhar verfeinert worden waren. Der Schlüssel zu diesem nächsten Schritt bei der Aufklärung des Sternaufbaus war die Anzahl der Elektronen in einem Stern – beziehungsweise, genaugenommen, die Anzahl der Elektronen pro Nukleon, wobei der Terminus »Nukleon« sowohl das Proton als auch das Neutron bezeichnet. Dies ist wegen der Art und Weise wichtig, wie elektromagnetische Strahlung mit geladenen Teilchen wechselwirkt. Der Druck, der einen Stern aufspannt, rührt teilweise von dieser Wechselwirkung her, und je mehr Elektronen und Protonen vorhanden sind, um so stärker ist dieser Strahlungsdruck. Bestünde ein Stern völlig aus Wasserstoff, käme ein Elektron auf jedes Proton – ein Elektron auf jedes Nukleon, da es keine Neutronen gäbe. Bestünde er gänzlich aus Helium-Alphateilchen, die jeweils zwei Protonen und zwei Neutronen enthalten, käme nach wie vor ein Elektron auf jedes Proton, aber nur ein halbes Elektron auf jedes Nukleon, da die Neutronen keine Elektronenpartner hätten. Die Anzahl der Elektronen pro Nukleon geht in dem Maße zurück, wie der Anteil schwerer Elemente zunimmt, und dies wirkt sich durch den Druck, der mit der elektromagnetischen Strahlung zusammenhängt, auf die Stabilität des Sterns aus (genauso wie sich die früher erwähnte Tatsache, daß Neutronen und Protonen gemeinsam in schwere Kerne gepackt werden, auf die Struktur des Sterns auswirkt). Und wenn Sie glauben sollten, es habe reichlich lange gedauert, bis die Astronomen all dies kapiert hätten, nachdem Eddington den Weg gewiesen habe, sollten Sie sich daran erinnern, daß das Neutron erst 1932 entdeckt wurde, so daß sie in Wirklichkeit mit einer halsbrecherischen Geschwindigkeit vorankamen.

Sobald die Wissenschaftler wußten, daß die Sonne einen hohen Wasserstoffgehalt hat, versuchten sie aus naheliegenden Gründen zu berechnen, was für ein Verhältnis von Wasserstoff zu schwereren Elementen erforderlich war, um einen Stern wie die Sonne stabil zu halten. Doch leider gibt es aufgrund einer Substitutionsbeziehung zwischen den verschiedenen Faktoren, die sich auf die Stabilität eines Sterns auswirken, zwei Antworten auf diese Frage. Es zeigt sich nämlich, daß ein Stern mit der Masse und der Leuchtkraft der Sonne (beziehungsweise jeder ähnliche Hauptreihenstern) stabil ist, wenn wenigstens 95 Prozent seiner Masse aus Wasserstoff und Helium insgesamt bestehen. Doch ein solcher Stern ist auch dann stabil, wenn er sich aus 35 Prozent Wasserstoff und 65 Prozent schweren Elementen zusammensetzt. Vor etwa 1928 hatte man allgemein angenommen, daß die Sonne, wie die Erde, überwiegend aus schweren Elementen bestehe. Als die Berechnungen den Astrophysikern in den dreißiger Jahren daher zwei verschiedene Sternmodelle zur Auswahl stellten, entschieden sie sich – und dies ist nicht allzu erstaunlich – einmütig für das Modell mit 65 Prozent schweren Elementen und taten das alternative Modell als ein belangloses Zufallsergebnis der Berechnung ab. Die Korrektur dieses Fehlers wurde erst Ende des folgenden Jahrzehnts in Angriff genommen und war erst in den fünfziger Jahren abgeschlossen, auch wenn die Astrophysiker Ende der dreißiger Jahre endlich die wichtigsten Kernreaktionen aufgeklärt hatten, die im Sterninnern ablaufen.

George Gamow wirkte einmal mehr als Katalysator der neuen Entwicklungen. Im April 1938 organisierte er eine Konferenz in Washington, D. C., bei der Astronomen und Physiker zusammenkamen, um über das Problem der Energiefreisetzung im Sterninnern zu diskutieren. Das Problem bestand darin, eine Reihe von Kernreaktionen zu finden, die, verbunden mit einem detaillierteren Modell über die Zusammensetzung der Sterne, genau die richtige Menge Energie erzeugen würden, um die gegenwärtige Strahlungsleistung eines Sterns wie der Sonne über Jahrmilliarden konstant zu halten. Atkinson und andere hatten sich jahrelang bemüht, die richtige Serie von Reaktionen zu finden, doch alle Reaktionen, die sie beschrieben, liefen entweder zu schnell oder zu langsam ab. Wenn beispielsweise die Sonne sehr viel Lithium enthielte, dann würden sich Wasserstoffkerne eifrig mit Lithiumkernen verbinden, selbst bei einer Temperatur von nur 15 Millionen Grad, und Kerne aus instabilem Beryllium aufbauen, die alsbald in zwei Heliumkerne zerfallen würden. Die Reaktionsschritte, bei denen Wasserstoff in Helium umgewandelt würde, würden so rasch ablaufen und in so kurzer Zeit so viel Energie freisetzen, daß der Stern explodieren würde. Wenn andererseits ein Stern größtenteils aus Sauerstoffkernen bestünde, dann würden diese Kerne, obgleich Protonen mit ihnen unter Energiefreisetzung wechselwirken könnten, nicht genügend Energie erzeugen, um den Stern mit einer Helligkeit wie jener der Sonne leuchten zu lassen. Daher würde der Stern schrumpfen, Gravitationsenergie freisetzen, und seine Temperatur im Innern würde stetig steigen, bis er so heiß wäre, daß dieser Prozeß (oder etwas anderes) genügend Energie erzeugen würde, um ihn zu stabilisieren. Keiner der Konferenzteilnehmer konnte mit einer Reihe von Kernreaktionen aufwarten, die »genau richtig« waren. Doch das Rätsel schwirrte ihnen auch nach Ende der Konferenz im Kopf herum – und einer von ihnen, Hans Bethe von der Cornell-Universität, löste es.

Es gibt eine köstliche Anekdote darüber, wie Bethe die Lösung gefunden haben soll, die jedoch leider nichts mit der Wahrheit zu tun hat. Gamow war ein großer Spaßvogel, der gern Geschichten erzählte, und wenn ihm die Wahrheit etwas zu langweilig war, schmückte er sie eben ein wenig aus. Also erzählte er die Geschichte, daß Bethe nach der Konferenz in Washington in den Zug stieg, für sich zu dem Schluß gelangte, daß die Lösung des Rätsels nicht allzu schwer sein sollte, und sich vornahm, eben dies zu tun, bevor der Schaffner die Passagiere zum Abendessen rief. Nach der von Gamow erfundenen Legende nahm sich Bethe, der immer ein gutes Mahl zu schätzen wußte, selbst das Versprechen ab, nicht eher zu Tisch zu gehen, bis er das Rätsel gelöst hätte, und nachdem er mit rasender Geschwindigkeit ein paar Berechnungen hingeschmiert hatte, fand er die Lösung genau in dem Moment, als der Schaffner kam, um zu Tisch zu bitten. Doch wie Gamow in seinem Buch *The Birth and Death of the Sun* selbst zugab, sollten wir der Geschichte über »den

Zusammenhang zwischen Dr. Hans Bethes berühmtem Appetit und seiner raschen Lösung des Problems der Sonnenreaktion keinen allzu großen Glauben schenken«.

In Wirklichkeit fiel es Bethe nicht ganz so leicht, das Rätsel zu lösen, und obgleich er im Zug daran zu arbeiten begann, beendete er die Lösung erst in Cornell (und ohne irgendwelche Mahlzeiten zu versäumen). Er wußte nicht, daß Carl Friedrich von Weizsäcker in Deutschland bereits kurz vor ihm auf die gleiche Lösung gekommen war, doch normalerweise wird Bethe das größere Verdienst daran zugeschrieben, nicht nur weil von Weizsäkker niemanden wie Gamow hatte, der seine Leistung öffentlich bekannt gemacht hätte, sondern auch wegen etwas, das Bethe im Sommer 1938 tat und von dem ich Ihnen gleich berichten werde. Der Prozeß, den beide entdeckten, steht ganz im Zeichen der bahnbrechenden Arbeit Atkinsons, weil dabei Wasserstoffkerne (Protonen) tatsächlich in einer mehrstufigen Reaktion in die Kerne schwererer Elemente – Kohlenstoff, Stickstoff und Sauerstoff – eindringen und zum Schluß ein Alphateilchen aus dem Kern ausgestoßen wird. Dies ist genau der nukleare Kochtopfeffekt, über den Atkinson und Houtermans im Jahr 1929 spekuliert hatten, doch jetzt mit exakten Zahlen, die die Geschwindigkeiten der verschiedenen Reaktionsschritte genau festlegten. Es zeigte sich jedoch, daß dies nicht der Hauptprozeß ist, mit dem sich die konstante Leuchtkraft der Sonne erklären läßt, denn er läuft am effizientesten bei einer Temperatur ab, die geringfügig über der Temperatur liegt, die im Zentrum der Sonne herrscht (über ungefähr 20 Millionen Grad). Solche Temperaturen findet man im Zentrum von Sternen mit mindestens anderthalb Sonnenmassen, so daß es sich bei dem Zyklus der Kernumwandlungen, den Bethe und von Weizsäcker entdeckten, um den Prozeß handelt, der Sterne weiter oben in der Hauptreihe am Leuchten hält. Er ist jedoch für unser Leben außerordentlich wichtig und im Lauf der geschichtlichen Entwicklung auch der älteste, so daß dies der richtige Ort ist, um seine Funktionsweise zu erklären.

## 134 Kapitel 5

Da der Zyklus mit Kohlenstoff beginnt, wird er oft Kohlenstoffzyklus (beziehungsweise nach den beiden Wissenschaftlern, die ihn als erste beschrieben, Bethe-Weizsäcker-Zyklus) genannt; da auch Stickstoff- und Sauerstoffkerne daran beteiligt sind, wird er auch Kohlenstoff-Stickstoff- beziehungsweise Kohlenstoff-Stickstoff-Sauerstoff-Zyklus (CNO-Zyklus) genannt. Die Beteiligung von Wasserstoff wird als selbstverständlich vorausgesetzt, und kein Astronom, den ich kenne, bezeichnet den Zyklus sachlich richtiger als Kohlenstoff-Wasserstoff-Sauerstoff-Stickstoff-Zyklus (CHON-Zyklus). Die Kernreaktionen, denen viele Sterne in der Hauptreihe ihre konstante Leuchtkraft verdanken, nutzen genau dieselben Elemente, die auch für Leben, wie wir es kennen, von zentraler Bedeutung sind. Dies unterstreicht die enge Beziehung zwischen Leben und Weltall.

Der Zyklus läuft folgendermaßen ab. Zunächst einmal müssen in dem Stern wenigstens Spuren schwererer Elemente enthalten sein. Dies hielt man in den dreißiger Jahren natürlich nicht für ein Problem, da man ja glaubte, 65 Prozent eines Sterns bestünden aus schweren Elementen; heute sagt uns dies, daß wir es mit Sternen der zweiten (oder einer späteren) Generation zu tun haben, Sternen, die aus Materie bestehen, die zumindest teilweise schon in anderen Sternen verarbeitet wurde. Da der Zyklus buchstäblich ein Kreislauf – eine Reaktionsschleife – ist, könnte man bei jedem Schritt in dem Prozeß beginnen, aber normalerweise beginnt man mit Kohlenstoff. Zunächst »durchtunnelt« ein Proton den Energiewall um einen Kohlenstoff-12-Kern, der bereits sechs Protonen und sechs Neutronen enthält. Dadurch verwandelt sich der Kern in instabilen Stickstoff-13, der radioaktiv ist und unter Freisetzung eines Positrons ($e^+$) und eines Neutrinos ($\nu$) in einen stabilen Kohlenstoff-13-Kern zerfällt.* Beim

---

\* Ein Positron ist das positiv geladene Gegenstück zum Elektron. Wenn ein positiv geladenes Proton ein Positron (und ein Neutrino) ausstößt, verliert es seine Ladung und wird zu einem Neutron. Dieser Prozeß (die Emission eines Positrons) entspricht exakt der Aufnahme eines Elektrons.

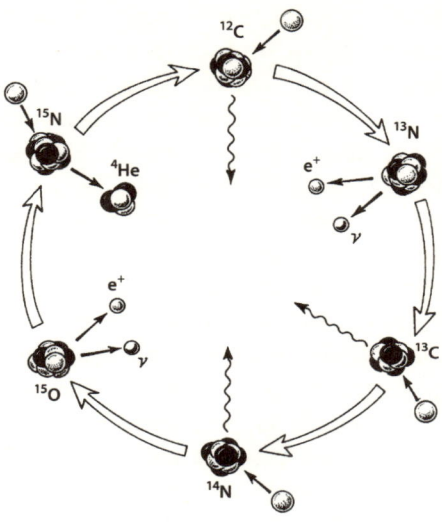

**ABBILDUNG 5.1** Der Kohlenstoff-Stickstoff-Sauerstoff-Zyklus ist die wichtigste Energiequelle in Sternen, die geringfügig massereicher als die Sonne sind.

Stoß eines zweiten Protons mit dem Kohlenstoff-13-Kern entsteht ein weiterer stabiler Kern, Stickstoff-14. Wenn sich jedoch ein drittes Proton in einen Stickstoff-14-Kern »hineintunnelt«, entsteht ein weiterer instabiler Kern, Sauerstoff-15, der ebenfalls unter Ausstoßung eines Positrons und eines Neutrinos in einen stabilen Stickstoff-15-Kern zerfällt. Jetzt kann jedoch etwas Dramatischeres geschehen. Wenn sich ein viertes Proton in den Stickstoff-15-Kern hineintunnelt, zerfällt dieser unter Ausstoßung eines Alphateilchens in einen stabilen Kohlenstoff-12-Kern, bei dem der Reaktionszyklus begonnen hat. Der Zyklus führt also (gleich bei welcher Reaktion man beginnt) unter dem Strich dazu, daß in dem nuklearen Topf vier Protonen zu einem Heliumkern (Alphateilchen) verkocht werden, wobei je zwei Positronen und zwei Neutrinos freigesetzt werden. Bei verschiedenen Reaktionsschritten im Zyklus erzeugen die Wechselwirkungen auch elektromagnetische Strahlung. Aber wir haben keinen der anderen Kerne, die an dem Zyklus beteiligt sind, »aufgebraucht« – Kohlenstoff, Stickstoff und Sauerstoff sind noch immer vorhanden und können immer wieder in vielen weiteren Zyklen genutzt werden, während der instabile Sauerstoff-15 bei Bedarf jedes Mal neu gebildet wird. Der Zyklus wird so zu einer überaus ergiebigen Energiequelle, selbst wenn relativ wenige Kerne schwerer Elemente daran beteiligt sind.

Diese Beschreibung einer Form der Energieerzeugung in Sternen hat den großen Vorteil, daß jeder Schritt im Zyklus hier auf der Erde erforscht werden kann – wir wissen aus Experimenten, was geschieht, wenn Protonen mit jedem der beteiligten Kerne wechselwirken. Daher wissen wir, wie schnell die Reaktionen unter Laborbedingungen ablaufen, und können diese Ergebnisse mit Hilfe der Quantenphysik extrapolieren und berechnen, wie schnell die Zyklen unter den in Sternen herrschenden Bedingungen ablaufen. Das sind keine aus der Luft gegriffenen Argumente, sondern brauchbare quantitative Berechnungen. Tatsächlich sind die Berechnungen so präzise, daß man auch sekundäre Effekte einbeziehen kann, die sich auf den Zyklus auswirken. Am wichtigsten ist dabei eine Art Nebenzyklus, der am Stickstoff-15-Glied in der Kette ansetzt. Manchmal (das heißt mit einer exakt berechenbaren Häufigkeit) wird der Stickstoff-15-Kern, statt bei der Aufnahme eines Protons ein Alphateilchen auszustoßen, in einen Sauerstoff-16-Kern umgewandelt, der seinerseits durch Aufnahme eines Protons in einen Fluor-17-Kern übergeht. Der Fluorkern zerfällt dann unter Ausstoßung eines Positrons und eines Neutrinos in einen Sauerstoff-17-Kern, der seinerseits ein Proton aufnimmt und sich unter Freisetzung eines Alphateilchens in einen Stickstoff-14-Kern umwandelt, der diese sekundäre Reaktionsschleife wieder mit dem Hauptzyklus verbindet. Es gibt noch andere, seltenere Abzweigungen von dem Hauptzyklus, die ich hier nicht im einzelnen beschreiben will. Entscheidend ist, daß in diesem ganzen Netz von Reaktionszyklen unabhängig davon, welcher Weg in jeder einzelnen Folge von

## Reaktionszyklen und -ketten in Sternen 137

Wechselwirkungen eingeschlagen wird, letztlich immer vier Protonen in einen Heliumkern, je zwei Positronen und Neutrinos und Energie umgewandelt werden. Der Rest bleibt unverändert.

Es gibt jedoch noch eine weitere Eigentümlichkeit dieses Netzes von Wechselwirkungen, die für Lebensformen wie uns besonders interessant ist. Alles bleibt unverändert, aber nur unter der Bedingung, daß der Prozeß ein Gleichgewicht erreicht hat. Jeder Schritt in dem Netz von Wechselwirkungen läuft mit einer anderen Geschwindigkeit ab, und dies wirkt sich auf die Eigenart des erlangten Gesamtgleichgewichts aus. Wo die Reaktionen schnell ablaufen, bleiben die Kerne, die gebildet wurden, nicht in großen Mengen erhalten. Wenn die Reaktionen dagegen langsamer ablaufen, kommt es zu einer Art Stau, und die Kerne sammeln sich an, bis ein Gleichgewicht erreicht wird, in dem genau so viele neue Kerne erzeugt, wie alte Kerne vernichtet werden.

Stellen Sie sich drei übereinander hängende Eimer vor, die jeweils ein Loch im Boden haben und aus einem Hahn mit einem stetigen Wasserfluß versorgt werden. Die Geschwindigkeit, mit der Wasser aus dem Loch im Boden eines Eimers fließt, hängt von der Größe des Lochs und der Wassermenge im Eimer ab – je größer die Wassermenge, um so höher der Druck, so daß das Wasser schneller durch das Loch strömt. Man könnte die Größe des Lochs und den Wasserzufluß so regulieren, daß der erste Eimer beispielsweise immer zu einem Viertel voll ist. Dies würde zu einem stetigen Wasserabfluß in den zweiten Eimer führen, in dem man dadurch, daß man das Loch etwas kleiner macht, dafür sorgen könnte, daß der Eimer immer zu dreiviertel voll ist. Schließlich fließt das Wasser in den unteren Eimer, der ein größeres Loch im Boden hat und daher immer gerade zu einem Achtel gefüllt ist. Insgesamt ergibt dies einen stetigen Wasserfluß durch das System, doch in bezug auf jeden einzelnen Eimer besteht ein Gleichgewicht. Wenn wir, nachdem die Kaskade der Eimer eingerichtet ist, den Hahn zudrehen, die Eimer leerlaufen lassen und den Hahn anschließend wieder aufdrehen (genauso weit natürlich), dann steigt der Wasserstand in den

Eimern wieder bis zu ihren Gleichgewichtspegeln und verharrt dort. Selbst wenn man plötzlich ein oder zwei zusätzliche Liter in einen der Eimer (irgendeinen oder alle) schütten oder einen leerschöpfen würde, würden sie sich bald wieder auf denselben Gleichgewichtspegeln einpendeln.

Der Kohlenstoffzyklus funktioniert in genau der gleichen Weise; er ist dann im Gleichgewicht (das heißt, die Anzahl der verschiedenen Kerne bleibt insgesamt konstant), wenn 5,5 Prozent Kohlenstoff-12, 0,9 Prozent Kohlenstoff-13, 93,6 Prozent Stickstoff-14 und 0,004 Prozent Stickstoff-15 vorhanden sind. Dieses Gleichgewicht wird immer erreicht, ganz gleich, wie das anfängliche Mischungsverhältnis dieser Elemente aussah, als der Kohlenstoffzyklus einsetzte – selbst wenn, um einen Extremfall zu nehmen, am Anfang überhaupt kein Stickstoff vorhanden sein sollte, was einem leeren Eimer entspräche. Der hohe Anteil von Stickstoff-14 rührt daher, daß die Reaktion, bei der Stickstoff-14 in Stickstoff-15 umgewandelt wird (diese Aufnahme eines Protons heißt »Wasserstoffbrennen«), viel langsamer abläuft als die anderen Stufen des Zyklus (der Stickstoff-14-Eimer hat nur ein kleines Loch). Ein Nebenprodukt des Kohlenstoffzyklus im Verlauf der Lebenszeit eines Sterns am massereicheren Ende der Hauptreihe besteht also darin, daß der größte Teil des Kohlen- und Sauerstoffs, der anfänglich im Stern enthalten war, in Stickstoff umgewandelt wird.* Ich werde in Kapitel 8 erklären, woher der Kohlenstoff und der Sauerstoff stammen; hier möchte ich lediglich betonen, daß der in Sternen ablaufende Kohlenstoffzyklus den Stickstoff erzeugt, auf den Leben, wie wir es kennen, angewiesen ist. Die im menschlichen Körper vorkommenden Elemente wurden nicht nur im Innern von Sternen erzeugt und in spektakulären Explosionen im Weltraum verteilt – insbesondere die Stickstoffkerne in unserem Körper haben mit die

---

* Sauerstoff-16, die Variante in der Luft, die wir atmen, kommt durch die Nebenschleifen, von denen ich gerade eine beschrieben habe, ins Spiel.

Geschwindigkeit festgelegt, mit der der Kohlenstoffzyklus in früheren Sterngenerationen ablief. Ich meine nicht bloß solche Stickstoffkerne, »wie« sie in unserem Körper vorkommen. Ich meine vielmehr, daß dieselben Kerne, die heute in unserem Körper enthalten sind, einst die dominante Komponente der Reaktionen des Kohlenstoffzyklus im Sterninnern waren. Es besteht also ein direkter Zusammenhang zwischen den Atomen in unserem Körper und der Art und Weise, wie Sterne von mindestens anderthalbfacher Sonnenmasse ihre Strahlungsenergie erzeugen.

Die Sonne verdankt ihre Leuchtkraft jedoch nicht dieser Reaktion (nur ein kleiner Prozentsatz der Sonnenwärme stammt aus dem Kohlenstoffzyklus). Nachdem Bethe von der Konferenz in Washington nach Cornell zurückgekehrt war, dachte er lange und intensiv über die Energiefreisetzung in Sternen nach. Doch zusätzlich zu seinen einsamen Bemühungen, die Einzelheiten des Kohlenstoffzyklus herauszuarbeiten, kooperierte er mit einem anderen Physiker, Charles Critchfield, um der Entdeckung Atkinsons auf den Grund zu gehen. Dieser hatte bekanntlich einige Jahre zuvor behauptet, die häufigste Kernwechselwirkung in einem Stern wie der Sonne sei die einfache Verschmelzung zweier Protonen zu einem Deuteriumkern unter Aussendung eines Positrons und eines Neutrinos. Hier ist die zeitliche Reihenfolge etwas verwirrend, weil der erste Aufsatz von Bethe und Critchfield, der sich mit der Proton-Proton-Wechselwirkung befaßt, bereits zur Veröffentlichung eingereicht wurde, bevor Bethe seine Arbeit über den Kohlenstoffzyklus beendete – aber die Arbeit über den Kohlenstoffzyklus war abgeschlossen, bevor die zur Proton-Proton-Reaktion fertiggestellt war. Beide Durchbrüche erfolgten jedenfalls im Sommer 1938, und Bethes Beitrag zur Lösung der Frage, wie Energie im Sterninnern freigesetzt wird, ist aufgrund seiner Bandbreite sogar noch wichtiger als der von Weizsäckers.

Der von Bethe und Critchfield erforschte Prozeß der Energiefreisetzung wird aus naheliegenden Gründen Proton-Proton-Kette genannt (oder kurz: PP-Kette). Dabei werden mehr oder minder direkt vier Protonen in einen Helium-4-Kern umgewandelt (wie gewöhnlich unter Ausstoßung von Positronen, Neutrinos und elektromagnetischer Strahlung in Form von Gamma-Strahlen); und wie der Kohlenstoffzyklus basiert auch sie auf Reaktionen, die im Labor und in Teilchenbeschleunigern hier auf der Erde untersucht und deren Geschwindigkeiten gemessen wurden.

Die PP-Kette ist viel einfacher zu verstehen als der Kohlenstoffzyklus, und die Tatsache, daß man sie zunächst nicht gerade einleuchtend deutete, verdeutlicht, daß die Phantasie der Astrophysiker in den dreißiger Jahren durch ihre unerschütterliche Überzeugung beeinträchtigt wurde, daß Sterne hauptsächlich aus schweren Elementen bestehen. Wie schon gesagt, besteht der erste Schritt in der Kette darin, daß sich zwei Protonen zu einem Deuterium-Kern vereinigen, der aus einem Proton und einem Neutron besteht. Wie gewöhnlich entsteht das Neutron aus einem Proton, das ein Positron und ein Neutrino ausstößt. Wenn sich ein zweites Proton einen Tunnel in den Kern gräbt, wird dieser zu einem Helium-3-Kern (zwei Protonen plus ein Neutron). Wenn schließlich zwei Helium-3-Kerne miteinander wechselwirken, werden zwei Protonen ausgestoßen und hinterlassen einen stabilen Helium-4-Kern (zwei Protonen plus zwei Neutronen). Letztlich werden wieder einmal vier Protonen in einen Helium-4-Kern umgewandelt, wobei zwei Positronen, zwei Neutrinos und einige Gammastrahlen ausgestoßen werden (tatsächlich sind *sechs* Protonen an der Kette beteiligt, aber zwei davon bleiben am Schluß übrig).

Wie beim Kohlenstoffzyklus gibt es auch hier Feinheiten, über die wir uns keine allzu großen Gedanken machen müssen. Unter den in der Sonne herrschenden Bedingungen kommt es bei der Wechselwirkung zwischen zwei Helium-3-Kernen in 86 Prozent der Fälle zur Bildung eines Helium-4-Kerns unter Freisetzung zweier Protonen. Weil in der Sonne Spuren anderer leichter Elemente vorkommen (insbesondere Beryllium-7), beteiligt sich das Helium-3 in 14 Prozent der Fälle an anderen Wechselwirkun-

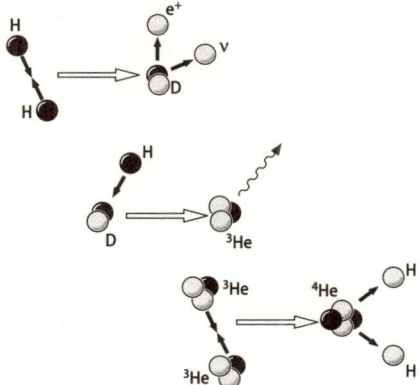

**ABBILDUNG 5.2** Die Proton-Proton-Kette, Hauptquelle von Energie in der Sonne und anderen relativ massearmen Sternen. Genauere Erläuterungen im Text.

gen, die im Endeffekt ebenfalls zur Umwandlung von Helium-3 in Helium-4 führen. Das Wesentliche aber ist, daß wir diese Wechselwirkungen gut verstehen, und die ganze Serie von Wechselwirkungen beschreibt treffend, auf welche Weise Sterne wie die Sonne, die am masseärmeren Ende der Hauptreihe liegen, ihre Energie erzeugen, nämlich indem sie ihren Kernbrennstoff bei einer Temperatur von etwa 15 Millionen Grad »verbrennen«.

Unser modernes Verständnis der Naturkräfte liefert uns auch wichtige Aufschlüsse über die Langlebigkeit von Sternen wie der Sonne. Weil Positronen und Neutrinos ausgestoßen werden, läuft der erste Schritt in der PP-Kette, die Verschmelzung zweier Protonen zu einem Deuterium-Kern, mit einer Geschwindigkeit ab, die von der Stärke der sogenannten schwachen Kernkraft abhängt. Die schwache Kraft steuert diese Art von Zerfallsprozeß, bei dem ein Proton unter Ausstoßung zweier anderer Teilchen in ein Neutron umgewandelt wird. Und weil diese schwache Kraft ungemein schwach ist, kommt diese Wechselwirkung zwischen zwei Protonen nur sehr selten vor, ganz abgesehen von den Schwierigkeiten, die mit dem Tunneleffekt verbunden sind.* Da die schwache Kraft bei den anderen Schritten in der Kette (anders als bei mehreren Schritten im Kohlenstoffzyklus) keine Rolle spielt, sondern nur die starke Kernkraft und der Elektromagnetismus, folgen sie viel schneller aufeinander. Sobald Deuterium gebildet wurde, läuft alles andere wie am Schnürchen ab, und Sterne wie die Sonne existieren deshalb für lange Zeit, weil der allererste Schritt in der Kette einen Engpaß darstellt (das Loch im ersten Eimer ist sehr klein). Dies führt unter anderem dazu, daß das gesamte Deuterium, das bei der Entstehung des Sterns vorhanden war, unter dem Einfluß der Proton-Proton-Kette zerstört wird (im Deuterium-Eimer ist ein großes Loch). Insgesamt wird also im Sterninnern kein Deuterium produziert, sondern zerstört. Und dies wirft die interessante Frage auf, woher das Deuterium, das wir (spektroskopisch) in den Atmosphären alter Sterne nachgewiesen haben, ursprünglich stammt. Und woher stammt das Helium, das, wie wir wissen, 25 Prozent der Masse alter Sterne ausmacht? Und der Wasserstoff selbst? Bevor ich Ihnen erkläre, wo und wie alle die schweren Elemente erzeugt wurden, möchte ich von der Geschichte, wie Sterne heute ihre Energie erzeugen, abschweifen und darlegen, woher die Materie, aus der die ersten Sterne entstanden, kam – eine Abschweifung 15 Milliarden Jahre in die Vergangenheit, zum Urknall, in dem das Weltall, wie wir es kennen, entstanden ist.

---

* Tatsächlich habe ich dies berücksichtigt, als ich Ihnen sagte, daß nur wenige Stöße zwischen Protonen zu einer Verschmelzung führen.

Kapitel 6

## DER KOCHTOPF DES URKNALLS

Die Geschichte der Naturwissenschaft verläuft nicht immer so glatt und geradlinig, wie manche Bücher glauben machen wollen. Entdeckungen folgen nicht der Reihe nach aufeinander, wichtige Erkenntnisse, die die naturwissenschaftliche Welterklärung beschleunigen könnten, lassen manchmal Jahre auf sich warten, während die Tragweite einer naturwissenschaftlichen Entdeckung in anderen Fällen erst viel später deutlich wird. Die ab etwa 1930 parallele Entwicklung der Theorien über die physikalische Beschaffenheit der Sterne und über die Entstehung des Weltalls verlief besonders ungeordnet und konfus, und obgleich beide Entwicklungen von der neuen Technik leistungsfähiger Fernrohre und der neuen Quantenphysik abhingen (aus diesem Grund entwickelten sie sich parallel), dauerte es vierzig Jahre, bis alle Einzelteile sich zu einem in sich widerspruchsfreien Modell der Entstehung der Sterne in einem expandierenden Universum und des Ursprungs der Elemente, aus denen der Mensch besteht, zusammenfügten. Vergessen Sie nicht – erst Ende der zwanziger Jahre erkannten die Astronomen nach und nach, daß Sterne nicht dieselbe stoffliche Zusammensetzung haben wie die Erde, sondern hauptsächlich aus Wasserstoff bestehen. Genau zur gleichen Zeit entdeckten Edwin Hubble und sein Kollege Milton Humason, die mit dem damals größten und leistungsfähigsten Fernrohr der Welt arbeiteten, dem 2,5-Meter-Hooker-Spiegelteleskop auf dem Mount Wilson in Kalifornien, daß das Weltall expandiert. Diese Entdeckung sollte zu der Erkenntnis führen, daß das Weltall vor etwa 15 Milliarden Jahren in einem sogenannten Urknall entstanden war und die erste Sternengeneration sich nach dem Urknall aus einer Mischung von etwa 75 Prozent Wasserstoff und 25 Prozent Helium sowie einer Spur anderer leichter Elemente (einschließlich Deuterium) bildete. Aber das wurde erst Ende der sechziger Jahre deutlich, *nachdem* wir wichtige Fortschritte bei der Aufklärung der Frage gemacht hatten, wie die schwereren Elemente im Sterninnern gebildet werden. Diese Entwicklungen werden im nächsten Kapitel beschrieben; da jedoch Wasserstoff und Helium, aus denen die Ursterne entstanden, zuerst da waren, nämlich als Produkte des Urknalls, ist es sinnvoll, diesen Prozeß zuerst zu beschreiben, auch wenn er erst nach Vollendung der Theorie über die physikalischen Prozesse in Sternen völlig verstanden wurde.

Ich habe mich bereits andernorts eingehend mit der Theorie des Urknalls befaßt* und möchte hier nicht näher darauf eingehen. Allerdings möchte ich betonen, daß es sich um eine wohlfundierte wissenschaftliche Theorie handelt, die durch Vergleiche mit Beobachtungen überprüft wurde. Es steht praktisch außer Zweifel, daß das Weltall, wie wir es kennen, vor etwa 15 Milliarden Jahren (vermutlich etwas weniger) aus einem extrem heißen, extrem dichten Zustand – dem Urknall – hervorging. Es gibt gewisse Diskussionen darüber, wie sich dieser Zustand entwickelte, wann genau sich der Urknall ereignete und auch wie der Endzustand des Weltalls aussehen wird. Aber derlei Diskussionen sprengen den Rahmen dieses Buches.

Die »Entdeckung« des Urknalls begann, als Hubble mit seinem 2,5-Meter-Teleskop die Entfernungen zu Galaxien jenseits der Milchstraße bestimmte. Er lieferte durch seine Arbeiten den eindeutigen Nachweis, daß es sich bei den unscharfen Lichtflecken, die wir mit unseren Fernrohren sehen, tatsächlich um andere Galaxien handelt. Die Milchstraße selbst ist eine scheibenförmige Sterneninsel im Weltall mit einem Durchmesser von etwa 100 000 Lichtjahren und umfaßt über 200 Milliarden Sterne. Sie

* Vgl. insbesondere meine Bücher *In Search of the Big Bang* und *The Birth of Time.*

## 1 Hale-Bopp

Der Komet Hale-Bopp (benannt nach seinen beiden Entdeckern) ist ein typisches Beispiel für einen Himmelskörper, der aus Materie besteht, die von der Geburt des Sonnensystems übriggeblieben ist. Die Aufnahme stammt aus dem Jahr 1997, und man sieht zwei Schweife: einen weißen aus Staub, der das Sonnenlicht reflektiert, und einen blauen aus glühendem ionisiertem Gas.

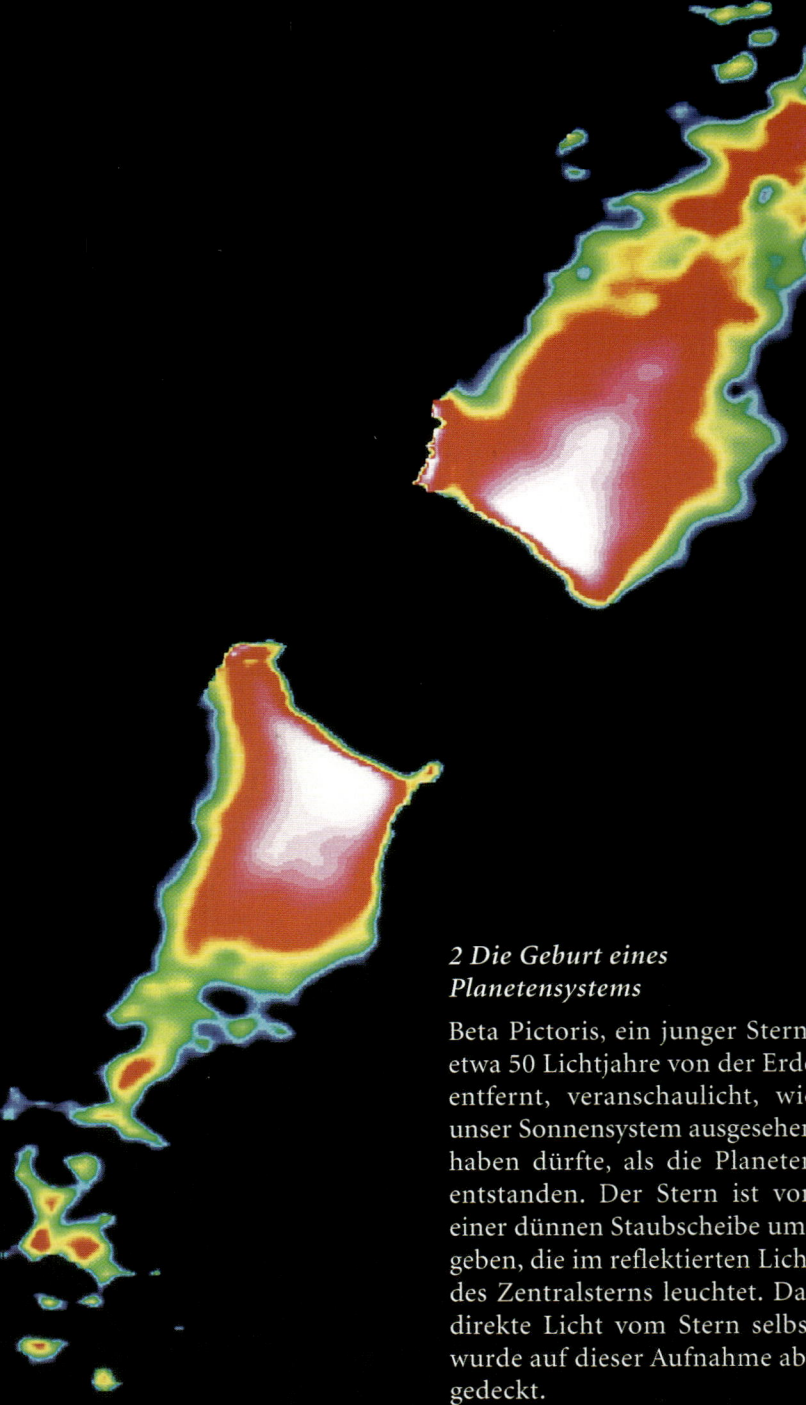

## 2 Die Geburt eines Planetensystems

Beta Pictoris, ein junger Stern etwa 50 Lichtjahre von der Erde entfernt, veranschaulicht, wie unser Sonnensystem ausgesehen haben dürfte, als die Planeten entstanden. Der Stern ist von einer dünnen Staubscheibe umgeben, die im reflektierten Licht des Zentralsterns leuchtet. Das direkte Licht vom Stern selbst wurde auf dieser Aufnahme abgedeckt.

## 3  Der Große Cygnus-Bogen

Supernovae sind die Schlüssel zu unserer Existenz. Dieses Beispiel zeigt den Überrest einer 20 000 Jahre alten Supernova, die in einer Entfernung von 2500 Lichtjahren im Sternbild Schwan explodierte. Der Große Cygnus-Bogen ist eine Gaswand, die sich von der Supernova weg bewegt, die mit einer stationären Gaswolke zusammenstieß. Der Aufprall ließ den Bogen aufleuchten.

## 4 Supernova-Überrest IC 443

Der Supernova-Überrest im Cygnus-Bogen; es handelt sich um die schmächtige Spur einer expandierenden Gasschale eines Sterns, der vor etwa 20 000 Jahren explodierte. Er ist etwa 2500 Lichtjahre von der Erde entfernt.

**5 Ein Kugelsternhaufen**

Der Kugelsternhaufen M80, ein typisches Beispiel für die etlichen hundert derartigen Haufen, die unsere Galaxis umgeben. Weil alle Sterne in dem Haufen gleich alt sind, aber nicht alle dieselbe Masse haben, liefert die Untersuchung von Kugelsternhaufen wichtige Aufschlüsse über die Entwicklung der Sterne.

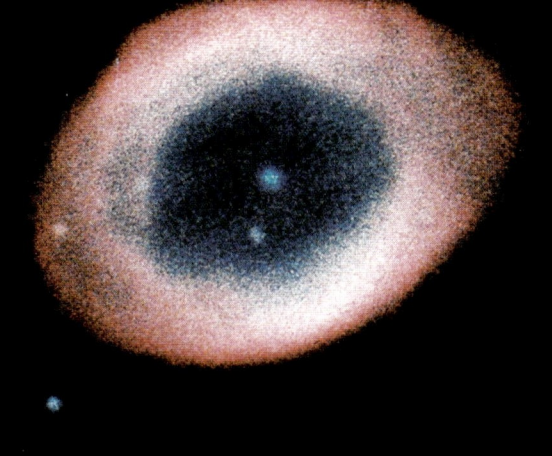

## Ringnebel

ngnebel, eines der spektakulärsten Objekte am Nachthim
e Gaswolke, die von einem Stern ausgestoßen wird, der si
päten Entwicklungsphase befindet – ein Planetarischer N
tzt einen Durchmesser von ungefähr einem Lichtjahr und
000 Lichtjahre von der Sonne entfernt im Sternbild Lyra.

## 7  Der Eta-Carinae-Nebel

Dieser Nebel im Sternbild Carina enthält einige der massereichsten Sterne, die wir kennen und die eine Gaswolke zum Leuchten bringen, die 7000 Lichtjahre entfernt ist. Einer dieser Sterne, Eta Carinae, war um 1830 einer der hellsten Sterne am Himmel; dann schwand seine Leuchtkraft, doch seit 1997 flackert er wieder auf. Mit hoher Wahrscheinlichkeit wird er sich zu einer Supernova entwickeln – aber vermutlich nicht in den nächsten hundert Jahren.

## 8 Eine ferne Supernova

Im Jahr 1994 machten Astronomen diese Aufnahme eines einzelnen Sterns in der Galaxie NGC 4526, der für kurze Zeit genauso hell leuchtete wie all die anderen Hunderten von Milliarden Sternen in dieser Galaxie zusammengenommen. Es war eine Typ-II-Supernova, die als SN 1994D bezeichnet wurde.

## Der Kochtopf des Urknalls 145

ist eine gewöhnliche Galaxie ihrer Art (auch wenn dies erst in den neunziger Jahren zweifelsfrei nachgewiesen wurde). Andere Galaxien, die aufgrund ihrer Form elliptische Systeme genannt werden, sind oftmals viel größer als die Milchstraße; wieder andere, sogenannte Zwerggalaxien, sind viel kleiner. Nach überschlägigen Schätzungen sind grundsätzlich mehrere hundert Milliarden Galaxien mit unseren Fernrohren zu sehen. Die Messung der Entfernungen selbst der nächsten Galaxien war mit der Technik um 1920 eine gigantische Leistung, die darauf basierte, Delta-Cephei-Sterne als Entfernungsmesser oder »Standardkerzen« zu benutzen. Aber erst mit dem nächsten Schritt, der Hubble (der die Entfernungen maß) und Humason (der die Rotverschiebungen maß) gelang, begann die Geschichte des Urknalls.

Mißt man im Licht von anderen Galaxien eine Rotverschiebung, deutet dies darauf hin, daß sie sich vom Beobachter weg bewegen. Diese Messungen sind sehr schwierig, weil jede Galaxie zwar Hunderte Milliarden Sterne umfaßt, die aber so weit entfernt sind, daß sie, von der Erde aus gesehen, schwächer leuchten als einzelne Sterne im Milchstraßensystem. Doch Hubble und Humason entdeckten nicht nur, daß das Licht aller Galaxien, die sie beobachteten – bis auf zwei oder drei von den nächsten Nachbarn der Milchstraße –, nach Rot verschoben ist, sondern auch, daß die Rotverschiebung proportional der Entfernung der Galaxie von uns ist. Anders ausgedrückt: Die scheinbare Fluchtgeschwindigkeit einer Galaxie ist proportional ihrer Entfernung von der Erde. Dies bedeutet nun allerdings nicht, daß wir uns im Mittelpunkt des Weltalls befänden. Diese Art von Rotverschiebung-Entfernungs-Beziehung, bei der die Geschwindigkeit proportional zur Entfernung ist, ist (mit Ausnahme des nicht weiter wichtigen Falls, in dem sich keine der Galaxien bewegt) das einzige Rotverschiebung-Entfernungs-Gesetz, das unabhängig von der Galaxie, in der man sich befindet, gültig bleibt. Es ist, im wahrsten Sinne des Wortes, ein allgemeingültiges Gesetz. Alle Himmelskörper bewegen sich im expandierenden Weltall in genau der gleichen Weise voneinander weg. Aber warum?

Kaum hatten Hubble und Humason diese Entdeckung gemacht, erkannte man, daß die Werkzeuge zu ihrer mathematischen Beschreibung bereits vorhanden waren. Schon 1917, kurz nachdem Albert Einstein seine Allgemeine Relativitätstheorie vollendet hatte (die die Beziehung zwischen Raum, Zeit und Materie beschreibt), hatte er mit den von ihm entdeckten Gleichungen versucht, das Universum insgesamt zu beschreiben – Weltraum, Zeit und Materie in ihrer Gesamtheit. Zu seiner Verblüffung forderten die Gleichungen, daß sich das Weltall entweder ausdehnen oder zusammenziehen müsse, die Existenz eines statischen Weltalls dagegen ließen sie nicht zu. Nach 1920 tüftelten einige wenige Mathematiker und Astronomen an den Gleichungen herum, ohne zu erkennen, daß sie das Universum beschrieben, in dem wir leben. Als Hubble und Humason jedoch die Beziehung zwischen Rotverschiebung und Entfernung entdeckten (die heute als »Hubble-Effekt« bezeichnet wird, womit Humasons Beitrag schlicht unterschlagen wird), wurde deutlich, daß die mathematischen Instrumente zur Beschreibung dieser Vorgänge bereits existierten.

Nach 1930 erarbeitete der belgische Astrophysiker Georges Lemaître auf der Grundlage von Beobachtungen und theoretischen Erwägungen die erste Version dessen, was wir heute das Urknallmodell des Universums nennen. Er sprach von einem »Uratom« (gelegentlich auch von einem »Urei«), das die gesamte Masse sämtlicher Galaxien im sichtbaren Weltall enthalten, allein im Raum schweben und dann plötzlich in einer Explosion auseinanderfliegen sollte, ähnlich wie bei der Spaltung eines riesigen radioaktiven Atomkerns. Dieses Bild brachte viele Wissenschaftler dazu, das Konzept des Urknalls zu übernehmen – das jedoch in einer Hinsicht irreführend ist, da uns die Einsteinschen Gleichungen sagen, daß der Raum selbst expandiert. Der Urknall war *keine* Explosion, die irgendwo im luftleeren Raum stattfand und bei der Bruchstücke der Materie (Galaxien) wie Splitter einer explodierenden Granate durch den Raum fliegen. Vielmehr expandiert der Raum selbst und nimmt die Galaxien dabei

## Der Kochtopf des Urknalls

mit. Es ist wie ein Gummiband, auf dem man mit Tinte mehrere Kleckse aufmalt. Wenn man die beiden Enden des Gummibandes auseinanderzieht, dehnt es sich aus, und die Tintenkleckse rücken weiter auseinander – aber sie bewegen sich *nicht* durch das Gummiband.

Die Allgemeine Relativitätstheorie sagt uns – auch wenn es schwierig ist, sich dies vorzustellen –, daß Raum und Zeit zusammen mit der Materie vor dem Urknall entstanden sind und daß diese Raumzeitblase voller Materie und Energie (was dasselbe ist, denn erinnern wir uns, $E = mc^2$) seither stetig expandiert. Die Galaxien füllen heute das Weltall aus, und die Materie, aus denen sie bestehen, war schon immer im Weltall vorhanden, auch wenn sich die Materiestücke dichter beieinander befanden, als das Weltall kleiner war. Da die kosmologische Rotverschiebung nicht durch Galaxien hervorgerufen wird, die sich durch den Raum bewegen, sondern durch die Ausdehnung des Raumes zwischen den Galaxien, handelt es sich eindeutig nicht um einen Doppler-Effekt, und die Rotverschiebung mißt eigentlich nicht die Geschwindigkeit, sondern eine Art Pseudo-Geschwindigkeit. Teils aus historischen Gründen und teils der Bequemlichkeit wegen sprechen die Astronomen jedoch weiterhin von den »Fluchtgeschwindigkeiten« ferner Galaxien, auch wenn kein sachkundiger Kosmologe die kosmologische Rotverschiebung als Beispiel für einen Doppler-Effekt bezeichnen würde.

Wenn wir einmal die Frage beiseite lassen, was genau am Anfang geschah, als der Raum unendlich klein war und die Zeit noch kaum begonnen hatte, interessieren uns im Rahmen dieses Buches nur jene Bedingungen, die gründlich verstanden werden und experimentell genau überprüft wurden. Die extremste Materiedichte, die wir heute untersuchen können, ist die Dichte eines Atomkerns. Einige Teilchenphysiker würden bestreiten, daß sie verstehen, was sich im Innern von Kernen, auf der Ebene der Quarks, abspielt. Aber niemand würde bestreiten, daß man Kerne und die Wechselwirkungen zwischen Protonen, Neutronen und Elektronen so gut versteht, daß sie für den Physiker fast langweilig seien, so faszinierend sie auch für den Laien sein mögen. Mit Hilfe der Gleichungen der Allgemeinen Relativitätstheorie und Beobachtungen zur heutigen Expansionsgeschwindigkeit des Weltalls können wir Lemaître noch übertreffen, die Expansion im Geiste umkehren und berechnen, wann das gesamte sichtbare Universum die gleiche Dichte hatte wie ein Atomkern heute. Es zeigt sich, daß dies eine hunderttausendstel Sekunde nach dem »Anfang« der Fall war. Die bekannten und gründlich verstandenen Gesetze der Physik können grundsätzlich alles beschreiben, was seither geschehen ist. Die Debatte darüber, was den Urknall auslöste, betrifft dieses erste Hunderttausendstel einer Sekunde; doch alles, was ich Ihnen über den Urknall und die uranfängliche Entstehung der Elemente sagen werde, bezieht sich auf die Zeit danach, in der Prozesse abliefen, über die wir gut Bescheid wissen.

Der erste Physiker, der die Idee, schwere Elemente könnten während des Urknalls (auch wenn dieser Begriff damals noch nicht gebräuchlich war, werde ich ihn aus Gründen der Bequemlichkeit und Konsequenz benutzen) aus Wasserstoff gebildet worden sein, ernsthaft erwog, war von Weizsäcker, und zwar im Jahre 1937 – interessanterweise *bevor* er (und Bethe) herausarbeiteten, wie Wasserstoff im Sterninnern in Helium umgewandelt wird! Dies kam allerdings nicht gerade überraschend, da die Sterne nach der damals vorherrschenden Meinung überwiegend aus schweren Elementen bestanden, und die schweren Elemente mußten ja von irgendwoher kommen. Von Weizsäcker erklärte, die schweren Elemente seien in der Frühzeit des Weltalls aus Wasserstoff »gekocht« worden, womit er Atkinsons Vergleich des Sterninnern mit einem Kochtopf aufgriff. Aber er vertrat auch die Ansicht, dies habe sich während einer frühen, stationären Phase des Weltalls bei ausreichend hohen Temperaturen ereignet, und zwar bevor die Expansion eingesetzt habe. Dies war genauso unvereinbar mit den Gleichungen der Allgemeinen Relativitätstheorie wie die Idee, daß sich das Weltall heute möglicherweise in einem solchen statischen Zustand befinde.

*Der Kochtopf des Urknalls* **149**

Unser alter Freund George Gamow stellte um 1945 erstmals quantitative Berechnungen dazu an, welche Bedingungen im *expandierenden* ursprünglichen Feuerball geherrscht haben könnten. Damals erkannten die Wissenschaftler allmählich, daß Sterne sich hauptsächlich aus Wasserstoff (und Helium) zusammensetzen, aber sie hatten noch immer keine befriedigende Antwort auf die Frage, wie die schwereren Elemente entstanden waren. Gamow griff von Weizsäckers Idee auf, daß sie im Urknall entstanden sein könnten, aber er blieb streng innerhalb der Rahmenbedingungen der Allgemeinen Relativitätstheorie, der besten Theorie über Raum, Zeit und Materie, die wir besitzen. Mit Hilfe seiner profunden Kenntnisse der Kernphysik und Quantentheorie berechnete er jene Kernreaktionen, die vermutlich im Urknall abgelaufen waren. Er stellte fest, daß die Bildung von Elementen im Urknall kein so einfacher Prozeß war, wie er gehofft hatte. Unter den Ausgangsbedingungen, die ich gerade beschrieben habe, entsteht zunächst ein Protonen- und Elektronensee. Solange die Materie während des Urknalls noch sehr dicht und sehr heiß ist, müssen einige der Elektronen sich mit Protonen zu Neutronen vereinigen; anschließend verbinden sich einige der Neutronen und Protonen über eine Reihe von Kernwechselwirkungen zu Heliumkernen. Übrigens entsteht im Urknall tatsächlich bei einem Zwischenschritt des Prozesses Deuterium. Doch ausgerechnet, wenn es richtig interessant zu werden beginnt, kühlt sich der expandierende Feuerball so weit ab, daß Kernverschmelzungsreaktionen zum Stillstand kommen. Gamow hatte eine gute Erklärung für die Entstehung von Wasserstoff und Helium gefunden, aber er hatte nicht erklären können, wie alle anderen Elemente entstanden waren. Dennoch war er unverzagt. Als sich in den fünfziger Jahren zeigte, daß Sterne ungefähr zu 99 Prozent aus Wasserstoff und Helium und nur zu einem Prozent aus schweren Elementen bestehen, meinte Gamow scherzhaft zu seinen Kollegen, er habe erklärt, wie 99 Prozent der Materie, aus der die Sterne bestehen, entstanden seien, und er freue sich, ihnen das restliche 1 Prozent zum Ausknobeln überlassen zu können.

Im Verlauf seiner Arbeit an der Urknalltheorie machte Gamow mit Hilfe zweier Kollegen auch eine der berühmtesten Vorhersagen der Physik; ihre Bedeutung wurde jedoch erst fast 20 Jahre später in ihrer ganzen Tragweite erkannt. Bei der Rekonstruktion der physikalischen Prozesse, die während des Urknalls abliefen, kommt es ganz wesentlich darauf an, die damit verbundenen Temperaturen zu bestimmen. Auf der Grundlage von Beobachtungen über die Expansionsgeschwindigkeit des Universums, der Allgemeinen Relativitätstheorie und der kernphysikalischen Beschreibung der Umwandlung von Wasserstoff in Helium berechneten Gamow und sein Student Ralph Alpher nicht nur die Temperatur des Feuerballs, sondern gelangten auch zu dem Ergebnis, daß die vom Urknall stammende Wärmestrahlung eigentlich heute noch das Weltall ausfüllen müßte. Sie wäre wohl ziemlich kalt, weil das Weltall sehr stark expandierte, und müßte mittlerweile einem »See« aus Mikrowellen entsprechen (ähnlich der Strahlung im Innern eines Mikrowellenherds, nur sehr viel kälter), der das Weltall mit einer Temperatur erfüllt, die nur wenige Grade über dem absoluten Nullpunkt der Temperatur liegt (der absolute Nullpunkt liegt bei 0 K, was $-273\,°C$ entspricht).

Als die Zeit reif war, einen wissenschaftlichen Aufsatz über diese Arbeit zu schreiben, hielt Gamow es für eine witzige Idee, seinen alten Freund Hans Bethe als Koautor anzuführen, so daß der Aufsatz als »Alpher, Bethe, Gamow« zitiert würde, was den ersten drei Buchstaben des griechischen Alphabets entspricht (Alpha, Beta, Gamma). Obgleich Bethe überhaupt nichts beigetragen hatte, erschien der Aufsatz mit seinem Namen als Koautor. Besonderes Vergnügen bereitete es Gamow, daß das offizielle Erscheinungsdatum der Zeitschrift, in der der Aufsatz veröffentlicht wurde, der 1. April 1948 war; tatsächlich wird der Beitrag noch immer »Alpha-, Beta-, Gamma-Aufsatz« genannt.

Diese Berechnungen wurden von einem weiteren Studenten Gamows, Robert Herman, weiter verfeinert, und Alpher und Herman veröffentlichten ebenfalls 1948 gemeinsam einen weiteren Aufsatz mit der präziseren Vorhersage, daß im Weltall eine Mikrowellenhintergrundstrahlung mit einer Temperatur von etwa 5 K herrsche. Aber sie waren ihrer Zeit voraus. Niemand nahm diese Berechnung ernst genug, um nach dieser Strahlung zu suchen, und erst nach 1960 wurden größere Fortschritte bei der theoretischen Beschreibung der physikalischen Prozesse im Urknall gemacht. Tatsächlich gab es in den fünfziger Jahren eine heftige Kontroverse zwischen zwei kosmologischen Denkrichtungen hinsichtlich der Frage, ob es überhaupt einen Urknall gegeben habe.

Die Debatte wurde von drei Forschern angestoßen – Herman Bondi, Tommy Gold und Fred Hoyle –, die darauf hinwiesen, die beobachtete Expansion des Weltalls lasse sich statt mit der Annahme, daß alles gleichzeitig in einem Urknall »erschaffen« worden sei*, auch mit einem Prozeß der »fortwährenden Schöpfung« erklären, bei dem neue Atome (höchstwahrscheinlich Wasserstoffatome) in den weiten freien Räumen zwischen den Galaxien aus dem Nichts entstehen, während sich die Galaxien voneinander weg bewegen. Diese neuen Atome sollten sich schließlich vereinigen und in neuen Galaxien sammeln, so daß das Weltall insgesamt immer gleich aussehen würde, auch wenn sich die in jeder Epoche sichtbaren Galaxien voneinander weg bewegen. Dies ist nicht so abstrus, wie es gelegentlich heute dargestellt wird – wenn Spannungen in der Raumzeit auf einen Schlag die Masse des Weltalls »erschaffen« können, weshalb sollten dann nicht ähnliche, aber kleinere Spannungen in der Raumzeit, die mit einer stetigen Expansion des Weltalls verbunden sind, einzelne Atome erzeugen?

Wie alle guten naturwissenschaftlichen Ideen ist auch das »Steady-state-Modell«, wie es später genannt wurde, empirisch

* Wenn Kosmologen von »erschaffen« sprechen, dann setzen sie nicht die Existenz eines Schöpfergottes voraus, so wenig wie ihr Gebrauch des Wortes »geboren« die Existenz einer Mutter voraussetzt. Beides sind einfach Ausdrücke, die sich gut dafür eignen, den Anfang des Weltalls zu bezeichnen.

überprüfbar. Es sagt nämlich vorher, daß das expandierende Weltall in sehr fernen Galaxien genau den gleichen Anblick bieten müßte wie in nahen Sternsystemen. Aus dem Urknallmodell dagegen folgt, daß sich das Weltall mit zunehmendem Alter verändert. Da wir ferne Galaxien anhand des Lichtes (oder einer anderen Strahlung) erkennen, das sie vor langer Zeit, als das Weltall jünger war, abstrahlten (in einigen Fällen war das Licht Jahrmilliarden unterwegs), sollte sich diese Alterung des Weltalls zeigen, wenn wir die Eigenschaften naher Galaxien mit denen sehr ferner Galaxien vergleichen. In den fünfziger und sechziger Jahren gaben sich vor allem die Radioastronomen, die jetzt technisch in der Lage waren, tiefer in das Weltall hineinzuspähen als ihre Kollegen von der optischen Astronomie, größte Mühe, die konkurrierenden Hypothesen anhand von Beobachtungsdaten zu überprüfen. Die Radioastronomen hatten auch einen besonderen Anreiz, gab es doch persönliche Zwistigkeiten zwischen den Radioastronomen in Cambridge, wo Hoyle arbeitete, und Hoyle selber, und dies ermunterte sie dazu, sich alle Mühe zu geben, Hoyles Modell zu widerlegen. Die Antipathie beruhte auf Gegenseitigkeit. Obgleich Hoyle den Terminus »Urknall« in seiner kosmologischen Bedeutung in einer BBC-Radiosendung im Jahr 1950 geprägt hatte, war »unelegant« noch das Netteste, was er über das Modell sagte.

Ob unelegant oder nicht, die Beobachtungsreihen bestätigten jedenfalls zu guter Letzt das Modell des expandierenden Weltalls in schlagender Weise. Doch zu der Zeit, als die Jury ihr Urteil fällte, lagen bereits zwingende Beweise für die Urknallhypothese vor, und zwar durch die zufällige Entdeckung der Hintergrundstrahlung, die von Gamow und seinen Kollegen nach 1940 vorhergesagt worden war. Entdeckt wurde sie von den beiden jungen Forschern Arno Penzias und Robert Wilson mit einer Radioantenne der Bell Laboratories, die ursprünglich für Experimente mit Nachrichtensatelliten entwickelt worden war. Bevor sie das Instrument für radioastronomische Messungen einsetzen konnten, mußten Penzias und Wilson sicherstellen, daß sie all seine Schwächen kannten, und sie mußten es anhand bekannter Strahlungsquellen eichen. Sie richteten es auch auf den leeren Himmel zwischen bekannten Radioquellen, um die Nullablesung des Meßgeräts zu überprüfen. Zu ihrer Enttäuschung stellten sie fest, daß es von einem anhaltenden Rauschen im Radiofrequenzbereich beeinträchtigt wurde, ähnlich den atmosphärischen Funkstörungen bei einem schlecht eingestellten Radio, das aus allen Richtungen am Himmel zu kommen schien und das sie auf einen Defekt in der Antenne beziehungsweise in ihrem Verstärkersystem zurückführten. Entweder dies, oder im Weltall existierte eine Mikrowellenstrahlung mit einer Temperatur von wenigen Grad Kelvin – eine Hypothese, die sie als absurd verwarfen.

Das Bell-Team wußte nicht, daß, nur 50 Kilometer von seinem Standort in Holmdel, New Jersey, entfernt, eine Gruppe von Astronomen der Princeton University unter Leitung von Jim Peebles einen Detektor baute, der eigens zum Nachweis der Hintergrundstrahlung dienen sollte – nicht wegen der Arbeit von Gamow und Mitarbeitern, die schon lange in Vergessenheit geraten war, sondern weil Peebles, unabhängig von früheren Arbeiten, im wesentlichen zu dem gleichen Schluß gelangt war. Im Dezember 1964 erwähnte Penzias gegenüber einem Kollegen vom MIT das Problem, das Wilson und er mit dem starken Rauschen in ihrem Radioteleskop hatten; im Januar 1965 rief dieser Kollege Penzias an, um ihm mitzuteilen, er habe gerade von einem Vortrag gehört, in dem Peebles vorhergesagt hätte, das Weltall müsse von einer Mikrowellenstrahlung mit einer Temperatur von weniger als 10 K erfüllt sein. Die beiden Teams taten sich umgehend zusammen, und Peebles bestätigte, daß Penzias und Wilson die Strahlung gefunden hätten, nach der er gerade suchen wollte.

Als die Entdeckung in zwei Aufsätzen (der eine von Penzias und Wilson und der andere von der Princeton-Gruppe) 1965 offiziell bekanntgegeben wurde, nahmen die Kosmologen die Urknallhypothese allmählich ernst. Davor war die Kosmologie fast eine Art intellektuelles Spiel der Mathematiker mit den Gleichungen der Allgemeinen Relativitätstheorie gewesen, aber nie etwas so Reales wie die Erforschung von Objekten wie Sternen, die wir mit eigenen Augen sehen können. Das einzige »Feuer« in den kosmologischen Diskussionen rührte von Kontroversen her, die von persönlichen Rivalitäten oder Animositäten geschürt wurden; so wünschten sich die Radioastronomen in Cambridge nichts mehr, als Hoyle zu widerlegen, und dies veranlaßte sie dazu, die Eigenschaften sehr ferner Radiogalaxien so genau wie möglich zu messen. Noch 1965, als ich als Student an der Universität Sussex die Gelegenheit hatte, meinen weiteren akademischen Werdegang mit Herman Bondi selbst zu diskutieren, riet er mir nachdrücklich von einer Spezialisierung auf die Kosmologie ab (die damals mein Steckenpferd war), denn dieses Gebiet sei eine Sackgasse. Doch dieser Rat wurde von den Ereignissen überholt. Die Hintergrundstrahlung begann schon bald, die Dinge in eine andere Perspektive zu rücken. Auch wenn sie dem menschlichen Wahrnehmungsvermögen nicht in der gleichen Weise zugänglich ist wie das Licht der Sterne, so wird sie doch von elektronischen Detektoren erfaßt, und sie ist genauso nachweisbar wie das Radiorauschen ferner Galaxien, das sich in der Diskussion über die Natur des Weltalls als so nützlich erwies. Die Entdeckung der Hintergrundstrahlung (die, wie sich herausstellte, eine Temperatur von knapp unter 3 K hat) setzte den Urknall nicht nur an die Spitze der Agenda der Astronomen, sondern ermunterte auch die Physiker, die die Kosmologie bis dahin als ein wenig ergiebiges Gebiet betrachtet hatten – mehr Philosophie als Naturwissenschaft –, dazu, die Entstehungsphase des Weltalls als etwas zu behandeln, das eine ernsthafte Untersuchung verdient.

Doch die Urknall-Kosmologie wurde auch nach der Entdeckung der Hintergrundstrahlung nicht über Nacht zu einem voll anerkannten Teilgebiet der Physik. Jene Astronomen und Physiker, die sich bereits für die Natur des Urknalls interessiert hatten (wie etwa Peebles), ließen sich selbstverständlich leicht davon

## Der Kochtopf des Urknalls 155

überzeugen, daß das, was sie gefunden hatten, auch wirklich »das Echo des Urknalls« war. Doch andere Forscher suchten nach alternativen Erklärungen – selbst Penzias und Wilson waren sich zunächst nicht sicher, was sie da eigentlich entdeckt hatten (wie der Zufall so spielt, waren beide eher Anhänger des Steady-state-Modells), und in ihrem Aufsatz legten sie lediglich ihre Beobachtungen dar und enthielten sich jeglicher Interpretation der Daten. Sie wiesen jedoch darauf hin, daß der begleitende Aufsatz von Peebles und Mitarbeitern »eine mögliche Erklärung für die beobachtete Temperatur des zusätzlichen Rauschens ist«. Der Artikel, der viele Physiker endgültig davon überzeugte, daß die Kosmologie des Urknalls echte quantitative Naturwissenschaft und nicht verstiegenes Wunschdenken ist, erschien zwei Jahre später, 1967, und befaßte sich mit der Frage, wie leichte Elemente im Urknall entstanden seien. In diese Berechnung gingen nun jedoch die neuen Beobachtungen über die Temperatur der Hintergrundstrahlung als ein Indiz dafür ein, welche Bedingungen während des Urknalls selbst herrschten.

Bemerkenswerterweise war ausgerechnet Fred Hoyle – der führende Vertreter der Steady-state-Kosmologie – ein Schlüsselmitglied der Gruppe, die die zukunftsweisende Arbeit über die sogenannte Kern- oder Nucleosynthese im Urknall durchführte. Wie kam er überhaupt auf die Idee, die Theorie des Urknalls auszuarbeiten? Er war einfach ein guter Wissenschaftler. Die Tatsache, daß er eine persönliche Präferenz für das konkurrierende Weltmodell hatte, bedeutete nicht, daß er sich als Physiker und Mathematiker nicht redlich darum bemühte, herauszuarbeiten, welche Prozesse unter den Bedingungen, wie sie im »Feuerball« des Urknalls herrschten, abliefen, *falls* es einen solchen Feuerball gegeben hatte.

Dies verdeutlicht auf schlagende Weise, wie neue naturwissenschaftliche Erkenntnisse gewonnen werden. Am Anfang steht ein Element der Spekulation – eine Vermutung, die auf Beobachtungen der Vergangenheit und Experimenten basiert, im Verein mit einem intuitiven Verstehen der Natur. »Was wäre, wenn die

Schwerkraft einem umgekehrt-quadratischen Abstandsgesetz gehorcht?« fragte sich Isaac Newton vielleicht. Anschließend überprüft man die Vermutung, indem man Vorhersagen aus ihr ableitet, die man mit dem Ergebnis von Experimenten und Beobachtungen in der Natur vergleichen kann. Man muß nicht in der gleichen Weise an seine Hypothese *glauben,* wie Menschen an ihre Religion glauben. Man stellt eine Vermutung auf (oder jemand anders äußert eine Vermutung), und dann überprüft man diese. Hoyle vermutete, das einfache Steady-state-Modell liefere eine gute Beschreibung des Weltalls; ein anderer Wissenschaftler überprüfte diese Annahme und fand heraus, daß er sich irrte.\* Andere Wissenschaftler vermuteten, daß das Weltall in einem Urknall entstanden sei. Hoyle überprüfte diese Vermutung und fand zwingende Beweise dafür, daß sie recht hatten. Tatsächlich wiegt es in vielerlei Hinsicht deutlich schwerer, daß der Test von einem Skeptiker durchgeführt wurde, da man davon ausgehen kann, daß er sich bei seiner Interpretation der Resultate nicht von Wunschdenken leiten ließ. In einer ähnlichen Weise vermutete Albert Einstein in den ersten Jahrzehnten des 20. Jahrhunderts, daß sich Licht wie ein Strom winziger Teilchen, die heute Photonen genannt werden, verhält. Dies empörte den amerikanischen Experimentalphysiker Robert Millikan zutiefst, und so versuchte er zehn Jahre lang, Einstein zu widerlegen. Doch es gelang ihm lediglich, zu beweisen, daß Einsteins Vermutung zutraf. Dies ist für einen Außenstehenden viel überzeugender, als wenn Einstein die Experimente selbst durchgeführt und behauptet hätte, er habe die Wahrheit seiner eigenen Vermutung bewiesen!

---

\* Ich verwende den Ausdruck »einfach« hier mit Bedacht. Bis auf den heutigen Tag vertritt Hoyle eine Variante des Steady-state-Modells, die viel komplizierter ist und die das Ereignis, das wir Urknall nennen, mit berücksichtigt. Sie stimmt weitgehend mit dem sogenannten »inflatorischen Weltmodell« überein, aber dies zu erörtern sprengte den Rahmen dieses Buches.

## Der Kochtopf des Urknalls

Hoyles Fähigkeit, sich auf jeweils nur ein Problem zu konzentrieren, machte tiefen Eindruck auf mich, als ich am Institut für Astronomie der Universität Cambridge studierte, dessen Direktor Hoyle Ende der sechziger Jahre war. Hoyle pflegte zu sagen, daß er seine Forschungen gern in »Schubladen packe«, damit Voreingenommenheiten aus einem Tätigkeitsfeld keinen Einfluß auf seine Arbeit auf einem anderen Gebiet hätten. Er verzichtete durchweg auf astronomische Beobachtungen, weil er das Gefühl hatte, daß seine theoretischen Voreingenommenheiten unbewußt seine Datenerhebung beeinflussen könnten, so daß ihm möglicherweise etwas Wichtiges entginge, das nicht mit seinen vorgefaßten Ansichten in Einklang stünde. Er war immer der Meinung, beobachtende Astronomen sollten unvoreingenommen die Beobachtungsdaten zusammentragen, während Theoretiker dann die objektiv erhobenen Beobachtungsdaten erklären müßten. Interessanterweise vertrat Hubble die gleiche Meinung. Er konzentrierte sich auf Beobachtungen, und er bemühte sich nicht darum, sie theoretisch zu erklären, sondern überließ dies den Theoretikern.

Hoyles Beitrag zu dem bahnbrechenden Aufsatz über die Kernsynthese im Urknall – die Abhandlung, die (im Lichte seiner vorgefaßten Meinungen ironischerweise) dem Steady-state-Modell die Totenglocke läutete – ging aus Arbeiten über die Entstehung von Elementen im Sterninnern (die stellare Nucleosynthese) hervor, die er in den fünfziger Jahren durchgeführt hatte. Mit diesem Aufsatz werden wir uns im nächsten Kapitel befassen. Hier wollen wir uns lediglich merken, daß man Anfang der sechziger Jahre zwar wußte, daß im Sterninnern schwere Elemente zusammengesetzt werden können, daß man jedoch keine Erklärung dafür hatte, wie die spektroskopisch in Sternen nachgewiesenen riesigen Mengen Helium (etwa 25 bis 30 Prozent) im Sterninnern selbst aus dem einfachsten Element, dem Wasserstoff, hergestellt worden sein könnten. Durch stellare Kernsynthese konnte nur etwa ein Zehntel des Heliums in den Sternen erzeugt worden sein. Der Rest mußte einen anderen Ursprung haben – er mußte aus der Urmaterie stammen, aus der die Sterne ursprünglich entstanden waren. Hoyle war ein alter Freund und Sparringspartner von George Gamow, und in den fünfziger Jahren versuchten sie oft (in einer freundschaftlichen Art und Weise), sich gegenseitig davon zu überzeugen, daß das kosmologische Modell des jeweils anderen (Gamows Urknall, Hoyles Steady-state-Theorie) falsch sei. Daher wußte Hoyle eine Menge über Gamows Arbeit, und er war einer der wenigen Astronomen, die sich Anfang der sechziger Jahre noch an dessen Vorhersage einer kosmischen Mikrowellen-Hintergrundstrahlung erinnerten – obgleich selbst Hoyle nicht ahnte, wie leicht diese Strahlung zu finden war. Doch seit den vierziger Jahren hat sich viel getan; nicht nur verstehen wir die theoretischen Aspekte der Kernphysik besser, sondern wir haben auch die Geschwindigkeiten von Kernwechselwirkungen, die unter Urknallbedingungen von Bedeutung sind, experimentell genauer bestimmt. Während Hoyle für das Studienjahr 1963/64 eine Vorlesung über Kosmologie an der Universität Cambridge vorbereitete, gelangte er zu dem Schluß, das Helium-Problem sei so schwerwiegend, daß die Berechnung von Gamows Team unter Berücksichtigung der neuesten kernphysikalischen Erkenntnisse überarbeitet werden sollte. Diese Arbeit wurde von Hoyle und seinem Kollegen Roger Tayler ausgeführt, und sie veröffentlichten ihre Ergebnisse 1964. Wie Gamows Team gelangten auch sie zu dem Schluß, daß *unter der Voraussetzung*, daß ein Urknall stattgefunden hatte, dabei ungefähr die richtige Menge Helium erzeugt worden war, sofern Materie in einem Feuerball mit extrem hoher Temperatur verarbeitet wurde. Die Ergebnisse ihrer Berechnungen, so ihre eigenen (vorsichtigen) Worte, »könnten als Beleg dafür interpretiert werden, daß das Weltall einen punktuellen Ursprung hatte«. Nach den neuen Berechnungen von Hoyle und Tayler besaß der Feuerball so viel Energie, daß auf jedes Nukleon (Proton oder Neutron) etwa eine Milliarde Photonen kamen. Die Zahlen waren nicht exakt, weil Hoyle und Tayler nur eine ungefähre Vorstellung davon hatten, wieviel Urhelium im Feuerball gebildet werden mußte. Doch die Milliarde Photonen pro Nukleon, die aus dem Urknall hervorgingen, ergaben die Strahlung, die die kosmische Hintergrundstrahlung wäre, welche noch heute nachweisbar ist. Im Rahmen dieser Arbeit berechnete Tayler die Temperatur der Hintergrundstrahlung im heutigen Weltall, wobei er davon ausging, daß ein Gemisch von etwa 25 Prozent Helium und 75 Prozent Wasserstoff aus dem Urknall hervorgegangen sei, was mit den spektroskopischen Beobachtungen der ältesten Sterne übereinstimmte. Doch dieses eine Mal ließ sich Hoyle von seinen Vorurteilen übermannen, und wie sich Tayler später wehmütig erinnerte, wurde dieser Aspekt ihrer Arbeit in der veröffentlichten Fassung des Aufsatzes heruntergespielt.

Der Artikel von Hoyle und Tayler beflügelte das Interesse an der Kernsynthese während des Urknalls, und dieses Interesse verstärkte sich durch die Entdeckung der Hintergrundstrahlung im Jahr darauf noch. Hoyle selbst entwickelte die Arbeit mit seinem Freund Willy Fowler (einem Experten in Kernphysik) vom Caltech und Fowlers Student Robert Wagoner weiter. Im Jahr 1967 veröffentlichten Wagoner, Fowler und Hoyle die Ergebnisse ihrer sehr viel detaillierteren Berechnung der Kernsynthese im Urknall, wobei sie nicht nur die berechneten Heliumhäufigkeiten, sondern auch die der leichten Elemente Lithium und Deuterium mit der Zusammensetzung der ältesten Sterne verglichen und alles gegen die gemessene Temperatur der Hintergrundstrahlung, 2,76 K, kalibrierten. Die kernphysikalische Berechnung verschaffte der Urknalltheorie wissenschaftliche Anerkennung. Darüber hinaus führte die Übereinstimmung mit der Hintergrundstrahlung auch dazu, daß deren Interpretation als Überbleibsel des Urknalls anerkannt wurde, und dies überzeugte die Zweifler davon, daß sie wirklich das Echo des Feuerballs der Schöpfung war. Der Urknalltheorie gelang damit der endgültige Durchbruch.

Dies war eine phantastische Leistung, die zu Beginn meiner wissenschaftlichen Beschäftigung mit Astronomie tiefen Eindruck auf mich machte. Im Herbst 1966 belegte ich an der Universität Sussex ein Seminar in Astronomie. Wagoner hielt in Cambridge die erste bedeutende astronomische Vorlesung, die ich als Student besuchte (es war zugleich mein erster Aufenthalt in Cambridge). Er schilderte den Inhalt des Artikels, noch bevor er veröffentlicht war. Selbst ein Studienanfänger konnte unschwer erkennen, daß dies die Stunde war, in der die Kosmologie des Urknalls auf ein solides wissenschaftliches Fundament gestellt wurde, denn nunmehr konnte man die von der Theorie vorhergesagten Zahlen mit den Zahlen vergleichen, die bei Experimenten in kernphysikalischen Laboratorien gemessen wurden oder die man bei der Untersuchung der Zusammensetzung der Sterne beobachten konnte. Zu wissen, daß dies ein bedeutender Meilenstein in der Geschichte der Physik war und, mehr noch, daß ich einstweilen einer von sehr wenigen Menschen – vielleicht ein paar hundert – in der ganzen Welt war, die davon Kenntnis hatten, versetzte mich in einen Zustand unbeschreiblicher Euphorie.

Natürlich wurden die Berechnungen (und die Beobachtungen und Experimente) seit 1967 verfeinert, aber das Gesamtbild blieb im wesentlichen unverändert. Um zu verstehen, wie die Elemente, aus denen wir bestehen, entstanden sind, muß man sich klar machen, daß aus dem Urknall ein Gemisch von 75 Prozent Wasserstoff, knapp unter 25 Prozent Helium und Spuren (die wir jedoch ziemlich genau berechnen können) sehr leichter Elemente wie Deuterium und Lithium hervorgegangen ist. Aber die schwereren Elemente, die uns interessieren (und aus denen wir bestehen) – Kohlenstoff, Sauerstoff, Stickstoff und all die anderen –, kamen nach diesen Berechnungen nicht einmal in Spuren vor. Die große Frage lautet daher, wie die sehr leichte Urmaterie in die Elemente umgewandelt wurde, aus denen wir bestehen. Und diese Frage war bereits in den fünfziger Jahren beantwortet worden, noch bevor sich das Urknallmodell allgemein durchsetzte.

Kapitel 7

# BURBIDGE, BURBIDGE, FOWLER UND HOYLE

Fred Hoyles langjährige Beschäftigung mit der Frage des Ursprungs der chemischen Elemente begann 1944, als er 29 Jahre alt und im Rahmen der britischen Kriegsanstrengungen an der Entwicklung des Radars mitbeteiligt war. In jenem Jahr führte ihn ein offizieller Auftrag in die USA und nach Kanada. Während er in der Region Los Angeles dienstlich unterwegs war, fand er an einem Wochenende Zeit, um die Astronomen am Mount-Wilson-Observatorium zu besuchen. Dort weckte ein Gespräch mit Walter Baade sein Interesse an großen Sternexplosionen, Novae und (insbesondere) Supernovae. Kurz darauf, auf dem kanadischen Abschnitt seiner Reise, traf sich Hoyle mit Mitgliedern einer Gruppe britischer Kernphysiker, die in der Nähe von Montreal arbeiteten. Sie hielten sich offiziell dort auf, um gemeinsam mit dem Team in Chicago den ersten Kernreaktor der Welt zu bauen – in Wahrheit aber waren sie, wie es Hoyle beschrieb, ein »Horchposten«, der Einzelheiten über das Manhattan-Projekt (das Projekt zum Bau der ersten Atombombe) aufzuschnappen versuchte, das die Amerikaner selbst vor ihren engsten Verbündeten geheimhalten wollten. Dort brachte Hoyle so viel über das Atombombenprojekt in Erfahrung, daß er sich zu fragen begann, ob eine Supernova-Explosion in der gleichen Weise ablaufen könnte wie die Technik, die seiner Vermutung nach (niemand sprach mit ihm darüber; er erschloß es aus dem, was *nicht* gesagt wurde) von den Bombenbauern benutzt wurde – eine Initialimplosion, die Material bei extremen Temperaturen und Drücken so stark verdichtet, daß sie eine noch stärkere Explosion auslöst, die das Material mit enormer Wucht nach außen schleudert.

Nach seiner Rückkehr nach England dachte Hoyle im Winter 1944/45 in seinen Mußestunden über das Problem nach. Er wußte, daß die Kernfusion stattfand, weil das Energiegleichgewicht die Produktion schwerer Elemente aus leichteren Elementen begünstigte, allerdings nur bis zu einem gewissen Grad. Die Konfiguration von Protonen und Neutronen als Heliumkerne ist, energetisch gesehen, günstiger, als wenn dieselbe Anzahl von Teilchen zu Wasserstoffkernen geordnet würde; Kohlenstoffkerne sind energetisch noch günstiger als Heliumkerne und so weiter. Doch existiert nach wie vor das alte Problem, positiv geladene Teilchen wie Protonen oder Alphateilchen so stark zu beschleunigen, daß sie das Feld der elektrischen Abstoßung um einen Kern durchdringen und mit ihm verschmelzen. Selbst mit Hilfe des Tunneleffekts ist es für ein weiteres positiv geladenes Teilchen viel schwieriger, in einen Kern einzudringen, der mehr Protonen enthält, weil eine höhere elektrische Ladung überwunden werden muß. Jeder Schritt in dem Prozeß braucht also einen heißeren Kochtopf, selbst wenn das Endprodukt einen energetisch günstigeren Kernzustand darstellt.

Nach dieser Argumentation sind die günstigsten Kerne die von Elementen wie Nickel und Eisen (»Elemente der Eisengruppe«). Um noch schwerere Kerne herzustellen, muß über die Energie zur Überwindung der elektrischen Abstoßung hinaus ein zusätzlicher Energiebetrag zugeführt werden. Dies könnte dadurch geschehen, daß ein Stern, der hauptsächlich aus Kernen von beispielsweise Kohlenstoff und Sauerstoff besteht, in sich selbst zusammenstürzt (Implosion) und dabei so viel Gravitationsenergie freisetzt, daß nicht nur eine große Menge von Elementen wie Eisen und Spuren von schwereren Elementen gebildet, sondern auch viele Kerne zertrümmert und dabei große Mengen von Protonen und Neutronen freigesetzt werden und der Stern selbst explodiert. Könnte dies, so fragte sich Hoyle, auch in einer Supernova geschehen?

Als Hoyle im Frühjahr 1945 die Berechnung durchführte (so gut er es unter den schwierigen Kriegsverhältnissen eben konnte)

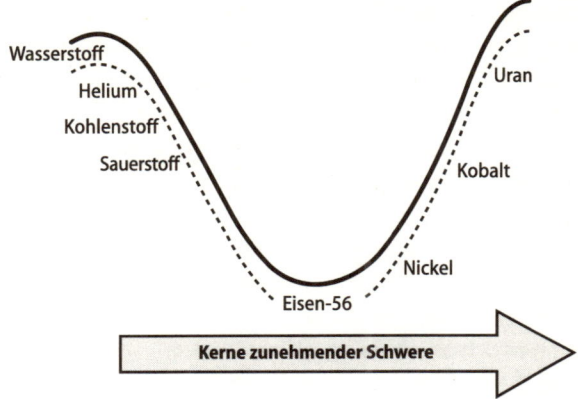

**ABBILDUNG 7.1** Das »Stabilitätstal«. Die stabilsten Kerne liegen im mittleren Massenbereich, um Eisen-56 herum. Leichte Kerne (links) würden »gern« zu schwereren Kernen verschmelzen; sie setzen Energie frei und rollen dabei zum Talboden. Doch um Kerne herzustellen, die schwerer sind als Eisen-56, muß Energie zugeführt werden, damit die Kerne zusammenhalten, wobei sie die gegenüberliegende Seite des Tals hochgeschoben werden.

und herausarbeitete, welche Bedingungen erforderlich wären, um Elemente in den Mengenverhältnissen zu produzieren, die hier auf der Erde anzutreffen sind, stellte er fest, daß die Sterne, in denen Eisen gebildet wird, die unglaubliche Temperatur von 5 Milliarden Grad erreichen müßten – was im Vergleich zu den Temperaturen im Innern der Hauptreihensterne, gerade mal 15 bis 20 Millionen Grad, enorm viel ist. Da wir wissen, daß Eisen im Weltall vorkommt, müssen, so Hoyles Überlegung, im Verlauf der Sternentstehung alle Temperaturen zwischen 20 Millionen Grad und 5 Milliarden Grad irgendwo in ihrem Innern vorkommen, und die Kernreaktionen, die mit diesem riesigen Temperaturbereich verbunden sind, könnten alle Elemente in genau dem Verhältnis erzeugen, wie sie zu beobachten sind. Zumindest hoffte er dies. Die Einzelheiten waren noch immer vage, aber Hoyle hatte wenigstens das Grundgerüst im Kopf, als er seine Arbeit an dem Radar aufgab und im Sommer 1945 an die Universität Cambridge zurückkehrte. Der erste Aufsatz, in dem er diese Ideen über die Entstehung der Elemente diskutierte, erschien ein Jahr später – demselben Jahr, 1946, in dem Gamow und seine Studenten erstmals behaupteten, alle chemischen Elemente könnten auf einen Schlag im Feuerball des Urknalls gebildet worden sein.

Hauptmerkmal von Gamows Modell (abgesehen davon, daß sich alles im Urknall ereignet haben soll) ist das Postulat, daß die schwereren Elemente stetig aus Wasserstoff aufgebaut werden, und zwar durch Anlagerung von Neutronen an existierende Atomkerne. Die ersten Schritte ähneln der Proton-Proton-Kette im Innern der Sonne – wie wir heute wissen. Ein Proton fängt ein Neutron ein und verwandelt sich dadurch in ein Deuteron. Einige Deuteronen fangen dann jeweils ein Neutron ein und verwandeln sich in Tritium, einen instabilen Wasserstoff-3-Kern, der unter Ausstoßung eines Elektrons spontan zerfällt (sogenannter Beta-Zerfall), während eines der Neutronen in ein Proton umgewandelt wird. Aus dem Kern ist ein Helium-3-Kern geworden, der ein weiteres Neutron einfangen und sich so in Helium-4 (ein Alphateilchen) umwandeln kann und so weiter. Neutroneneinfang und Betazerfall sind alles, was man braucht, sagte Gamow, um alle Elemente herzustellen.

Diese Idee hatte, abgesehen von ihrer Einfachheit, zwei weitere Aspekte, die in den vierziger Jahren für sie sprachen. Erstens, Experimente hatten gezeigt, daß praktisch alle Atomkerne tatsächlich Neutronen aufnehmen, wenn sie damit beschossen werden. Und besonders ausgeklügelte Experimente hatten sogar den Nachweis erbracht, daß die Reaktionsgeschwindigkeiten für diesen Prozeß bei verschiedenen Kernen (technisch gesprochen: die »Neutroneneinfangquerschnitte«) zu einer Vorhersage der relativen Häufigkeiten der Elemente führten, die recht gut mit den beobachteten Häufigkeiten übereinstimmten – tatsächlich stützte sich Hoyles Version der Kernsynthese (die im Sterninnern, nicht während des Urknalls stattfindet, aber dennoch mit

Neutroneneinfängen verbunden ist) auf diese Übereinstimmung von Theorie und Beobachtung. Kerne, die bereitwillig Neutronen aufnehmen, wären demnach selten, weil sie schnell in andere Elemente umgewandelt werden, Kerne, die nur widerstrebend Neutronen einfangen, hingegen relativ häufig, weil sie Engpässe im Prozeß bilden. Diese Effekte lassen sich quantifizieren, und hier kommt die recht gute Übereinstimmung zwischen Experiment und Beobachtung ins Spiel.

Doch obgleich der überschwengliche Gamow die Schwierigkeiten, ein Element herzustellen, das schwerer ist als Helium, als unbedeutendes Detail abtat, machten selbst Ralph Alpher und Robert Herman wenige Jahre nach der Publikation des Aufsatzes im Jahr 1946 auf zwei gravierende Schwachstellen des Modells aufmerksam. Die erste ist beunruhigend, schien aber damals nicht unbedingt unüberwindlich zu sein: Der Urknall lief sehr schnell ab. Die Bedingungen, unter denen eine Kernsynthese im Urknall vor sich gehen konnte, hatten etwas länger als drei Minuten Bestand, wie Steven Weinberg in seinem gleichnamigen Bestseller darlegte. War das wirklich lange genug für all die Neutroneneinfänge und Betazerfallsprozesse, die nötig waren, um die Vielfalt und Häufigkeit der chemischen Elemente im heutigen Weltall hervorzubringen? Aber dieses Problem verblaßt im Vergleich zu der zweiten, buchstäblich unüberwindlichen Schwierigkeit, die mit der Hypothese verbunden ist, daß alle Elemente ausschließlich durch Neutroneneinfang und Betazerfall entstanden sind, entweder im Urknall oder bei anderen Ereignissen: Es gibt keinen stabilen Kern, der insgesamt fünf Nukleonen enthält, und es gibt auch keinen stabilen Kern, der acht Nukleonen enthält. In der Leiter der Atommassen klaffen daher gleich zu Anfang des Prozesses zwei Lücken. Bei Experimenten auf der Erde ist es möglich, Helium-5 durch Beschuß von Helium-4 mit Neutronen herzustellen. Aber Helium-5 stößt das zusätzliche Neutron binnen kurzer Zeit aus und wird so wieder zu Helium-4 – binnen *sehr* kurzer Zeit, bevor es andere Neutronen aufnehmen kann. In ähnlicher Weise läßt sich Beryllium-8 künstlich herstellen, aber es zerfällt quasi augenblicklich in zwei Helium-4-Kerne. Es gibt kein natürliches Helium-5 und kein natürliches Beryllium-8. Wäre der Neutroneneinfang der einzige Mechanismus, um Elemente, die schwerer als Helium sind, zu bilden, dann könnte die Natur diese Elemente weder im Urknall noch im Sterninnern herstellen. Zusätzlich zum Neutroneneinfang bedarf es eines weiteren Prozesses, *wo auch immer* diese Elemente gebildet werden.

Die Art und Weise, wie Hoyle das Problem dieser Massenlücken löste, war der Schlüssel zu dem Durchbruch, der nach 1950 dazu führte, daß man die Bildung der chemischen Elemente im Sterninnern lückenlos verstand. Das Großartige an Sternen als Fabriken zur Herstellung von Elementen ist ihre lange Lebensdauer. Wenn alles in drei Minuten geschähe, müßten alle damit verbundenen Prozesse sehr effizient ablaufen. Doch in einem Stern, der Jahrmillionen oder gar Jahrmilliarden existiert, können auch seltene Ereignisse ihren Beitrag zu dem gesamten Herstellungsprozeß leisten. Im Jahr 1951 wiesen zwei Astronomen, Ernst Öpik und Edwin Salpeter, unabhängig voneinander auf eine Möglichkeit hin, die beiden Massenlücken mit Hilfe einer untergeordneten, seltenen Kernwechselwirkung auf einen Schlag zu schließen. Wenn drei Helium-4-Kerne (drei Alphateilchen) im Innern eines Sterns gleichzeitig miteinander kollidierten, so ihre Überlegung, könnten sie zu einem Kohlenstoff-12-Kern verschmelzen, ohne daß zwischendurch entweder Helium-5 oder Beryllium-8 gebildet werden müßten.

Das Problem lag darin, daß diese seltene Wechselwirkung selbst über die gesamte Lebenszeit eines Sterns keine nennenswerte Menge Kohlenstoff hervorbringen könnte. Genaugenommen waren es zwei Probleme – erstens, der sogenannte Drei-Alpha-Prozeß (auch Salpeter-Prozeß genannt) kommt so selten vor, daß er nur eine sehr geringe Menge Kohlenstoff erzeugen konnte. Zweitens, Kohlenstoff-12 reagiert sehr schnell mit Helium-4, indem es ein Alphateilchen einfängt und sich in einen Sauerstoff-16-Kern umwandelt. Die geringe Menge Kohlenstoff, die durch den Drei-Alpha-Prozeß erzeugt wurde, müßte dann gleich nach ihrer Bildung in Sauerstoff umgewandelt werden. Wir wissen jedoch, daß es im Weltall eine Menge Kohlenstoff gibt. Hoyle folgerte daraus, daß es mit dem Drei-Alpha-Prozeß etwas Besonderes auf sich haben müsse, das dazu führe, daß er sehr viel häufiger (mit viel höherem Wirkungsgrad) ablaufe, als man auf den ersten Blick vermuten würde.

Man stellt sich den Prozeß am besten nicht als einen völlig gleichzeitigen Stoß dreier Alphateilchen im Zentrum eines Sterns vor, sondern als einen zweistufigen Prozeß. Alphateilchen (Helium-4-Kerne) müssen unter diesen Bedingungen recht oft miteinander kollidieren und Beryllium-8-Kerne bilden, die schnell wieder zerfallen.* Da aber ständig neue Beryllium-8-Kerne gebildet werden, ist immer ein gewisser Prozentsatz von ihnen vorhanden – auf je 10 Milliarden Atomkerne in einem Stern mit einer Zentraltemperatur von etwa 100 Millionen Grad kommt ein Beryllium-8-Kern. Keiner dieser Beryllium-8-Kerne existiert länger als den Bruchteil einer Sekunde, doch so schnell wie sie zerfallen, werden sie durch neue Beryllium-8-Kerne ersetzt. Hoyle suchte also nach etwas, das der Reaktion, in der sich diese seltenen Beryllium-8-Kerne mit einem anderen Alphateilchen verbinden, einen so hohen Wirkungsgrad verleiht, daß viele dieser Kerne in Kohlenstoffkerne umgewandelt werden, bevor sie zerfallen können.

Anfang 1953 kam alles zusammen. Hoyle war vom California Institute of Technology (Caltech) als Gastdozent eingeladen worden, um in den ersten drei Monaten des Jahres eine Reihe von Vorlesungen über die Kernsynthese zu halten. Während er sich auf diese Gastvorlesungen vorbereitete, befaßte er sich eingehend mit dem Problem, wie Kohlenstoff im Sterninnern gebil-

---

* Wie schnell? Die Lebenszeit eines Beryllium-8-Kerns beträgt etwa $10^{-19}$ s, eine Dezimalstelle, gefolgt von 18 Nullen und einer Eins, was, wie immer man es definiert, »einem Bruchteil einer Sekunde« entspricht!

det werden könne, und er gelangte zu dem Schluß, daß dies nur möglich sei, wenn der Kohlenstoff-12-Kern in einem sogenannten angeregten Zustand oder Resonanzzustand existieren könne. Dies war an sich keine Überraschung – alle Kerne können sich in angeregten Zuständen befinden. Doch das Besondere an Hoyles Idee war, daß sie einen ganz bestimmten Wert für den Energiezustand des angeregten Kohlenstoff-12 verlangte – und seines Wissens hatte bislang kein Experiment eine Kohlenstoffresonanz mit dieser Energie gemessen.

Man kann sich diese Resonanzen als Obertöne vorstellen, die man durch Zupfen einer Gitarrensaite erzeugen kann. Die leere Saite erzeugt einen bestimmten Ton (der dem sogenannten Grundzustand des Kerns entspricht), aber sie kann auch in höheren Frequenzen schwingen, die von der Länge der Saite abhängig sind (die den angeregten Zuständen einer bestimmten Kernart entsprechen). Wenn es auf dem von Hoyle berechneten Energieniveau keine Resonanz gäbe, sollte man erwarten, daß ein schnelles Alphateilchen einen einzelnen Beryllium-8-Kern, mit dem es zusammenstößt, zertrümmert. Aber wenn im Kohlenstoff-12-Kern eine Resonanz mit genau der richtigen Energie existierte, dann könnte sich das eindringende Alphateilchen sanft in den Kern einpassen und Kohlenstoff-12 in einen angeregten Zustand versetzen. Der so angeregte Kohlenstoff-12 könnte sich dann unter Abstrahlung von Energie (in Form eines Gammastrahls) wieder in einen gewöhnlichen, nicht-angeregten Kohlenstoffkern umwandeln und in seinen Grundzustand zurückkehren.

Dies geschieht, auch wenn der Kohlenstoff-12-Kern noch nicht existiert, um Resonanzschwingungen auszuführen. Beim Stoß eines Alphateilchens mit einem Beryllium-8-Kern entsteht eine angeregte Form von Kohlenstoff-12. In ähnlicher Weise entsteht in der Musik ein Ton erst dann, wenn die Gitarrensaite gezupft wird – er existiert der Möglichkeit nach, aber er wird erst durch den Akt des Zupfens der Saite realisiert. Die astrophysikalischen Anforderungen an die Kohlenstoff-12-Resonanz waren so prä-

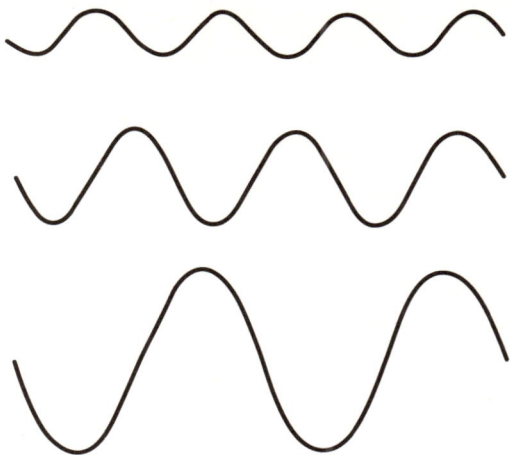

**ABBILDUNG 7.2** Die Resonanz in einem angeregten Kohlenstoff-12-Kern läßt sich mit der Art und Weise vergleichen, wie verschiedene Noten auf einer Gitarrensaite gespielt werden können. Jeder Ton entspricht dabei einer anderen Oberschwingung der Grundfrequenz der Saite, aber die verschiedenen Töne (mit verschiedenen Wellenlängen) müssen alle in die Länge der Saite passen, wobei die Enden still gehalten werden. Entsprechend kann man sich den angeregten Zustand von Kohlenstoff-12 als einen hohen Ton vorstellen, der auf der Kohlenstoff-12-Grundsaite gespielt wird.

zise, daß Hoyle die Energie, die für die Resonanz erforderlich war, genau berechnen konnte: 7,65 Millionen Elektronenvolt (MeV) über dem Grundzustand von Kohlenstoff-12. Wenn das Energieniveau auch nur 5 Prozent darüber lag, würde der Prozeß nicht funktionieren. Er stellte die Idee Willy Fowler am Caltech vor und fragte ihn, ob es möglich wäre, zu prüfen, ob Kohlenstoff-12 die erforderliche Resonanz besitzt.

So wie Fowler die Geschichte darstellt, hielt er Hoyle für verrückt, doch als sich der Gast aus England nicht beirren ließ, stellte Fowler ein kleines Team zusammen, um das notwendige Experiment durchzuführen, und zwar ebensosehr, um Fred den Mund zu stopfen, wie in der Erwartung, ihn zu bestätigen.* Natürlich bestätigten sie seine Annahme – eines der spektakulärsten Beispiele in der gesamten Wissenschaftsgeschichte, daß eine Theorie, die eine Vorhersage machte, experimentell überprüft wurde und sich als richtig erwies. Aus der einfachen Tatsache, daß im Weltall Kohlenstoff vorkommt, und aus grundlegenden Erkenntnissen über die Temperaturen im Innern von Sternen hatte Hoyle mit einer Genauigkeit von über 5 Prozent den Wert einer scheinbar geheimnisvollen Eigenschaft des Kohlenstoffkerns vorhergesagt. Mit Hilfe Fowlers und seiner Mitarbeiter hatte Hoyle die Massenlücke überbrückt und gezeigt, auf welche Weise Sterne Elemente herstellen können, die schwerer als Helium sind.**

Aber all dies beruht auf einer bemerkenswerten dreifachen Koinzidenz, die ich gern darlegen möchte, bevor wir uns im einzelnen ansehen, wie schwerere Elemente gebildet werden. Erstens, es wäre schlecht (als Mensch gesprochen), wenn Beryllium-8 stabil wäre oder wenn es etwas weniger instabil wäre, als es ist. Wäre der Prozeß, der zwei Alphateilchen in einen Beryllium-8-Kern umwandelt, viel effizienter, als er ist, würde, sobald die Sterne den gesamten Wasserstoff-Brennstoff in ihrem Zentrum aufgebraucht hätten, Helium plötzlich in Beryllium umgewandelt. Dabei würde so viel Energie freigesetzt, daß der Stern explodieren und keine schweren Elemente aufgebaut würden. Zweitens, die Kohlenstoff-12-Resonanz liegt, wie wir gesehen

---

\* Hoyles Erinnerungen weichen in diesem Punkt ab. Zumindest, so sagt er, habe Fowler nie offen irgendwelche Zweifel an Hoyles geistiger Gesundheit geäußert.

\*\* Man schmälert die Leistungen Hoyles und Fowlers in keiner Weise, wenn man aus Gründen historischer Wahrheit erwähnt, daß ein Experiment in den dreißiger Jahren Anhaltspunkte für die Existenz eines angeregten Kohlenstoff-12-Zustands geliefert hatte. Dies war jedoch in anderen Experimenten nicht bestätigt worden, so daß zu der Zeit, als Hoyle die Bühne betrat, die Behauptung in Vergessenheit geraten und seine Vorhersage der Ergebnisse Fowlers absolut originell war.

haben, genau auf dem richtigen Niveau, so daß ein einfallendes Alphateilchen sanft an seinen Platz gleitet, wenn es sich mit einem Beryllium-8-Kern verbindet. Wäre sie ein wenig höher, dann liefe der Drei-Alpha-Prozeß so selten ab, daß sich nur sehr geringe Mengen Kohlenstoff ergäben, die vollständig in Sauerstoff umgewandelt würden; dann aber gäbe es keinen Kohlenstoff im Weltall. Drittens, zufälligerweise hat Sauerstoff-16 eine ähnliche Resonanz, einen angeregten Zustand, der 7,19 MeV über dem niedrigsten Energiezustand dieses bestimmten Kerns liegt. Aber die Energie, die bei der Wechselwirkung eines Alphateilchens mit einem Kohlenstoff-12-Kern unter den im Sterninnern herrschenden Bedingungen freigesetzt werden kann, beträgt 7,12 MeV. Wären diese beiden Zahlen vertauscht oder läge die Resonanzenergie von Sauerstoff-16 nur 1 Prozent niedriger, dann würde der gesamte Kohlenstoff, der im Sterninnern gebildet wird, umgehend in Sauerstoff-16 umgewandelt. Auch in dieser Situation würden mit Sicherheit keine Lebensformen auf der Basis von Kohlenstoff herumsitzen und sich Gedanken über den Ursprung der Elemente machen. All dies mag reiner Zufall sein, oder es eröffnet uns eine tiefe Wahrheit über die Natur des Weltalls – ein Punkt, auf den ich später zurückkommen werde. Nachdem die Massenlücke geschlossen ist, möchte ich zunächst die Geschichte über die Kernsynthese in Sternen zu Ende erzählen.

Diese Geschichte hat zwei Themen. Zum einen geht es darum, die kernphysikalischen Grundlagen herauszuarbeiten – Dinge wie Neutroneneinfangquerschnitte und die Art und Weise, wie Alphateilchen in Kerne eingebaut werden (ein Prozeß, der mittlerweile als Alpha-Prozeß bezeichnet wird). Zum zweiten geht es darum zu erklären, wie es zu den Bedingungen, die für den Ablauf dieser Prozesse erforderlich sind, im Innern von Sternen kommt. Ich werde auf diese Themen in dieser Reihenfolge eingehen, auch wenn in Wirklichkeit beide parallel entwickelt wurden, Fortschritte auf einem Gebiet Fortschritte auf dem anderen anregten und beide sich gegenseitig befruchteten.

Hoyles erster größerer Aufsatz über den Alpha-Prozeß und die damit verbundenen Kernwechselwirkungen, die erklären, wie alle Elemente von Kohlenstoff bis Nickel in Sternen synthetisiert werden, erschien 1954. Aber dies war noch immer ein vorläufiger Versuch, die stellare Nucleosynthese zu erklären, denn die Frage, wie der Prozeß ausgerechnet jene Elementenhäufigkeiten hervorbringt, die sich in der Natur beobachten lassen, war in ihren Einzelheiten noch weitgehend ungelöst. Nach der Rückkehr Hoyles nach England, wo ihn in Cambridge umfangreiche Lehrverpflichtungen und andere Forschungsprojekte erwarteten, mußte er die Arbeit an der Kernsynthese eine Zeitlang aufgeben. Doch im Jahr darauf stattete Fowler während eines Caltech-Sabbatjahrs Cambridge einen Besuch ab. Dort lernte er das britische Forscherehepaar Geoffrey und Margaret Burbidge kennen, die sich über die genauen Häufigkeiten verschiedener Elemente in Sternen, die durch neue Fortschritte in der Sternspektroskopie enthüllt wurden, den Kopf zerbrachen.

Margaret Burbidge war gelernte Astronomin, Geoffrey Burbidge hingegen eigentlich Physiker, der durch seine Arbeit mit Margaret Geschmack an der Astronomie gefunden hatte. Obwohl Fowler 1954 damit beschäftigt war, Hoyles Vorhersage über die Kohlenstoffresonanz experimentell zu überprüfen, war sein eigentliches Interessengebiet die Kernphysik – aber auch für ihn wurde die Astrophysik immer mehr zu einem Steckenpferd. Die Burbidges und Fowler suchten eine Erklärung für die Elementenhäufigkeiten in Sternen, und sie gelangten zu dem Schluß, daß viele der beobachteten Merkmale in der Tat erklärt werden könnten, wenn eine kontinuierliche Zufuhr von Neutronen vorhanden wäre, die in der von Gamow beschriebenen Weise – nämlich nacheinander und mit mehreren zwischenzeitlichen radioaktiven Zerfallsprozessen – von Atomkernen aufgenommen würden. Dies ist der sogenannte s-Prozeß, wobei »s« für »langsam« (englisch *slow*) steht. Hoyle hielt sich über diese Arbeit auf dem laufenden und hätte sich nur allzu gern an den Berechnungen beteiligt, wenn ihm seine anderen Verpflichtungen Zeit dazu gelassen hätten. Aber immerhin konnte er den anderen frühzeitig von einem Durchbruch berichten, der auf der anderen Seite des Atlantiks dem kanadischen Kernphysiker Alastair Cameron gelungen war.

Im Hinblick auf den Neutroneneinfang im Sterninnern drängt sich die Frage auf, woher die Neutronen kommen. Sich selbst überlassen, zerfallen freie Neutronen binnen weniger Minuten in Protonen und Elektronen (plus Neutrinos) – kein Problem, wenn man alle Elemente in den vom Urknall erlaubten drei Minuten herzustellen versucht, aber eine ernste Schwierigkeit, wenn sie im Verlauf von Jahrmilliarden im Sterninnern gebildet werden sollen. Cameron behauptete nun in seinem Aufsatz, die Neutronen könnten im Sterninnern durch eine Reaktion erzeugt werden, an der das Isotop Kohlenstoff-13 beteiligt sei. Wenn Kohlenstoff-13 ein Alphateilchen aufnimmt, wird er unter Ausstoßung eines Neutrons in einen Sauerstoff-16-Kern umgewandelt. Camerons Vermutung kam in gewisser Hinsicht verfrüht, weil er damals nicht erklären konnte, wie Kohlenstoff-13 im Sterninnern gebildet wird. Als er daher den Aufsatz beim *Astrophysical Journal* zur Veröffentlichung einreichte, wurde dieser von zwei Gutachtern abgelehnt. Der Herausgeber der Zeitschrift, Subrahmanyan Chandrasekhar, war sich nicht ganz sicher. Und er tat etwas Ungewöhnliches: Er holte ein drittes Gutachten ein. Zu diesem Zweck wandte er sich an Hoyle, der Camerons Vermutung als eine tiefschürfende Erkenntnis würdigte und den Aufsatz zur Veröffentlichung empfahl. Der Beitrag erschien 1955 im Druck, und Cameron entwickelte seine Idee in den folgenden Jahren in zahlreichen Aufsätzen weiter, in denen er im wesentlichen – allerdings völlig unabhängig – einen Teil der Arbeiten von Hoyle, Fowler und den Burbidges wiederholte, vor allem die Berechnungen der Neutroneneinfangprozesse. Später klärten Astrophysiker auch die Kernwechselwirkungen auf, die im Innern von Sternen ablaufen, die sich in einem späten Entwicklungsstadium befinden und bei denen der äußerst wichtige Kohlenstoff-13 gebildet wird. Doch obgleich Cameron für seinen bedeutenden

Beitrag zum Verständnis der Kernsynthese in Sternen uneingeschränkte Anerkennung gebührt*, wurde die vollständige, endgültige Theorie von Hoyle, Fowler und dem Ehepaar Burbidge zusammengetragen, als sich das ganze Team im Jahr 1956 in Kalifornien versammelte – Fowler ging zurück ans Caltech, Hoyle kam zu einem Kurzaufenthalt aus England herüber, und die Burbidges ließen sich, motiviert durch ihre Arbeit mit Fowler in Cambridge, dauerhaft in Kalifornien nieder.

Die Anstrengungen, die die Gruppe 1956 in Kalifornien unternahm, waren echte Teamarbeit, und als das Resultat ihrer Anstrengungen 1957 in der Oktober-Ausgabe der Zeitschrift *Reviews of Modern Physics* in Form eines sehr langen wissenschaftlichen Aufsatzes erschien, wurden die Namen der Autoren ganz demokratisch in alphabetischer Reihenfolge aufgeführt: Burbidge, Burbidge, Fowler und Hoyle. Dieser Aufsatz wurden in Fachkreisen unter den Initialen B$^2$FH bekannt, und er ist noch immer ein bedeutender Meilenstein nicht nur der Astrophysik, sondern der gesamten Physik.** Ich erinnere mich noch gut daran, wie ich im Herbst 1966 zum ersten Mal ein Exemplar des Aufsatzes in Händen hielt, und als ich begriff, daß er den Ursprung der chemischen Elemente, einschließlich der Elemente in meinem eigenen Körper, erklärte, hätte ich vor Freude buchstäblich jauchzen können. Wenn jemals eine physikalische Abhandlung offenkundig den Nobelpreis verdient hatte, dann der B$^2$FH-Aufsatz. Doch das ist eine Geschichte für sich.

* Vielleicht wäre seine Leistung damals eher gewürdigt worden, hätte er nicht für Atomic Energy Canada Limited gearbeitet; während des Kalten Kriegs, der damals herrschte und zu überzogener Geheimniskrämerei führte, wurden nämlich seine wichtigsten Ergebnisse zuerst in einem für geheim erklärten Bericht veröffentlicht, den nur wenige Personen lesen durften.

** Das demokratische Element der alphabetischen Reihenfolge der Namen bedeutet, daß sie in der umgekehrten Reihenfolge aufgelistet sind, in der sie sich dem Projekt anschlossen – Hoyle ergriff die Initiative und warb Fowler an, und Fowler holte die Burbidges mit ins Boot.

Die Nobel-Stiftung wird durch zahlreiche merkwürdige Regeln und Rituale und gelegentlich auch durch Dummheit gelähmt. So besagt eine dieser kuriosen Regeln, daß sich nicht mehr als drei Personen den Preis für eine Arbeit teilen dürfen, was in diesem Fall selbst den wohlmeinendsten Richter, der diese Studie würdigen wollte, in eine unangenehme Zwickmühle brächte. Doch alle Leute außerhalb Stockholms – einschließlich Willy Fowlers – waren völlig überrascht, als der Preis, der für die Arbeit zur Kernsynthese in Sternen vergeben wurde, 1983 allein an Fowler ging. So schrieb Geoffrey Burbidge in einem Nachruf auf Fowler im *Quarterly Journal of the Royal Astronomical Society:* »Die Tatsache, daß Fowler herausgegriffen wurde, sorgte für gewisse Spannungen innerhalb von B$^2$FH, da uns allen bewußt war, daß es sich um Teamarbeit gehandelt hatte und daß die ursprüngliche Arbeit von Fred Hoyle stammte.« Wenn eine Person gemäß den Statuten der Stiftung für den Preis herausgegriffen werden sollte, dann war es eindeutig Hoyle. Warum wurde er übergangen?

Es gibt zwei mögliche Gründe, die angesichts der bisherigen Praxis des Nobelkomitees beide plausibel erscheinen. Hoyle selbst ist überzeugt davon, daß man ihn bestrafte, weil er die Kühnheit besessen hatte, die Verleihung des Nobelpreises für Physik im Jahr 1974 an den Radioastronomen Antony Hewish für die Entdeckung von Pulsaren zu kritisieren. Die Pulsare waren nämlich in Wirklichkeit von Jocelyn Bell Burnell entdeckt worden, einer Studentin, die unter Hewishs Anleitung arbeitete. Obgleich Hewish die Entdeckung aufgriff und an dem Pulsar-Problem arbeitete, war Hoyle nicht der einzige, der 1974 sagte, es sei ziemlich merkwürdig, daß die Person, die die Entdeckung gemacht hatte, nicht berücksichtigt worden sei. Vielleicht bekam er die Folgen dieser Kritik neun Jahre später zu spüren, als Fowler den Preis erhielt. Vielleicht hatte das Nobelkomitee auch deshalb Bedenken, Hoyle auszuzeichnen, weil dieser sich nach 1970 für den Ursprung des Lebens zu interessieren begonnen und mehrere Aufsätze veröffentlicht hatte, in denen er behauptete,

Leben sei womöglich im Weltall entstanden und Krankheitserreger wie etwa das Grippevirus seien vielleicht durch Kometen auf die Erde verfrachtet worden. Viele halten diese Ideen für abstrus, und sie entsprechen gewiß nicht der herrschenden Lehrmeinung, auch wenn sie auf Hypothesen basieren, die zumindest überprüft werden sollten. Vielleicht wollte das Nobelkomitee Ideen, die in seinen Augen abwegig waren, nicht dadurch eine Art offizielle Anerkennung verschaffen, daß es Hoyle auszeichnete. Wenn dem so ist, dann läßt sich aus dem Beispiel von Francis Crick, der 1962 gemeinsam mit James Watson und Maurice Wilkins für die Aufklärung der Struktur der DNA mit dem Nobelpreis für Medizin oder Physiologie ausgezeichnet wurde und anschließend seine unkonventionellen Ideen über Entstehung des Lebens im Weltall entwickelte – nicht nur die Panspermie-Lehre, sondern auch Weiterentwicklungen derselben, in denen er einige von Hoyles Ideen aufgriff –, eine eindeutige Lehre ziehen: Man veröffentliche unkonventionelle Ideen erst, wenn man den Preis schon in der Tasche hat!

Aber in der Naturwissenschaft geht es nicht nur um Preise und Auszeichnungen, und nichts von all dem ändert das mindeste an der Geschichte unseres Ursprungs. Das Bemerkenswerte an $B^2FH$ ist, daß darin die relativen Häufigkeiten der Elemente mit Hilfe exakter Berechnungen über Neutroneneinfangquerschnitte, den Alpha-Prozeß und so weiter sehr detailgenau erklärt werden. Ich kann hier die Vorgehensweise der Autoren lediglich in groben Zügen skizzieren, aber entscheidend ist, daß es keine vagen Mutmaßungen waren, nach Art von Gamows Kommentar: »Wenn Wasserstoff und Helium im Urknall gebildet werden, dann muß alles übrige im Innern der Sterne geschehen.« Vielmehr sagt uns der Aufsatz sehr genau, wie alle anderen Elemente (Kohlenstoff und alle Elemente, die schwerer als Kohlenstoff sind) im Sterninnern hergestellt werden.

Der Prozeß umfaßt drei Hauptschritte; überdies hat Fowler in einer grundlegenden Arbeit sämtliche Prozesse, durch die Wasserstoff im Sterninnern in Helium umgewandelt werden kann, abschließend beschrieben und dabei den Nachweis erbracht, daß nicht mehr als 20 Prozent des Heliums im Weltall (vermutlich sogar weniger) auf diese Weise entstanden sein kann. Der erste Schritt ist der Alpha- bzw. Salpeter-Prozeß und Variationen desselben, in dem durch Einbau von Alphateilchen in existierende Atomkerne im Sterninnern Energie erzeugt wird. Drei Alphateilchen bilden einen Kohlenstoff-12-Kern; aus diesem wird durch Einfangen eines weiteren Alphateilchens Sauerstoff-16; dieser wiederum wird durch Einbau eines weiteren Helium-4-Kerns zu Neon-20 und so weiter. Selbst ohne detaillierte Berechnungen steht fest, daß dies eine fundamentale Folge von Wechselwirkungen ist, die im Sterninnern ablaufen, weil die häufigsten Elemente (abgesehen von Wasserstoff und Helium) eben jene sind, die durch den Alpha-Prozeß gebildet werden – Sauerstoff, Kohlenstoff, Stickstoff, Silizium, Magnesium, Neon und Eisen (dies beschreibe ich im nächsten Kapitel ausführlicher). Ein Schlüsselmerkmal des Prozesses besteht, wie ich bereits erwähnte, darin, daß jeder der aufeinanderfolgenden Schritte bei einer höheren Temperatur stattfinden muß, weil die schwereren Kerne mehr Protonen enthalten und daher eine größere positive Ladung besitzen, die die positiv geladenen Alphateilchen, die sich ihnen annähern, stärker abstößt. Selbst mit Hilfe des Tunneleffekts muß sich ein Alphateilchen schneller bewegen, um in einen Sauerstoffkern einzudringen, der acht Protonen enthält, als in einen Kohlenstoffkern mit nur sechs Protonen.

Solange diese Prozesse ablaufen, haben die Kerne auch Gelegenheit (viele Gelegenheiten!), durch den s-Prozeß ein Neutron aufzunehmen, zu zerfallen, ein weiteres Neutron einzufangen und so weiter. (Die Neutronen, die den s-Prozeß antreiben, stammen tatsächlich von Kohlenstoff-13, wie Cameron behauptete, aber sie können auch über ähnliche Wechselwirkungen, bei denen die Isotope Sauerstoff-17 und Neon-21 Alphateilchen einfangen, beigesteuert werden.) Auf diese Weise werden viele der Elemente, die keine Kerne mit ganzzahligen Mengen von Alphateilchen besitzen, im Sterninnern erzeugt. Aber all dies hört bei Eisen-56- und Nickel-56-Kernen auf. Eisen-56-Kerne enthalten 26 Protonen und 30 Neutronen, während Nickel-56-Kerne 28 Protonen und 28 Neutronen enthalten, was effektiv 14 miteinander verschmolzenen Alphateilchen entspricht. Bis zu diesem Punkt wird bei der Verschmelzung leichterer Kerne zu schwereren Energie freigesetzt (vgl. Abbildung 7.1). Aber die Verschmelzung irgendeines Elementarteilchens mit Eisen- und Nikkelkernen (oder schwereren Kernen) erfordert die Zufuhr von Energie, vor allem, weil der Kern jetzt so eine große positive Ladung trägt (bei Kernen, die schwerer als Uran sind, überwindet schließlich die positive Ladung die starke Kernkraft und löst einen Zerfall aus).

Da in der Natur viele Elemente vorkommen, die schwerer als Eisen und Nickel sind (wenn auch nur in vergleichsweise geringen Mengen), wußten Hoyle und seine Kollegen von Anfang an, daß es einen natürlichen Prozeß geben müsse, durch den sie im Sterninnern zusammengebaut werden. Am naheliegendsten ist die Reaktion mit Neutronen, die durch die positive Ladung des Kerns, dem sie sich nähern, nicht abgestoßen werden. Verliefen die Neutroneneinfänge jedoch langsam, würden diese schweren Elemente in vielen Fällen zerfallen, bevor sie genügend Neutronen einfangen könnten, um wirklich schwere, stabile Kerne von Elementen wie Gold und Blei aufzubauen. Es mußte einen Prozeß des schnellen Neutroneneinfangs (einen sogenannten r-Prozeß – von *rapid* = englisch für schnell) geben, bei dem eine Flut von Neutronen die Kerne überstreicht, so daß ein einzelner Kern mehrere davon aufnehmen könnte, bevor er zerfällt. Hoyles wichtigster Beitrag zu der Gemeinschaftsarbeit $B^2FH$ besteht (abgesehen davon, daß er den Anstoß dazu gab) darin, daß er den r-Prozeß in seiner ganzen Komplexität berechnete und dabei prüfte, ob die Neutroneneinfänge und die anschließenden radioaktiven Zerfallsprozesse tatsächlich die beobachteten Elementenhäufigkeiten ergaben. Bei all dem ging das Team davon aus, daß die notwendige Neutronenflut aus der Explosion eines massereichen Sterns am Ende seiner Lebenszeit als Supernova stammte. Die Methode war so erfolgreich, daß in den seltenen Fällen, in denen die Häufigkeit, die sie für ein bestimmtes Element errechneten, von der im wissenschaftlichen Schrifttum genannten Häufigkeit dieses Elements abwich, die veröffentlichte Zahl falsch war. In gewisser Hinsicht sagte der Erfolg dieser Arbeit die Existenz von Supernovae vorher, da es keine andere Erklärung für den Ursprung der für den r-Prozeß erforderlichen Neutronen gab.

Obgleich alle Teammitglieder Beiträge zu allen Aspekten der Arbeit lieferten und die überlebenden Mitglieder dies auch bereitwillig betonen (besonders nach dem Nobelpreis-Fiasko), hatte jeder sein Fachgebiet, auf dem er sich besonders gut auskannte. Fowler steuerte eine akribische Beschreibung der Umwandlung von Wasserstoff in Helium bei; Hoyles theoretische Ausführungen, die durch Beobachtungen der Burbidges untermauert wurden (Geoffrey Burbidge hatte einen Fuß in beiden Lagern), erklärten die beobachteten Häufigkeiten von Elementen, angefangen von Kohlenstoff bis zu Uran und noch schwereren Elementen (Daten über Kernwaffentests, für die damals gerade die Geheimhaltung aufgehoben wurde, zeigten, daß instabile radioaktive Elemente, die sogar noch schwerer als Uran sind, bei den Kernexplosionen gebildet worden waren; dies war ein eindeutiger Hinweis auf die Leistungsfähigkeit des r-Prozesses). Die einzigen Lücken in ihrem Schema betrafen das meiste Helium, das nicht in Sternen gebildet wird, sondern aus dem Urknall hervorging (eine Lücke, die Hoyle und Tayler 1964 schlossen), außerdem Lithium, Beryllium und Bor (seltene leichte Elemente mit jeweils drei, vier und fünf Protonen in ihren Kernen). Im Jahr 1967 erklärten Wagoner, Fowler und Hoyle triumphierend die Bildung dieser leichten Elemente, wie ich im vorangehenden Kapitel beschrieb. Nachdem wir über diese soliden Grundkenntnisse in Kernphysik und Kosmologie verfügen, können wir jetzt einen großen Sprung machen und uns den neuesten physikalischen Erkenntnissen über die Synthese der Elemente im Sterninnern und ihre Verteilung im Weltall zuwenden.

*Kapitel 8*

## DIE SUPERSTERN-FAMILIE

Die Sonne ist keine bedeutende Quelle schwerer Elemente in der Milchstraße. Obgleich sie ein relativ massereicher Stern ist – mindestens 90 Prozent aller Sterne besitzen weniger Masse als die Sonne –, hat sie dennoch nicht genügend, um während ihrer Lebenszeit Elemente aufzubauen, die schwerer als Kohlenstoff, Sauerstoff und Stickstoff (den sie nur in geringer Menge erzeugt) sind. Um mehr zu leisten, muß ein Stern am Anfang seiner Entwicklung mindestens 4 Sonnenmassen besitzen – und um alle schweren Elemente herzustellen, muß die Ausgangsmasse mindestens etwa 8 bis 10 Sonnenmassen entsprechen. Dennoch sind Kohlenstoff, Stickstoff und Sauerstoff außerordentlich wichtige Elemente, und wir sollten die kleineren Sterne, die einen so großen Teil der Materie produzieren, nicht ignorieren. Zwar kann die Sonne den Großteil der Materie, die sie erzeugt, nicht weit ins Weltall hinausschleudern, dafür gelingt es anderen, sonnenähnlichen Sternen, schwerere Elemente – bis hin zu Eisen – herzustellen und einen ansehnlichen Teil dieser verarbeiteten Materie in den interstellaren Raum auszustoßen.

Die Zeit, die ein Stern in der Hauptreihe verbringt, hängt von seiner Masse ab – etwa 10 Milliarden Jahre für die Sonne, 500 Millionen Jahre für einen Stern mit 3 Sonnenmassen, 200 Milliarden Jahre für einen Stern von einer halben Sonnenmasse. Ein Stern beliebiger Größe erzeugt, solange er sich in der Hauptreihe befindet, Wärme, indem er Wasserstoff in der oben beschriebenen Weise in Helium umwandelt. Wenn ein Stern mit etwa der gleichen Masse wie die Sonne das gesamte Helium in seinem Kern aufgebraucht hat, stürzt der Kern langsam unter seinem eigenen Gewicht in sich zusammen. Dies bewirkt zweierlei. Erstens, die Temperatur im Kern erhöht sich in dem Maße, wie Gravitationsenergie freigesetzt wird. Zweitens, Wasserstoff sinkt von außen in den Kern ein und verbrennt dort aufgrund der hohen Temperatur über den CNO-Zyklus zu Helium, das sich schalenförmig um den Kern legt. Bei beiden Prozessen entsteht überschüssige Wärme, und diese Wärme, die aus dem Kern herausströmt, läßt die Außenschichten des Sterns expandieren, so daß er zu einem Roten Riesen wird. Der CNO-Zyklus ist besonders wichtig, weil er nicht nur Wärme erzeugt, sondern auch die Hauptquelle von Stickstoff im Weltall ist. Je weiter die CNO-Reaktionen voranschreiten, um so mehr verschiebt sich das Gleichgewicht des chemischen Gemischs in der Schale um den Kern von Kohlenstoff und Sauerstoff hin zu Stickstoff.

Doch während diese Prozesse in der Schale um den Kern ablaufen, zieht sich der Kern weiter zusammen – so weit, wie er kann. Atomkerne können nur bis zu einer gewissen Grenze zusammengepreßt werden, und wenn Kerne diesen Zustand erreichen (der von den Gesetzen der Quantenphysik festgelegt wird), nennt man sie »entartet«. Man bekommt eine Vorstellung von den betreffenden Dichten, wenn man sich klarmacht, daß die Sonne, deren Masse das 330 000fache der Erdmasse beträgt, fast genauso groß wie die Erde wäre, wenn sie aus entarteter Kernmaterie bestünde. Der Drei-Alpha-Prozeß im Kern eines Sterns wie der Sonne kommt erst dann in Gang, wenn der Kern zu einer entarteten Kugel von Heliumkernen geworden ist. Dazu ist eine Temperatur von etwa 100 Millionen Grad erforderlich – bei der Sonne selbst wird dies etwa 250 Millionen Jahre nach Beendigung des Wasserstoffbrennens in ihrem Kern, sobald sie sich in einen Roten Riesen verwandelt hat, geschehen. Aber das Heliumbrennen setzt bei einem Stern mit derselben Masse wie die Sonne blitzschnell ein und betrifft den gesamten entarteten Kern. Die Wärme, die im Helium-Flash erzeugt wird, der mit der Geschwindigkeit einer Bombenexplosion abläuft, läßt den sich in einem entarteten Zustand befindenden Kern so lange expandieren*, bis er sich wieder stabilisiert und einen Zustand erreicht, der dem im tiefen Innern eines Sterns wie der Sonne gleicht, allerdings mit höheren Temperaturen, Dichten und Drücken. Aus den äußeren Randschichten des Sterns wird auch eine große Menge Materie – etwa 25 bis 30 Prozent der ursprünglichen Masse des Sterns – in den Weltraum geschleudert. Bei Sternen mit mindestens 2 Sonnenmassen erfolgt der Übergang zum Heliumbrennen allmählicher, aber das Endergebnis ist genau das gleiche.

Am Anfang dieser Phase seiner Entwicklung als Roter Riese befindet sich die Hälfte der Masse eines Sterns wie der Sonne in dem (nicht mehr entarteten) Heliumkern, der hundertmal heller leuchtet als die Sonne heute. Aber seine Außenschichten werden durch die von unten aufsteigende Hitze zu einer gigantischen Gasatmosphäre aufgebläht, so daß die Energie, die von jedem Quadratmeter Oberfläche abstrahlt, relativ gering ist und die kühle Oberfläche rot leuchtet. Wenn die Sonne das Rote-Riesen-Stadium erreicht, wird sie sich so weit ausgedehnt haben, daß ihr Durchmesser größer ist als die Umlaufbahn des Merkurs, aber sie wird mindestens ein Viertel ihrer ursprünglichen Masse verloren haben, weil Materie aus ihren Außenschichten in den Weltraum entwichen ist.

Diese Phase der Sternentwicklung dauert jedoch nicht sehr lange, weil das Heliumbrennen viel weniger Energie liefert als das Wasserstoffbrennen. Die Gesamtenergie, die freigesetzt wird, wenn drei Alphateilchen zu einem Kohlenstoff-12-Kern verschmelzen, beträgt nur 10 Prozent der Energie, die freigesetzt wird, wenn ein Helium-4-Kern (ein Alphateilchen) aus vier Protonen (Wasserstoffkernen) zusammengebaut wird. Daher müßte

---

* Die Veränderungen im Aufbau eines Sterns dauern zu diesem Zeitpunkt seiner Entwicklung kaum länger als eine Minute. Als die Astronomen in den sechziger und siebziger Jahren erstmals Computerprogramme entwickelten, um den Ablauf dieser Veränderungen zu berechnen, dauerte die Durchführung dieser Programme viel länger als der tatsächliche Prozeß der Strukturveränderung.

das Heliumbrennen viel schneller ablaufen als das Wasserstoffbrennen, wenn die Helligkeit des Sterns erhalten bleiben soll, und erst recht, wenn er hundertmal heller leuchten soll. Das Heliumbrennen in einem Stern mit derselben Masse wie die Sonne dauert nur etwa 150 Millionen Jahre. Während dieser Zeit verfügt der Stern über zwei Energiequellen – Heliumbrennen im Kern und Wasserstoffbrennen, das nach wie vor in einer dünnen Schale um den Kern stattfindet.

Auch all diese Aktivitäten wirken sich auf das äußere Erscheinungsbild des Sterns nicht so aus, wie man vielleicht erwarten würde – statt nach dem Helium-Flash noch weiter zu expandieren, ziehen sich die Außenschichten des Sterns etwas zusammen, und seine Leuchtkraft fällt auf etwa ein Zehntel der Stärke vor dem Helium-Flash. Dies ist darauf zurückzuführen, daß der innere Heliumkern des Sterns expandiert ist, und dies hat den Bereich um den Kern, der für das Wasserstoffbrennen zur Verfügung steht, verkleinert; daher läuft dieser Prozeß der Energieerzeugung mit deutlich geringerem Wirkungsgrad ab als vor dem Helium-Flash. Doch zumindest die Logik ist in sich stimmig – wenn der Kern schrumpft, expandieren die Außenschichten, und wenn der Kern expandiert, schrumpfen die Außenschichten.

Beim Heliumbrennen im Kern entsteht nicht nur Kohlenstoff; vielmehr verbinden sich unter diesen Bedingungen Kohlenstoffkerne bereitwillig mit Alphateilchen zu Sauerstoffkernen, und dies hilft, das Unvermeidliche aufzuschieben. Daher ist die »Asche«, die beim Heliumbrennen anfällt, ein Gemisch aus Kohlenstoff und Sauerstoff. Allerdings bedeutet dies das Aus für einen Stern, der ungefähr die gleiche Ausgangsmasse wie die Sonne hat. Nachdem das gesamte Helium im Kern auf diese Weise aufgebraucht worden ist, wird der Stern zu einer sich abkühlenden Kugel aus entarteter Materie, weil er in seinem Zentrum nie mehr hinreichend hohe Temperaturen erreicht, um weitere Phasen von Kernprozessen auszulösen. Während seiner späteren Entwicklung wird ein solcher Stern sogar noch mehr Materie aus seiner dünnen äußeren Atmosphäre in den Weltraum hinausschleudern; die Asche der Sonne verbrennt zu einem sogenannten Weißen Zwerg, der nur die Hälfte der ursprünglichen Sonnenmasse besitzt.

Bei vielen Sternen mit etwa 1 bis 4 Sonnenmassen werden die Außenschichten fast völlig weggeschleudert; dabei expandiert eine Schale ausgeschleuderter Materie vom Zentralstern weg. Diese Schalen bleiben so lange sichtbar, wie der Stern in der Mitte scheint und sie zum Leuchten anregt. Sie werden Planetarische Nebel genannt, weil sie in den kleinen Fernrohren, durch die man sie erstmals beobachtete, aufgrund ihres annähernd kreisförmigen Erscheinungsbildes Planeten ähnlich sahen.

Astronomen haben berechnet, daß alle Planetarischen Nebel im Milchstraßensystem im Schnitt jedes Jahr etwa 5 Sonnenmassen an Sternmaterie in den interstellaren Raum rückführen. Dies entspricht etwa 15 Prozent der gesamten von Sternen weggeschleuderten Materie, die nun für die Bildung neuer Sterne zur Verfügung steht. Der größte Teil dieser Materie besteht aus Wasserstoff und Helium (besonders bei Sternen, die nur leicht massereicher als die Sonne sind), aber manchmal mischen sich schwerere Elemente, die bei thermonuklearen Prozessen entstanden sind, unter die Außenschichten des Sterns, bevor diese abgestoßen werden. Auf diese Weise können Sauerstoff, Kohlenstoff und Stickstoff nach ihrer Produktion im Innern von Sternen in interstellare Wolken gelangen. Tatsächlich ist der Prozeß des Abschleuderns von Materie aus masseärmen Sternen eine besonders wichtige Quelle von Stickstoff, der ein Nebenprodukt des CNO-Zyklus ist; obgleich, wie wir sehen werden, Kohlenstoff und Sauerstoff in geringen Mengen auch auf andere Weise gebildet werden, ist dies praktisch die einzige Stickstoffquelle im Weltall. Wir können absolut sicher sein, daß der gesamte Stickstoff in der Luft, die wir atmen, sowie in der DNA unserer Zellen (sowie der meiste Kohlenstoff in unserem Körper) zuvor Bestandteil von einem oder mehreren Planetarischen Nebeln war, die von Roten Riesen ausgeschleudert wurden.

Nach dieser aktiven Phase, die für die Existenz von Leben, wie wir es kennen, von so entscheidender Bedeutung ist, erlischt der Rote Riese, wenn er ursprünglich nur aus wenigen Sonnenmassen bestand. Der verbleibende Kern des Sterns, eine Kugel aus entartetem Kohlenstoff und Sauerstoff, entwickelt sich zu einem Weißen Zwerg und verblaßt allmählich zur Bedeutungslosigkeit (tatsächlich erreichen Sterne mit weniger als einer halben Sonnenmasse im Innern nie die erforderliche »Zündtemperatur« für das Heliumbrennen, und sie beschließen ihre Entwicklung als Kugeln aus entartetem Helium). Zumindest entwickelt er sich dann zu einem Weißen Zwerg, wenn die Gesamtmasse des Rests, der nach dem Abstoßen der Außenschichten zurückbleibt, geringer als 1,4 Sonnenmassen ist. Bei allen massereicheren Sternen ist, wie wir sehen werden, eine weitere Etappe des Kollapses unvermeidlich. Doch unter Berücksichtigung der erheblichen Gasmassen, die ein Stern während seiner Zeit als Roter Riese ausgestoßen hat, ist das Altern als abkühlender Weißer Zwerg das Schicksal aller isolierten Sterne mit einer Entstehungsmasse kleiner als etwa 4 Sonnenmassen.

Ein Stern von circa 4 Sonnenmassen bleibt nur etwas mehr als 600 Millionen Jahre in der Hauptreihe und durchläuft seine späteren Entwicklungsstadien entsprechend schnell – als eine (sehr grobe) Faustregel gilt, daß die Gesamtzeit, die ein Stern als Roter Riese (vor und während des Heliumbrennens) existiert, etwa 10 Prozent der Zeit beträgt, die er in der Hauptreihe verbringt. Doch obgleich Sterne mit 4 bis 8 Sonnenmassen im Vergleich zur Sonne nur kurze Zeit existieren, beenden sie ihre Entwicklung in einer viel spektakuläreren Weise und bereichern dabei die Milchstraße. Vielleicht denken Sie, daß ein massereicherer Stern als die Sonne, sobald das ganze Helium in seinem Kern in Kohlenstoff und Sauerstoff umgewandelt ist, sich einfach wieder zusammenzieht, wobei er Gravitationsenergie freisetzen und sich in seinem Innern so lange aufheizen würde, bis er durch Verschmelzung von Kohlenstoff- und Sauerstoffkernen zu schwereren Elementen Energie erzeugen könnte. Doch nur wenn der Stern mindestens 8 bis 10 Sonnenmassen besitzt, so daß er alle Teilchen in seinem Kern festhalten kann, läuft der Prozeß so einfach ab.

Am wichtigsten ist, daß der Überrest eines solchen Sterns auch am Ende seiner Existenz als Roter Riese (anders als die Sonne) in seinem früheren Kern immer noch mehr als 1,4 Sonnenmassen besitzt, nachdem der gesamte Wasserstoff und das gesamte Helium in seiner Atmosphäre (sowie Reste von Elementen wie Kohlenstoff und Stickstoff und Sauerstoff) weggeblasen worden sind. Dies ist deshalb von Bedeutung, weil auch entartete Materie nur eine begrenzte Festigkeit besitzt. Wenn der Überrest eines Weißen Zwergs mehr als 1,4 Sonnenmassen besitzt (ein nach dem Astrophysiker, der den Effekt als erster berechnete, als Chandrasekharsche Grenzmasse bezeichneter Wert), dann ist die Gravitation stärker als die Quantenkräfte, die die entartete Materie stabilisieren, und der Sternrest stürzt rasch in sich zusammen. Dabei wird in einer sehr kurzen Zeitspanne eine große Wärmemenge freigesetzt, die eine Phase intensiver Kernfusionsprozesse auslöst.

In den Endstadien der aktiven Existenz eines solchen Sterns ist die Kernsynthese ein komplizierterer Prozeß als der Einbau von Alphateilchen, durch den Helium in Sauerstoff umgewandelt wird. Beim »Kohlenstoffbrennen« verbinden sich Kohlenstoffkerne unter Ausstoßung verschiedener Teilchen in unterschiedlicher Weise miteinander. Zwei Kohlenstoffkerne können zu einem Neon-20-Kern verschmelzen, wobei ein Alphateilchen übrigbleibt; sie können aber auch unter Aussendung eines Protons zu Natrium-23 verschmelzen oder sich unter Aussendung eines Neutrons zu Magnesium-23 vereinigen. Auf diese Weise – durch das Kohlenstoffbrennen im Innern von Sternen – entstehen das Neon, das bei Neonbeleuchtung verwendet wird, das Natrium im gewöhnlichen Kochsalz und das Magnesium, das (passenderweise) in Feuerwerkskörpern verwendet wird. Bei diesen Wechselwirkungen wird nicht nur Energie freigesetzt (und zwar bei all diesen Wechselwirkungen geringfügig mehr Energie als bei der Bildung eines einzelnen Kohlenstoff-12-Kerns durch die Drei-Alpha-Reaktion), sondern es entstehen auch alle Arten von Teilchen, die für Wechselwirkungen mit anderen Kernen, etwa Sauerstoffkernen, benötigt werden und die die Vielfalt der vorhandenen Elemente erhöhen. Unter den extremen Bedingungen, die im Kern eines solchen Roten Riesen herrschen (faktisch ein entarteter Weißer Zwerg), führt dies zu einer unkontrollierten Folge von Kernwechselwirkungen, die bis zu Nickel-56 fortschreitet, das dann zu Eisen-56 zerfällt. Bei einem Stern mit 4 bis 6 Sonnenmassen werden dabei möglicherweise die gesamten Außenschichten weggeblasen, so daß ein »normaler« Weißer Zwerg mit weniger als der Chandrasekharschen Grenzmasse übrigbleibt. Einen Stern von 6 bis 8 Sonnenmassen – und vermutlich auch geringfügig masseärmere Sterne – zerstört dieses explosionsartige Einsetzen von Kernverschmelzungsprozessen vollständig und verstreut seine gesamte Masse in Form von schweren Elementen in den interstellaren Raum. Die Menge an Eisen, die bei einer einzigen derartigen Explosion in der Milchstraße verteilt wird, kann sich auf weit über eine halbe Sonnenmasse belaufen, wobei etwa ein Viertel soviel Sauerstoff wie Eisen und geringere Mengen anderer Elemente erzeugt werden. Dieses Szenario einer vollständigen Auflösung eines entarteten Sterns zu einer Supernova, die durch explosives Kohlenstoffbrennen ausgelöst wird, wurde erstmals 1960 von Fred Hoyle und Willy Fowler beschrieben. Seither ist es durch das altbewährte Zusammenwirken von verbesserten theoretischen Modellen (basierend auf besseren Kerneinfangquerschnitten und besseren Computersimulationen) und Beobachtungen realer Supernovae erheblich verfeinert worden. Wie wir sehen werden, hat sich gezeigt, daß nicht nur ein Einzelstern von etwa 8 Sonnenmassen, sondern auch masseärmere Sterne, die Doppelsternsystemen angehören, in dieser Weise zerstört werden können. Doch bevor wir auf die Einzelheiten eingehen, möchte ich Ihnen eine Vorstellung davon vermitteln, welch eine gewaltige Explosion eine Supernova darstellt.

Die Bezeichnung legt die Vermutung nahe, daß es sich bei

einer Supernova um eine besonders große Nova handelt. Dies stimmt auch in gewisser Hinsicht – aber nur in dem Sinne, in dem eine Wasserstoffbombe einem besonders großen Feuerwerkskörper gleicht. Novae verdanken ihre Bezeichnung der Tatsache, daß Astronomen der Vergangenheit sie für »neue« Sterne hielten, die plötzlich und unter starkem Aufleuchten entstehen. Wir wissen jedoch heute, daß Novae in Wirklichkeit vorübergehende Helligkeitsausbrüche schwach leuchtender Sterne sind, die oft durch Fernrohre beobachtet werden können und keineswegs neu entstanden sind. Bei einem typischen Nova-Ausbruch nimmt die Leuchtkraft eines Sterns binnen weniger Tage um einen Faktor von etwa 100 000 zu und fällt dann innerhalb weniger Monate wieder auf das Ausgangsniveau zurück. In einer gewöhnlichen Galaxie wie unserem Milchstraßensystem gibt es etwa 25 Novae pro Jahr. Sie ereignen sich in Doppelsternsystemen, in denen ein Weißer Zwerg mit einer Masse weit unterhalb der Chandrasekharschen Grenzmasse einen Roten Riesen umläuft. Materie aus den dünnen Außenschichten des Roten Riesen wird durch die Massenanziehung des Weißen Zwergs herausgerissen und fällt mit einer Rate von etwa einer milliardstel Sonnenmasse pro Jahr auf seine Oberfläche. Dort lagert sich das von dem Roten Riesen abströmende Wasserstoff- und Heliumgemisch in einer Schicht ab, bis der Druck an der Schichtuntergrenze so stark ansteigt, daß eine explosionsartige Folge von Kernreaktionen einsetzt, die die Materie ins Weltall wegbläst, während der Stern zum Leuchten angeregt wird. Der gesamte Prozeß kann dann wieder von vorn beginnen.

So eindrucksvoll die Energiefreisetzung bei einer Nova nach menschlichen Maßstäben ist, so ist sie doch im Vergleich zu einer Supernova lächerlich klein: Bei einer Supernova wird eine Million Mal soviel Energie freigesetzt, und sie leuchtet kurze Zeit so hell wie alle Sterne in einer Galaxie, etwa der Milchstraße, zusammengenommen. Und zwar leuchtet sie ein paar Wochen lang buchstäblich so hell wie 100 Milliarden Sonnen. Supernovae sind viel seltener als Novae – Tycho Brahe entdeckte 1572 eine

Supernova in der Galaxis, und Johannes Kepler sah 1604, nur 32 Jahre später, eine weitere; seither wurden in der Milchstraße jedoch keine mehr gesichtet; allerdings wurde 1987 in der Großen Magellanschen Wolke, einem kleinen Sternsystem in der Nähe unserer Milchstraße, eine Supernova beobachtet.

Tatsächlich sind Supernovae so selten, daß Astronomen erst Mitte der zwanziger Jahre, als sich die Dimensionen des Weltalls ihnen allmählich erschlossen, ihre wahre Natur erkannten. Bis dahin konnte man nach wie vor behaupten, das System, das wir heute Milchstraße nennen, eine abgeflachte Scheibe aus Sternen mit einem Durchmesser von etwa 100 000 Lichtjahren, die einige hundert Milliarden Sterne enthält, sei das gesamte Weltall. Nicht scharf begrenzte leuchtende Felder am Himmel, sogenannte Nebel, waren bereits viel früher beobachtet worden, doch zu Beginn des 20. Jahrhunderts konnte niemand zweifelsfrei feststellen, ob diese unscharfen Flecken Materiewolken innerhalb der Milchstraße oder relativ kleine Sternsysteme (vergleichbar mit Sternhaufen) sind, die die Milchstraße umlaufen, oder (die extremste Möglichkeit) ganze Sternsysteme ähnlich der Milchstraße, jedoch so weit entfernt, daß selbst mit den besten verfügbaren Teleskopen keine Einzelsterne unterschieden werden konnten.

Die Diskussion wurde durch die Entdeckung einer, wie es schien, gewöhnlichen Nova in einem dieser unscharfen Nebel (damals Andromeda-Nebel genannt) im Jahr 1885 erschwert. Die »Nova« wurde untersucht und fotografiert, doch damals verfügte man nicht über die Mittel, um ihre Entfernung zu bestimmen. 1901 wurde dann eine weitere Nova in der Milchstraße gesichtet, die diesmal so nahe war, daß man ihre Entfernung messen konnte; dabei benutzte man einen ziemlich raffinierten Trick, ausgehend von der Geschwindigkeit, mit der von dem Nebel ausgesandtes Licht Gaswolken in unterschiedlicher Entfernung von dem plötzlich aufleuchtenden Stern zum Leuchten anregte. Da die Lichtgeschwindigkeit bekannt ist, konnten Astronomen berechnen, wie weit diese Wolken von der Nova entfernt waren (wenn das Licht eine Woche braucht, um eine bestimmte Wolke zu erreichen, dann ist diese Wolke eine Lichtwoche von der Nova entfernt), und anschließend mit Hilfe einfacher Triangulation bestimmen, wie weit die Nova und die Wolke entfernt sein müssen. Diese Technik erbringt nur Näherungswerte, weil die Wolken, die in dieser Weise zum Leuchten angeregt werden, um die Nova verstreut sind, das heißt, einige liegen etwas näher bei uns als bei der Nova, und einige sind etwas weiter entfernt, aber Näherungswerte sind besser als nichts. Das Verfahren ergab eine Entfernung von 500 Lichtjahren, was im Vergleich zur Größe der Milchstraße geradezu »gleich nebenan« bedeutet. Die Nova im Andromeda-Nebel leuchtete jedoch 250mal schwächer als die Nova von 1901 – was bedeutete, daß sie etwa 8000 Lichtjahre voneinander entfernt sein mußten, wenn sie zur selben Klasse von Himmelskörpern gehörten.* Der Andromeda-Nebel schien eine Materiewolke innerhalb der Milchstraße zu sein.

Als die Technik besser wurde und das 250-cm-Teleskop auf dem Mount Wilson zur Verfügung stand, konnte Edwin Hubble Mitte der zwanziger Jahre die Entfernung des Andromeda-Nebels bestimmen, indem er einzelne variable Delta-Cephei-Sterne im Nebel identifizierte. Er wartete mit einem viel höheren Wert für die Entfernung auf. Aufgrund moderner Verbesserungen der Technik wissen wir heute, daß dieser »Nebel« in Wirklichkeit eine Galaxie ist, die große Ähnlichkeit mit der Milchstraße hat und etwa 2 *Millionen* Lichtjahre von der Sonne entfernt ist. Diese Entdeckung war ein Meilenstein bei der Erarbeitung einer Entfernungsskala für das Weltall und schließlich bei der Berechnung seines Alters (der Zeit, die seit dem Urknall vergangen ist), wie ich in *The Birth of Time* beschrieb. Doch hier zählt, daß, wenn

---

* Wenn man die Entfernung aus den relativen Helligkeiten errechnen will, braucht man lediglich 500 mit der Quadratwurzel von 250 zu multiplizieren, da die Helligkeit mit dem Quadrat der Entfernung abnimmt.

der Andromeda-Nebel (beziehungsweise die Andromeda-Galaxie, wie sie heute genannt wird) etwa 250mal weiter von der Sonne entfernt ist, als 1901 berechnet, die »Nova«, die man 1885 in ihm sah, mehrere tausendmal heller geleuchtet haben muß als die Nova von 1901 in der Milchstraße; wahrscheinlich hat sie mindestens so hell geleuchtet wie 100 Millionen Sonnen.* Die Erkenntnis, daß es sich bei diesen Helligkeitsausbrüchen von Sternen um etwas ganz anderes handelt als um eine gewöhnliche Nova, wurde sogleich bestätigt, als Astronomen echte Novae in der Andromeda-Galaxie nachweisen konnten und herausfanden, daß sie wirklich so schwach leuchteten, wie aus der großen Entfernung folgte. Tatsächlich zeigte sich später, daß diese überhellen Novae noch heller leuchten, als die erste Berechnung ergab, weil das Ereignis von 1885 in der Andromeda-Galaxie durch Staubwolken in der Sichtlinie verdunkelt wurde.

Erinnern wir uns daran, daß sich all dies zehn Jahre, bevor Hans Bethe (und andere) die Kernverschmelzungsprozesse herausarbeitete, die Sterne zum Leuchten anregen, ereignete. Die überhellen Novae wurden Ende der zwanziger Jahre mit verschiedenen Namen benannt, aber der Astrophysiker Fritz Zwicky begann in seinen Vorlesungen am Caltech Anfang der dreißiger Jahre den Terminus »Super-Novae« (mit einem Bindestrich) zu verwenden. Nachdem er und Walter Baade 1934 einen Aufsatz über dieses Thema mit dem Titel »On Super-Novae« (»Über Super-Novae«) geschrieben hatten, setzte sich der Name allgemein durch, und der Bindestrich wurde bald fallengelassen. Wenn man diesen Aufsatz und insbesondere einen zweiten Aufsatz, den dasselbe Team zu einem späteren Datum im gleichen Jahr veröffentlichte, heute zum ersten Mal liest, ist man genauso nachhaltig beeindruckt wie von $B^2FH$. Er reicht nicht ganz an

---

* Daß ein Faktor von 250 sowohl hier als auch in der früheren Berechnung auftaucht, ist lediglich ein Zufall. Diese Zahlen sind gerundete Schätzwerte, die Ihnen eine Vorstellung von den Größenordnungen vermitteln sollen.

jenen Aufsatz heran, weil die Zusammenarbeit von Baade und Zwicky im Jahr 1934 eher spekulative als definitive Resultate erbrachte. Aber das konnte auch gar nicht anders sein. Der Aufsatz wurde Jahre, bevor Astronomen detailliert herausgearbeitet hatten, was Sterne zum Leuchten anregt, geschrieben (zehn Jahre, bevor Baade selbst das Interesse des jungen Fred Hoyle an der Frage anstachelte, wie schwere Elemente im Innern von Sternen aufgebaut werden) und nur zwei Jahre, nachdem James Chadwick das Neutron entdeckt hatte. Und nur drei Jahre zuvor hatte Subrahmanyan Chandrasekhar seine Berechnungen veröffentlicht, mit denen er nachwies, daß jeder Weiße Zwerg mit mehr als 1,4 Sonnenmassen zu einem geheimnisvollen, damals unbekannten Ding kollabieren muß. Dennoch zogen Baade und Zwicky den (richtigen) Schluß, daß die enorme Energieleistung einer Supernova mit dem Kollaps eines gewöhnlichen Sterns in einen überdichten Zustand einhergeht – viel dichter als ein Weißer Zwerg –, in dem er völlig aus Neutronen besteht – einen Neutronenstern. Es war ein glänzendes Beispiel für wissenschaftliche Intuition, aber es stand auch in völligem Einklang mit der Logik, die Conan Doyle durch die Stimme der von ihm geschaffenen Figur Sherlock Holmes propagierte – man schließe das Unmögliche aus, und das, was übrigbleibt, muß die Wahrheit sein, so unwahrscheinlich es auch ist.

Baade und Zwicky veröffentlichten ihre Ideen in zwei aufeinanderfolgenden Aufsätzen, die 1934 in den *Proceedings of the National Academy of Sciences* erschienen. Im ersten Beitrag gingen sie der Frage nach dem Ursprung der Energie nach, die bei einer Supernova-Explosion freigesetzt wird – und die ihres Erachtens mehrere zehnmillionen Mal schneller freigesetzt wurde als die stetige Strahlung der Sonne. Die Schlußfolgerung, die sie aus diesen Berechnungen zogen (nachdem sie das Unmögliche ausgeschlossen hatten), lautete, daß »die Gesamtenergie, die im Supernova-Prozeß ausgesendet wird, einen erheblichen Teil der Sternmasse darstellt«. Im zweiten Beitrag wiesen sie darauf hin, daß die Energie, die mit dem $mc^2$ eines ganzen Sterns vergleichbar ist, am wahrscheinlichsten durch den Gravitationskollaps des Sterns zu einem sehr dichten Objekt freigesetzt wird. Bei einem Gravitationskollaps wird immer Energie freigesetzt – erinnern wir uns daran, daß Sterne sich im Innern ursprünglich auf diese Weise aufheizen. Doch damit eine Supernova so viel Energie freisetzt, mußten Baade und Zwicky den Schluß ziehen, daß der Endpunkt des Kollapses Materie in ihrer höchsten Dichte, in Form von Neutronen, sein müsse.

Dies war kein Schuß ins Blaue. Im Jahr 1932 griff der russische Physiker Lew Landau, der damals das Forschungsinstitut von Niels Bohr in Kopenhagen besuchte, die Ankündigung auf, daß Chadwick das Neutron entdeckt hatte, und äußerte gegenüber seinen Kollegen sogleich die Vermutung, daß Sterne in ihrem Zentrum Kugeln aus Neutronenmaterie enthalten könnten. Er war der Meinung, daß die Energie, die ein Stern kontinuierlich im Verlauf seiner Entwicklung freisetzt, durch einen allmählichen Sturz von Materie aus den Außenschichten des Sterns in diesen Neutronenkern erzeugt wird; doch Baade und Zwicky behaupteten, ein Neutronenstern entstehe schlagartig und setze alle verfügbare Gravitationsenergie binnen weniger Tage frei. »Wir vertreten die Ansicht«, so schrieben sie, »daß eine Supernova den Übergang eines gewöhnlichen Sterns in einen *Neutronenstern* [Hervorhebung durch die Verf.] darstellt, der hauptsächlich aus Neutronen besteht. Ein solcher Stern besitzt möglicherweise einen sehr kleinen Radius und eine extrem hohe Dichte. [Er] würde daher die stabilste Zustandsform der Materie als solche darstellen.«

Landau war 1932 in die Sowjetunion zurückgekehrt und veröffentlichte seine Ideen über »Neutronenkerne« erst 1938. Etwa zur gleichen Zeit interessierte sich der Amerikaner Robert Oppenheimer für die mögliche Existenz von Neutronensternen, und in Zusammenarbeit mit mehreren seiner Studenten veröffentlichte er Ende der dreißiger Jahre eine Reihe von Aufsätzen, in denen er die Eigenschaften diskutierte, die solche Objekte besitzen müßten, wenn die bekannten Gesetze der Physik (insbesondere die neuen Erkenntnisse der Quantenmechanik) gälten. So wie Chandrasekhar gezeigt hatte, daß ein Weißer Zwerg eine gewisse Grenzmasse nicht überschreiten darf, da er andernfalls (vermutlich zu einem Neutronenstern, wie man 1938 geglaubt haben dürfte) zusammenstürzt, so berechnete die Gruppe um Oppenheimer, wieviel Masse ein Neutronenstern besitzen kann, ohne in sich zusammenzustürzen. Doch Baade und Zwicky hatten recht – ein Neutronenstern stellt »die stabilste Zustandsform der Materie als solche« dar. Wenn ein Neutronenstern beim Überschreiten seiner Grenzmasse in sich zusammenstürzt, dann tut er dies zur Gänze – er löst sich in einem sogenannten Schwarzen Loch auf. Die kritische Masse für einen Neutronenstern, die sogenannte Oppenheimer-Volkoff-Grenze, beträgt etwa 3 Sonnenmassen.

Keine dieser Ideen wurde in den vierziger Jahre sofort aufgegriffen. Dies lag unter anderem daran, daß der Zweite Weltkrieg die Physiker von ihrer wissenschaftlichen Forschungsarbeit ablenkte – Oppenheimer selbst war führend am Manhattan-Projekt beteiligt, dessen Zweck der Bau der ersten Atombombe war. Doch für die Entwicklung der Astronomie (beziehungsweise für den damaligen Stillstand in diesem Bereich der Astronomie) war genauso wichtig, daß die Theoretiker den Empirikern vorausgeeilt waren, indem sie Ideen vortrugen, die schlicht nicht durch Vergleich mit den damals verfügbaren Beobachtungsdaten überprüft werden konnten. Obgleich man in der Ära vor Erfindung des Fernrohrs einige Supernovae beobachtet hatte, waren bis 1934, als Baade und Zwicky ihre Hypothese erstmals vorstellten, nur zwanzig Supernovae gesichtet und fotografiert worden, und keine einzige war so detailliert genug untersucht worden, um ihre Spektren zu analysieren. Erst 1936, als ein spezielles fotografisches 5-Meter-Fernrohr, ein sogenanntes Schmidt-Spiegelteleskop, auf dem Mount Palomar in Kalifornien einsatzbereit war, fand Zwicky regelmäßig Supernovae, die in Galaxien jenseits der Milchstraße ausbrachen, und zwar jeweils zwei pro Jahr. Dies war der Anfang der naturwissenschaftlichen Erforschung von

*Die Superstern-Familie* **195**

Supernovae. Mit Hilfe des Schmidt-Spiegelteleskops, das ein weites Blickfeld hat, gelang es Zwicky, viele Galaxien aufzuspüren; sobald er eine Supernova erspäht hatte, benachrichtigte er seine Kollegen auf dem nahegelegenen Mount Wilson, wo das 2,5-Meter-Fernrohr (damals das beste auf der Welt) ihre Spektren erfaßte.

Gerade als die Dinge interessant wurden, wurde auch dieses Projekt durch den Zweiten Weltkrieg behindert. Doch Ende der vierziger Jahre wurden ein größeres Schmidt-Spiegelteleskop sowie das 5-Meter-Fernrohr entwickelt, und in den folgenden Jahren und Jahrzehnten wurden viele weitere Supernovae entdeckt. Als Zwicky 1974 starb, waren über vierhundert dieser Objekte eingehend untersucht worden; er allein hatte über einhundert entdeckt. Nachdem die Astronomen Hunderte von Supernovae fotografiert und spektroskopisch analysiert hatten, konnten sie sich endlich ein klares Bild von den Vorgängen machen und erkannten, daß es mehr als eine Art von Supernova gibt.

Man unterscheidet im wesentlichen zwischen zwei Arten von Supernovae, die als Typ I und Typ II bezeichnet werden (es gibt Subklassifikationen, die jedoch nur für den Fachmann von Interesse sind). Für die Geschichte, die ich hier erzähle, ist nur von Belang, daß die beiden Typen von Supernovae unterschiedliche Mengen diverser Elemente erzeugen und daß beide Typen zu der Mischung von Elementen beigetragen haben, aus denen wir bestehen. Die Geschichte zeichnete sich nur langsam ab, und sie verdankte sich wie gewöhnlich besseren Beobachtungsdaten, die auf einer leistungsfähigeren Teleskoptechnik sowie besseren theoretischen Modellen basierten, die ihrerseits auf Computersimulationen der Vorgänge im Innern von Sternen am Ende ihrer Entwicklung beruhen. Dennoch war sie Mitte der achtziger Jahre mehr oder minder abgeschlossen.

Die Abgrenzung zwischen den beiden Supernovae-Typen basiert auf beobachteten Unterschieden in ihrem Verhalten. Die graphische Darstellung der Veränderung der Helligkeit eines veränderlichen Sterns wird »Lichtkurve« genannt, und die Lichtkurven aller Supernovae vom Typ I sehen einander sehr ähnlich.* Sie erreichen schnell – nach etwa zwei Wochen – ihre maximale Helligkeit, die dann im Verlauf der nächsten Wochen steil abfällt und schließlich in eine sanftere, exponentielle Abschwächung übergeht. In dieser Phase des exponentiellen Helligkeitsabfalls dauert es eine bestimmte Anzahl von Tagen, bis der Stern die Hälfte seiner maximalen Helligkeit erreicht, dann dieselbe Anzahl von Tagen, bis er auf die Hälfte dieser Helligkeit abfällt (ein Viertel der maximalen Helligkeit), und so weiter. Die »Halbwertszeit« der Lichtkurve einer Typ-I-Supernova beträgt etwa 50 Tage.

Abgesehen von dieser spezifischen Helligkeitsveränderung gleichen auch die Spektren von Typ-I-Supernovae denen keines anderen Sterntyps. Wenn sie am hellsten leuchten, zeigen sie keine scharfen Linien, die die Anwesenheit von Atomen bestimmter Elemente verraten, sondern sehr breite Bänder von Hell und Dunkel. Dies wird als ein Hinweis darauf interpretiert, daß das Licht von einem Materiegemisch mit heftigen Turbulenzen abgestrahlt wird. Einzelne Atome bewegen sich mit hoher Geschwindigkeit auf ungeordneten Bahnen, so daß das Licht, das von einem Atom ausgestrahlt wird, extrem weit nach Blau (wenn es sich zufälligerweise auf uns zu bewegt) oder nach Rot (wenn es sich von uns entfernt) verschoben sein kann. Das normale Muster heller und dunkler Linien im Spektrum wird durch sehr starke Dopplerverschiebungen zu breiten hellen und dunklen Bändern verschmiert. Dies geschieht, wenn sich die Atome mit mindestens 10 000 km/s bewegen – etwa zehntausendmal schneller als die sich chaotisch bewegenden Moleküle in der Luft, die wir atmen. Auswertbare Spektren kommen erst in dem Maße in dem verschwommenen Muster aus hellen und dunklen

---

* Für die oben erwähnten Fachleute: Wenn ich fortan von Typ-I-Supernovae spreche, meine ich genaugenommen Typ-Ia-Supernovae.

Die Superstern-Familie  **197**

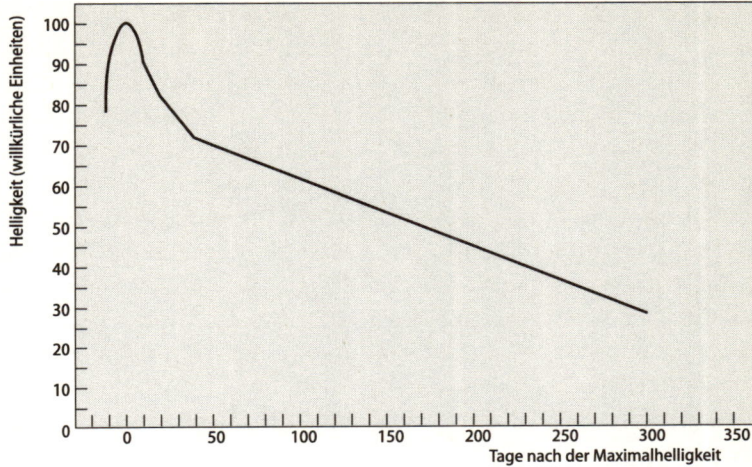

**ABBILDUNG 8.1** Eine schematische Lichtkurve, die die typische Helligkeitsänderung einer Typ-I-Supernova darstellt.

Banden zum Vorschein, wie sich die Materie abkühlt und die Helligkeit der Supernova unter ihr Maximum abfällt.

Die Lichtkurven von Typ-II-Supernovae sind nicht exakt deckungsgleich; doch das Entscheidende ist, daß keine dieser Lichtkurven so aussieht wie die Lichtkurve einer Typ-I-Supernova. Typ-II-Supernovae leuchten nicht einfach auf und beginnen dann sofort, ihre Leuchtkraft zu verlieren, vielmehr verharrt ihre Helligkeit eine Zeitlang, bis zu mehreren Wochen, in der Nähe der maximalen Helligkeit und fällt dann langsamer ab als bei Typ-I-Supernovae. Sie haben auch andere Spektren. Obgleich sich die Atome so schnell bewegen, daß die Linien deutlich verbreitert werden, bewegen sie sich nicht so schnell wie Atome in Typ-I-Supernovae (ungefähr ein Zehntel so schnell), so daß die Spektrallinien selbst bei Maximalhelligkeit noch relativ leicht identifiziert werden können. Die Materie, die von einer Typ-II-Supernova weggeschleudert wird, enthält erwartungsgemäß immer einen hohen Anteil an Wasserstoff, aber auch viele

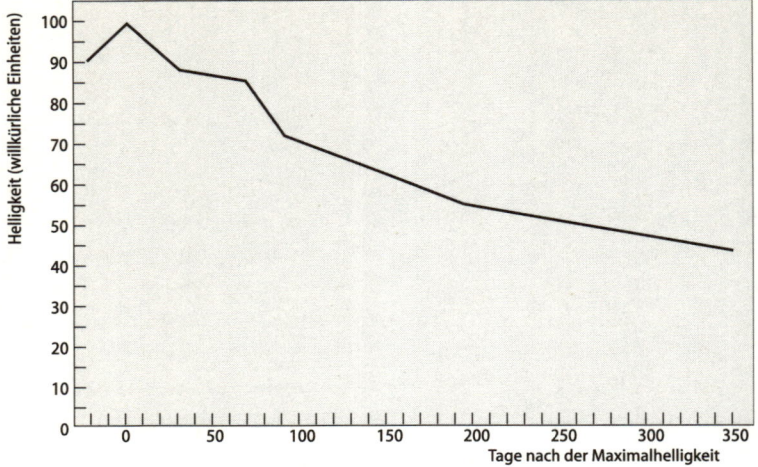

**ABBILDUNG 8.2** Eine schematische Lichtkurve, die die typische Helligkeitsänderung einer Typ-II-Supernova zeigt. Die Helligkeit nimmt langsamer ab als bei einer Typ-I-Supernova; weitere Unterschiede zwischen den beiden Typen von Sternexplosionen werden im Text erörtert.

andere Elemente, etwa Helium, Magnesium und Silizium. Wenn die Spektren einer Typ-I-Supernova analysiert werden können, findet man bezeichnenderweise keinerlei Anhaltspunkte dafür, daß in dem explodierenden Stern Wasserstoff vorhanden wäre, obwohl Wasserstoff mit Abstand das häufigste Element im Weltall ist. Aber in dem Maße, wie sich die Typ-I-Supernova abkühlt, werden Spektrallinien anderer Elemente einschließlich Eisen sichtbar.

Zwischen Typ-I- und Typ-II-Supernovae besteht ein weiterer Unterschied. Typ-I-Supernovae können überall in einem Spiralsystem wie der Milchstraße auftreten, ebenso in elliptischen Galaxien. Typ-II-Supernovae dagegen beobachtet man nur unter den Staub- und Gaswolken in den Verzweigungen von Spiralsystemen, die bekanntlich mit der Geburt neuer Sterne einhergehen. Schließlich leuchten Typ-I-Supernovae auch viel heller als Typ-II-Supernovae – alle Typ-I-Supernovae haben dieselbe Helligkeit, und diese liegt in der Regel um das Drei- bis Zehnfache über der Helligkeit einer Typ-II-Supernova, weil die Typ-II-Supernovae nicht alle dieselbe Helligkeit besitzen. Dadurch lassen sich Typ-I-Supernovae leichter in fernen, leuchtschwachen Galaxien erspähen. Doch seltsamerweise strahlen Typ-II-Supernovae sehr viel mehr Energie ab als Typ-I-Supernovae. Der größte Teil der in einer Typ-I-Supernova freigesetzten Energie erscheint als sichtbares Licht, während der größte Teil der in einer Typ-II-Supernova freigesetzten Energie in anderer Weise zum Vorschein kommt. Ich möchte nun erklären, weshalb sich diese beiden Arten von Sterntod so stark voneinander unterscheiden.

Typ-I-Supernovae ereignen sich in Doppelsternsystemen, die große Ähnlichkeit mit den Systemen besitzen, in denen sich gewöhnliche Supernovae ereignen. Der entscheidende Unterschied liegt darin, daß bei den Vorläufern von Typ-I-Supernovae Materie auf die Oberfläche eines Weißen Zwergs fällt, der sich bereits an der Chandrasekhar-Grenze von 1,4 Sonnenmassen befindet. Unter anderen Umständen würde es sehr lange dauern, bis sich ein Einzelstern von dieser Masse zu einem Weißen Zwerg entwickeln würde. Doch da diese Sterne Teile von Doppelsternsystemen sind, kann die Sternentwicklung tatsächlich beschleunigt werden – die Anwesenheit eines nahen Begleitsterns wirkt sich auf die Alterung jedes der beiden Sterne aus. Der größere Stern in dem Doppelsternsystem durchläuft seinen Lebenszyklus schneller als der kleinere Stern und wird zu einem Roten Riesen. Doch dann reißt die gravitative Anziehung des Begleiters, der noch nicht dieses Stadium in seinem Lebenszyklus erreicht hat, Materie aus den angeschwollenen Außenschichten des Riesensterns heraus; zurück bleibt der Kern, der reich an Kohlenstoff und Sauerstoff ist, die durch Heliumbrennen erzeugt wurden. Das System enthält einen Weißen Zwerg, auch wenn es nach Sternmaßstäben nicht sehr alt ist.

Jetzt besitzt der Stern, der der kleinere Begleiter war, möglicherweise eine größere Masse als dieser Weiße Zwerg und wird seinerseits zu einem Riesen, von dem Materie auf den Weißen Stern aus Kohlenstoff und Sauerstoff überströmt. Astronomen können diesen Prozeß bei manchen Doppelsternsystemen beobachten, weil die einströmende Materie so stark aufgeheizt wird, daß sie Röntgenstrahlen emittiert, die wir dort, wo sie auf den Weißen Zwerg auftreffen, messen können. Der Weiße Zwerg gewinnt infolgedessen an Masse, und genau in dem Augenblick, in dem er die Chandrasekharsche Grenzmasse erreicht, beginnt der Kern des Sterns in sich zusammenzustürzen, doch er wird sofort so stark aufgeheizt, daß die Kohlenstoffatome miteinander zu verschmelzen beginnen, wobei sie weitere Energie freisetzen und eine Welle von Kernfusionsprozessen auslösen, die wie eine Stichflamme durch den gesamten Stern rasen. Dadurch wird der Stern vollständig aufgelöst und seine ganze Materie – die gesamte Materie, die durch die plötzliche nukleare Kettenreaktion erzeugt wird – ins Weltall geschleudert, ganz so, wie es Hoyle und Fowler schon 1960 mutmaßten.

Doch das moderne Verständnis der Typ-I-Supernovae geht viel weiter als diese frühen Spekulationen von Hoyle und Fowler. Weil Typ-I-Supernovae immer nach dem gleichen Muster ablaufen, nämlich sobald die Chandrasekharsche Grenzmasse erreicht wird, sehen sie alle gleich aus und erreichen alle die gleiche Maximalhelligkeit. Doch da der Weiße Zwerg möglicherweise Hunderte von Millionen Jahren braucht, bis seine Masse die kritische Chandrasekhar-Grenze erreicht, und da das Doppelsternsystem möglicherweise noch länger bräuchte, um sich bis zu dem Punkt zu entwickeln, wo Materie von einem Riesen auf einen Weißen Zwerg aus Kohlenstoff und Sauerstoff übergeht, finden sich Typ-I-Supernovae in der Regel in der Nähe älterer Sterne, wie sie in der gesamten Milchstraße anzutreffen sind.

Die halbexplosiven Kernprozesse laufen bei einem solchen Ereignis so heftig ab, daß sie in dem kurzen Zeitraum, in dem die thermonukleare »Flamme« durch die Materie des Weißen

Zwergs rast, von Kohlenstoff und Sauerstoff bis zu Elementen der Eisengruppe alles erfassen. Die Kernreaktionen schreiten bis Nickel-56 voran, das in Kobalt-56 zerfällt, welches seinerseits in stabiles Eisen-56 zerfällt. Die radioaktiven Zerfallsprozesse, die einem exponentiellen Gesetz folgen, setzen in dem Supernova-Überrest weiterhin Energie frei, wenn die Zeit der anfänglichen Maximalintensität vorbei ist, und erzeugen die charakteristische »Halbwertszeit« der abnehmenden Lichtkurve. Die Gesamtenergie, die bei einer Typ-I-Supernova freigesetzt wird, liegt sehr nahe bei der Menge an Kernenergie, die freigesetzt würde, wenn etwa zwei Drittel einer Sonnenmasse aus Kohlenstoff und Sauerstoff in Eisen umgewandelt würden. Etwa die Hälfte der Masse des ursprünglichen Weißen Zwergs wird auf diese Weise zu Eisen, wobei kleinere Mengen anderer Elemente wie Silizium und Schwefel bei der Explosion ebenfalls in den Weltraum geschleudert werden. Allerdings entsteht bei einer Typ-I-Supernova kein Element, das schwerer als Eisen ist. Dies bringt uns zu den Typ-II-Supernovae.

Typ-II-Ereignisse finden, wie bereits erwähnt, in Sternen mit einer Entstehungsmasse von mehr als 8 bis 10 Sonnenmassen statt. Dies sind die Sterne, die schnell leben und jung sterben – erinnern wir uns daran, daß ein Stern von 4 Sonnenmassen etwa 500 Millionen Jahre in der Hauptreihe verweilt, während ein Stern von 20 Sonnenmassen nur ein paar Millionen Jahre in der Hauptreihe bleibt. Aus diesem Grund sehen wir Typ-II-Supernovae nur in den Staubscheiben von Galaxien wie der Milchstraße, also in den Regionen, in denen weiterhin Sterne entstehen. Sterne, die nur einige Millionen Jahre alt werden, haben nicht die Zeit, sich weit von ihren Geburtsorten zu entfernen, bevor sie sterben – zum Vergleich: Die Sonne benötigt für einen vollständigen Umlauf um das Zentrum der Milchstraße etwa 250 Millionen Jahre, und sie hat diese Umlaufbahn seit ihrer Entstehung etwa achtzehnmal beschrieben. Doch ein Stern von 20 Sonnenmassen würde nicht einmal 1 Prozent eines einzigen Umlaufs um die Milchstraße vollenden, bevor er explodiert.

Auf dem Weg zu diesem Explosionstod durchläuft ein solcher Stern das gesamte Spektrum möglicher energiefreisetzender Fusionsreaktionen, von Wasserstoff bis hin zu Eisengruppenelementen. Er tut dies in Etappen, in der Weise, wie ich es bereits in groben Zügen beschrieben habe: Alle Brennstoffe werden nacheinander im Kern des Sterns gezündet, worauf sich ein Kollaps ereignet, der die Temperatur so weit ansteigen läßt, daß die nächste Phase der Kernprozesse beginnen kann. Doch so wie eine Schale aus wasserstoffbrennender Materie den heliumbrennenden Kern eines massearmen Roten Riesen umschließt, herrschen jedes Mal weiter vom Zentrum des Sterns entfernt Bedingungen, unter denen die früheren Phasen thermonuklearer Prozesse ablaufen können. Sobald ein massereicher Stern den Punkt in seiner Entwicklung erreicht, an dem sich ein Eisenkern in seinem Zentrum aufbaut, wird er von einer Reihe von Schalen umschlossen, in denen spezifische Kernreaktionen ablaufen und die sich wie Zwiebelschalen eng um den Kern legen. Unmittelbar außerhalb des Eisenkerns wird Silizium in Eisen umgewandelt; in der nächsten Schale wird Sauerstoff (und etwas Neon) zu Silizium »verbrannt«; noch etwas weiter draußen wird Kohlenstoff in Sauerstoff umgewandelt, in der nächsten Hülle Helium durch den Drei-Alpha-Prozeß in Kohlenstoff; und in der äußersten Schicht schließlich wird Wasserstoff zu Helium.

In einem Stern von 15 bis 20 Sonnenmassen, der am Ende seiner Entwicklung steht, kann der Eisenkern mehr Masse enthalten als unsere Sonne, allerdings bei einem Durchmesser, der in etwa dem Durchmesser der Erde entspricht; der Kern ist wie bei einem Weißen Zwerg eng von dünnen Schichten umhüllt, in denen Kernprozesse ablaufen. Diese Zwiebelschalen bestehen ihrerseits aus Stoffgemischen – die Siliziumschicht enthält auch Spuren von Schwefel, Argon, Chlor, Kalium und Kalzium, während die Sauerstoffschicht auch Spuren von Neon und Magnesium enthält. Der ganze Stern ist mindestens fünfzigmal so groß wie unsere Sonne zum gegenwärtigen Zeitpunkt – vielleicht sogar noch größer, je nachdem wie viel (oder wie wenig) von seiner

Die Superstern-Familie  **203**

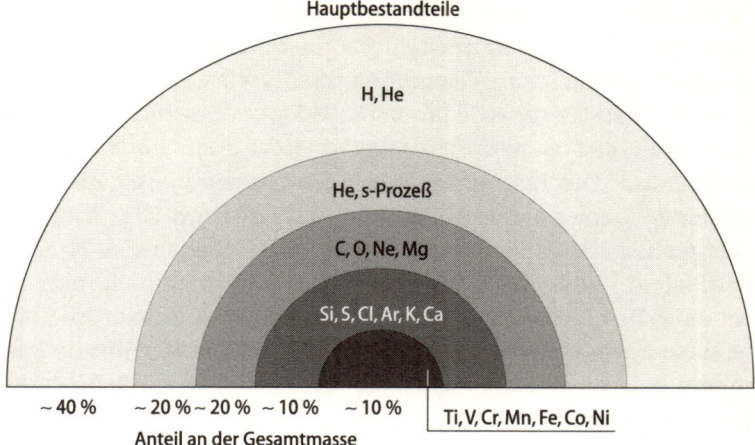

ABBILDUNG 8.3 Die »Zwiebelschalenstruktur« des tiefen Innern eines massereichen Sterns unmittelbar vor seiner Umwandlung in eine Supernova. Für Einzelheiten vgl. den Text.

ursprünglichen Atmosphäre verlorengegangen ist. Bei diesem Masseverlust werden vielleicht zwei bis drei Sonnenmassen an (vermutlich stickstoffreicher) Materie in den Weltraum geschleudert.

Die späteren Stadien thermonuklearer Prozesse in einem massereichen Stern laufen mit atemberaubender Geschwindigkeit ab. Ein Stern mit einer Ausgangsmasse von 17 bis 18 Sonnenmassen wird nach ein paar Millionen Jahren in der Hauptreihe zu einem Roten Riesen, der seine Leuchtkraft für etwa eine Million Jahre aus dem Heliumbrennen bezieht und für nur 12 000 Jahre aus dem Kohlenstoffbrennen, während die Energie, die von dem Neon und Sauerstoff zwischen den Außenschichten freigesetzt wird, diese für etwa 10 Jahre aufrechterhalten kann und das Silizium in wenigen Tagen ausgebrannt ist. Dann wird das Ganze wirklich interessant.

Weil leichte Kerne nur dann zu Kernen von Elementen, die schwerer als Eisen sind, verschmelzen, wenn Energie von außen zugeführt wird, kann die Kernfusion nicht länger die für die Erhaltung des Sterns erforderliche Energie liefern, sobald sich der Kern des Sterns in Eisen umgewandelt hat. Tatsächlich verliert der Kern selbst seine Stabilität. Während Jahrmillionen hat die Fusion die Gravitation in Schach gehalten; jetzt rächt sich die Gravitation. Der Eisenkern stürzt in weniger als einer Zehntelsekunde in sich zusammen. Bei dem Kollaps wird Gravitationsenergie freigesetzt, aber diese heizt den Stern nicht auf. Vielmehr wird sie in kinetische Energie umgewandelt, die die Eisenkerne so stark beschleunigt, daß diese bei Kollisionen zertrümmert werden; dabei machen sie das gesamte Werk der Kernfusion zunichte und verwandeln sich in ein Gemisch aus Protonen und Neutronen zurück. Da dabei Energie aufgenommen wird (grob gesprochen wird dabei in einem Bruchteil einer Sekunde so viel Energie aufgenommen, wie der Stern während seiner gesamten vorherigen Entwicklung abgestrahlt hat), kühlt der Kern des Sterns rasch ab, und dies fördert den weiteren Kollaps (bei dem noch mehr Gravitationsenergie freigesetzt wird). Dieser Prozeß verläuft so heftig, daß sich der Kern weit über das Stadium eines Weißen Zwergs hinaus entwickelt, und unter den dabei entstehenden Bedingungen extremer Dichte und extremen Drucks vereinigen sich Elektronen mit Protonen zu Neutronen – die Umkehr des gewöhnlichen Betazerfalls, bei dem sich ein Neutron unter Ausstoßung eines Elektrons in ein Proton umwandelt. Für jedes auf diese Weise gebildete Neutron wird ein einzelnes Neutrino freigesetzt. Die Gesamtzahl der im Bruchteil einer Sekunde freigesetzten Neutrinos ist gleich der Gesamtzahl der Protonen im Eisenkern zu Beginn des Kollapses – etwa $10^{57}$, eine Zahl, die unser Vorstellungsvermögen weit übersteigt. Doch probieren wir es einmal so. Die Gesamtenergie, die bei einer Typ-II-Supernova freigesetzt wird, entspricht etwa dem Hundertfachen der gesamten Energieleistung der Sonne über ihre gesamte Lebenszeit. Doch nur 1 Prozent dieser Energie tritt in Form von sichtbarem Licht auf. Die anderen 99 Prozent befinden sich in Neutrinos. Und *all* diese Energie stammt aus der Gravitations-

## Die Superstern-Familie

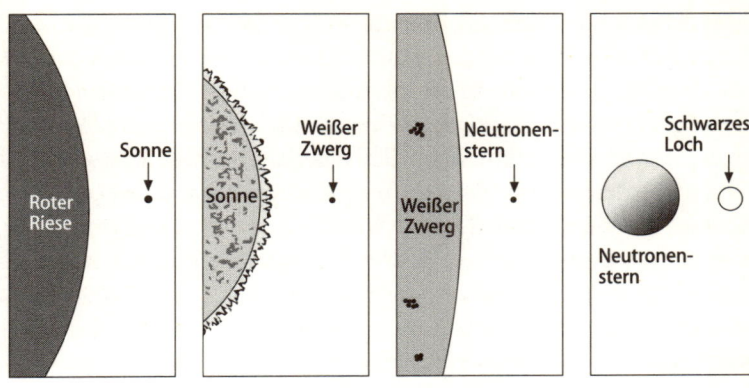

ABBILDUNG 8.4 Die relativen Größen von Sternen.

energie, die freigesetzt wird, wenn eine erdgroße Materiekugel von etwa 1 Sonnenmasse zu einem Objekt zusammenstürzt, das etwa die Größe von Manhattan hat.

Wenn die kollabierende Materiekugel zu diesem Zeitpunkt mehr als 3 Sonnenmassen hat, kann nichts den Kollaps aufhalten. Sie wird zu einem Schwarzen Loch, dem größten und letzten Triumph der Gravitation über die Materie. Doch bei der großen Mehrzahl der massereichen Sterne einschließlich der meisten, die zu Typ-II-Supernovae werden, ist dies nicht der Fall. Statt dessen kommt der Kollaps der Neutronenkugel abrupt zum Stillstand, sobald Quantenprozesse die Materie versteifen und die Neutronen daran hindern, miteinander zu einem amorphen Klumpen zu verschmelzen. Tatsächlich ereignet sich die Versteifung so plötzlich, daß der neu entstandene Neutronenstern ruckartig wackelt, wie ein Golfball, der mit eiserner Hand zusammengepreßt wurde und dann plötzlich freigegeben wird, bevor er sich in einen stabilen Zustand einschwingt, mit einer der Masse unserer Sonne vergleichbaren Materiemenge, die in eine Kugel von weniger als 10 Kilometer Durchmesser gepackt wird.

Die jüngsten Computersimulationen deuten darauf hin, daß dies ein zweistufiger Prozeß ist. Der gesamte Kern stürzt plötzlich (in ein paar Zehntelsekunden) in sich zu einer Kugel aus Kernmaterie mit einem Durchmesser von etwa 100 Kilometern zusammen. Zu diesem Zeitpunkt hat etwas weniger als die Hälfte der Materie im eigentlichen Zentrum so extrem hohe Dichten erreicht, daß der quantenphysikalische Versteifungsprozeß einsetzt und der innere Kern immer wieder die ihn umgebende Materie abprallen läßt. Diese ruckartigen Bewegungen verursachen eine Kräuselung der Materie unmittelbar außerhalb des innersten Neutronenkerns, die mit ihm kollabiert ist. »Kräuselung« ist allerdings kaum das passende Wort für die Schockwelle, die durch den Rückprall der auftreffenden Materie erzeugt wird und die sich mit einer Geschwindigkeit von etwa 15 Prozent der Lichtgeschwindigkeit von dem vibrierenden Neutronenkern weg bewegt. Wenn der Neutronenstern wieder zum Stillstand kommt – und zwar dauert es mehrere Sekunden, bis die gesamte Neutronenkugel auf einen Durchmesser von etwa 10 Kilometer schrumpft –, wird fast der gesamte nach innen gerichtete Impuls seines Kollapses durch den Rückprall in einen nach außen gerichteten Impuls der Schockwelle umgekehrt, die jetzt vom Kern des Sterns *nach außen* rast.

Doch während all dies geschieht, haben die dünnen Außenschichten des Sterns – der etwa zwölf Sonnenmassen schwer ist und sich über 50 oder mehr Sonnenradien erstreckt – noch kaum mitbekommen, was vor sich geht. Der vollständige Kernkollaps dauert, grob gesprochen, ein paar Sekunden. Aber die Innenschichten des äußeren Bereichs des Sterns bräuchten mehrere Minuten, um in das Loch zu fallen, das sich unter ihnen gebildet hat, und während sich der Neutronenstern bildet, hängen sie weitgehend ohne Stütze über dem leeren Raum. Die Theoretiker, die sich mit Supernovae befassen, weisen gern darauf hin, daß dies einer Cartoon-Figur gleicht, die über den Rand eines Felsens läuft und bewegungslos in der Luft hängt, bis sie gewahr wird, was geschehen ist. Bei einer Typ-II-Supernova stößt die sich nach außen bewegende Schockwelle von unten gegen die Außenschichten des Sterns, sobald diese abzusinken beginnen, und versucht sie nach oben und aus dem Weg zu drücken.

Aus eigener Kraft würde der Schockwelle dies nie gelingen. In dem Maße, wie sie sich einen Weg in den oberen Bereich des Sterns bahnt, häuft sie Materie vor sich an, wie ein Schneepflug, der sich einen Weg durch einen Gebirgspaß bahnt, der vollständig von einer riesigen Schneewehe versperrt wird. Die Schockwelle, die 12 Sonnenmassen Sternmaterie aus dem Weg zu schieben versucht, verlangsamt sich in dem Maße, wie sich die Dichte der Materie an der Stoßfront erhöht, und sie kommt nur wegen einer Sache – beziehungsweise einer großen Anzahl sehr kleiner Dinge – schon sehr bald zum Stillstand. In der zweiten Phase des Kollapses, in der der Neutronenkern mit einem Durchmesser von etwa 100 Kilometern auf einen Durchmesser von etwa 10 Kilometern schrumpft, wird eine gewaltige Menge Gravitationsenergie freigesetzt, die in Wärme umgewandelt wird und den Neutronenstern auf etwa 100 Milliarden Grad aufheizt. Unter diesen Bedingungen tritt die Wärmeenergie in Form von Gammastrahlen, nicht von sichtbarem Licht, in Erscheinung, und diese Gammastrahlen werden in Elektronen und Positronen umgewandelt (entsprechend der Formel $E = mc^2$). Viele dieser Teilchen beteiligen sich dann an Wechselwirkungen, bei denen Neutrinos entstehen – ein Vielfaches der Anzahl von Neutrinos, wie sich zeigt, als jene $10^{57}$, die entstanden, als alle Protonen im Kern in Neutronen umgewandelt wurden. In den etwa zehn Sekunden, die es dauert, bis der Neutronenkern seinen Kollaps vollendet hat, werden so viele Neutrinos erzeugt, daß sie mehr als hundertmal soviel Energie übertragen, als bei der Explosion des Sterns freigesetzt wird. Sie strömen nahezu mit Lichtgeschwindigkeit heraus; die meisten durchdringen alle Außenschichten des Sterns und rasen in den Weltraum.

Der wichtige Punkt aber ist, daß dies nicht alle tun. Neutrinos sind bekannt dafür, daß sie nur ungern mit anderen Teilchen wechselwirken, und obwohl jeder Kubikmeter Weltall (einschließlich jedes Kubikmeters Raum, in dem wir sitzen) etwa eine Milliarde Neutrinos enthält, bemerken wir sie im Alltagsleben nicht. Würde ein Neutrinostrahl eine 30 000 Lichtjahre dicke Mauer aus massivem Blei durchdringen, dann würde nur die Hälfte der Neutrinos unterwegs von Bleikernen eingefangen. Doch die Schockwelle, die durch den sterbenden Stern nach außen zu dringen versucht, wäre so dicht, daß sie eine erhebliche Anzahl der Neutrinos aus dem Kern aufnehmen und auf etwa 2 Prozent der Lichtgeschwindigkeit beschleunigen würde, so daß schließlich die gesamte Außenschicht des Sterns (wenigstens die Hälfte der ursprünglichen Gesamtmasse des Sterns) in den Weltraum weggeblasen würde. Unterdessen hätte sich eine Flut von Kernreaktionen, an denen Neutrinos beteiligt sind, in der Stoßfront selbst ereignet und über den r-Prozeß sehr schwere Elemente aufgebaut. Die restlichen Neutrinos, die sich fast mit Lichtgeschwindigkeit bewegen, wären durch den Rest der Atmosphäre des Sterns gesaust und ins Weltall entkommen, bevor irgend jemand, der den Stern von außen beobachtet, etwas Ungewöhnliches bemerkt hätte. Die Neutrinos erreichen die Oberfläche des Sterns etwa zwei Stunden vor der Schockwelle und bewegen sich »nur« mit einem Fünfzigstel der Lichtgeschwindigkeit. Und erst wenn die Schockwelle die Oberfläche des Sterns erreicht, wird er als Supernova sichtbar.

Aber uns interessieren hier nur die Elemente selbst und nicht die Einzelheiten der Vorgänge bei einer Supernova. Endlich haben wir den Ort gefunden, an dem Elemente wie Kupfer, Uran, Silber, Quecksilber und Blei aufgebaut werden. Doch denken Sie nur nicht, sie würden auch nur annähernd in denselben Mengen erzeugt, in denen leichtere Elemente in den Frühstadien der Entwicklung eines Sterns erzeugt werden. Erinnern Sie sich daran, daß Wasserstoff und Helium 99 Prozent der gesamten Masse des Weltalls ausmachen, die in Form von Atomkernen existiert. Alle Elemente – von Lithium (mit drei Protonen pro Kern) bis zur Eisengruppe (mit 26 Protonen pro Kern) – zusammengenommen machen weniger als 1 Prozent der Masse von Wasserstoff und Helium zusammengenommen aus. Dennoch kommen diese Elemente im Vergleich zu allen anderen Elementen häufig vor – die gesamte Masse aller Kerne im Weltall mit mehr als 26 Protonen in jedem Kern entspricht weniger als einem Tausendstel der Masse aller Elemente von Lithium bis Eisen. Und wenn man Nickel-26 aus der Rechnung herausläßt, steuern die schweren Elemente nur ein Zehntausendstel der Masse aller leichten Elemente außer Wasserstoff und Helium bei.

Die Erzeugung und Verteilung von Elementen in Supernovae weist eine weitere erwähnenswerte Besonderheit auf. Wir haben bereits gesehen, daß Typ-I-Supernovae Eisen hervorragend im Weltraum verteilen. Typ-II-Supernovae hingegen setzen, auch wenn sie durch den Kollaps eines Eisenkerns ausgelöst werden, kaum Eisen in den Weltraum frei – das gesamte Eisen wurde für den Aufbau des neuen Neutronensterns verbraucht. Andererseits sind die Außenschichten eines Vorläufers einer Typ-II-Supernova reich an Sauerstoff, und dieser wird durch die Schockwelle in den Weltraum geblasen. Die Art von Typ-II-Supernova, die ich gerade beschrieben habe, setzt etwa 1,6 Sonnenmassen an Sauerstoff frei, während, wie bereits erwähnt, eine Typ-I-Supernova etwa zwei Drittel einer Sonnenmasse an Eisen freisetzt. Das Eisen und der Sauerstoff, die in unserer Umwelt, im Weltall insgesamt, aber insbesondere in der Sonne selbst vorkommen, bilden ein Gemisch, das beiden Prozeßtypen entstammt, und die Tatsache, daß diese Mischung weder von Eisen noch von Sauerstoff dominiert wird, bestätigt, daß beide Supernova-Typen in der Milchstraße aktiv waren, als vor langer Zeit die Sonne entstand.

Dies ist ein wichtiger Punkt. Obgleich Supernovae relativ seltene Ereignisse sind und nicht genauso detailliert untersucht wurden wie gewöhnliche Hauptreihensterne, decken sich Beobachtungsdaten und theoretische Modelle miteinander. Die eindrucksvollste Bestätigung dafür erhielt man 1987, als die Explosion einer Supernova in der Großen Magellanschen Wolke beobachtet wurde, einem der Sternsysteme, das ein Begleiter der Milchstraße ist. Es war die nächstgelegene Supernova, die seit Erfindung des astronomischen Fernrohrs beobachtet wurde, und jedes verfügbare astronomische Instrument wurde darauf gerichtet, um das Ereignis und seine Folgen zu untersuchen. Das Typ-II-Ereignis, das aufgrund der Tatsache, daß es die erste Supernova war, die 1987 beobachtet wurde, SN 1987A genannt wurde, war die Explosion eines Sterns mit etwa 17 bis 18 Sonnenmassen (aus diesem Grund wählte ich diese Größe in dem obigen Beispiel aus), der etwa 160 000 Lichtjahre von uns entfernt ist (so daß zu dem Zeitpunkt, als wir die Explosion der Supernova beobachteten, der Stern in Wirklichkeit schon seit 160 000 Jahren erloschen war). Das Verhalten der Supernova stimmte recht gut mit den Vorhersagen auf der Basis von Computermodellen und mit Beobachtungen überein, die im Lauf der Jahre an weiter entfernten Supernovae gemacht wurden: nicht völlig – die Modelle müssen nach wie vor weiter optimiert werden –, aber immerhin so weitgehend, daß das Bild, das ich gerade für Sie gemalt habe, in groben Zügen zutrifft. Die Beobachter identifizierten den Stern, der explodiert war, auf alten fotografischen Übersichtsaufnahmen, die vor seiner Explosion gemacht worden waren, so daß sie feststellen konnten, um was für eine Art von Stern es sich handelte (daher kennen wir seine Masse). Außerdem wurden zu dem Zeitpunkt, als die Supernova beobachtet wurde, zufälligerweise auf der Erde mehrere Experimente durchgeführt, bei denen Neutrinos aus dem Weltraum nachgewiesen werden konnten. Bei der Auswertung der Daten aus diesen Experimenten (nach Sichtung der Supernova) zeigte sich, daß eine Handvoll Neutrinos aus der Explosionsdruckwelle weniger als drei Stunden vor der beobachteten Explosion der Supernova in den Detektoren auf der Erde eingefangen worden waren. Dies war eine dramatische Bestätigung dafür, daß Neutrinos aus dem Kernkollaps durch die Außenschichten des Sterns geschossen waren und dabei die Stoßfront beschleunigten; anschließend entwichen sie in den Weltraum, bevor die Schockwelle die Außenregionen des Sterns erreichte. Diese Neutrinos öffneten ein direktes Fenster auf die Ereignisse während des Kernkollapses.

Sie ermöglichen uns auch, die gigantische Anzahl von Neutrinos, die beim Zusammensturz des Kerns freigesetzt werden, in die richtige Perspektive zu rücken. Insgesamt erzeugte SN 1987A bei der Umwandlung von Protonen in Neutronen und den anderen Prozessen, die im kollabierenden Kern abliefen, etwa $10^{58}$ Neutrinos. Man stelle sich vor, daß sie sich in Form einer expandierenden Kugelschale um die Supernova in alle Richtungen durch den Weltraum ausbreiten. In der Entfernung von der Erde würden sie eine dünne Schale, die etwa 10 Lichtsekunden dick ist und einen Radius von 160 000 Lichtjahren hat, ausfüllen. Selbst so ausgedünnt, würden in der Entfernung der Erde von der Supernova 100 Milliarden Neutrinos jeden Quadratzentimeter Erdoberfläche (und jeden Quadratzentimeter des menschlichen Körpers) in etwa 10 Sekunden durchdringen. Neutrinos wechselwirken so widerstrebend mit gewöhnlicher Materie, daß im Schnitt nur ein einziges Neutrino von SN 1987A im Körper jedes tausendsten Menschen auf der Erde hängenbleiben würde. Tatsächlich wurden nur 22 Neutrinos von der Supernova in den Detektoren abgebremst, die speziell für das Einfangen solcher Teilchen gebaut wurden – aber dies reicht aus, um unser Modell von Supernovae (und Neutrinos) zu überprüfen. In ausgezeichneter Übereinstimmung mit den Modellen für die Entstehung eines Neutronensterns traf dieser Neutrinostrom in einer Zeitspanne von nur 12 Sekunden ein, was sehr gut mit der berechneten Dauer des Kernkollapses übereinstimmt.

Doch selbst dies war in den Augen der Theoretiker, die Jahrzehnte damit verbracht hatten zu erforschen, wie chemische Elemente im Sterninnern erzeugt und in der Milchstraße verteilt werden, nicht der beste Beobachtungsbeleg, der von SN 1987A kam. Gemäß der Standardtheorie für Supernovae, die in den Jahren vor der Explosion von SN 1987A entwickelt wurde, stammt fast die gesamte Energie, die während der ersten 100 Tage als sichtbares Licht von der Supernova abgestrahlt wird, aus dem Zerfall von Kobalt-56, das in den Frühstadien, unmittelbar nach der Schockwelle, erzeugt wurde, zu Eisen-56. Dies ist der zweite Schritt eines zweistufigen Prozesses, da das Eisengruppenelement, das in größter Fülle in der Schockwelle direkt erzeugt wurde, Nickel-56 ist, das auf der gängigen exponentiellen Zeitskala mit einer Halbwertszeit von knapp über sechs Tagen in Kobalt-56 zerfällt. Der Kobalt-56-Zerfall, der eine Halbwertszeit von 78 Tagen hat, dominiert dann die Energieerzeugung in dem schwindenden Supernova-Rest während der nächsten paar Monate. Die genaue Gestalt der Lichtkurve von SN 1987A zeigte, daß in den ersten 100 Tagen nach Erreichen der Maximalhelligkeit 93 Prozent der Energie tatsächlich durch den Zerfall von Kobalt-56 erzeugt wurden.

Wieviel Kobalt war an diesem Zerfall beteiligt? Die Auswertung der abklingenden Lichtkurve von SN 1987A zeigte, daß die Supernova insgesamt eine Masse von Kobalt-56 erzeugte, die etwa 7 Prozent der Masse unserer Sonne beziehungsweise dem 23 000fachen der Erdmasse entspricht – was sich eindrucksvoll anhört, bis man sich daran erinnert, daß die Gesamtmasse des Sterns am Ende seiner Entwicklung etwa 15 Sonnenmassen gleichkommt. Der Prozentsatz seiner Masse, der in radioaktives Kobalt-56 umgewandelt wurde und die Supernova zum hellen Leuchten anregte, während sie von Astronomen auf der Erde untersucht wurde, machte nur etwa 0,5 Prozent der Masse des Sterns aus. Dies deckte sich abermals sehr genau mit den Vorhersagen der Theoretiker.

Die Beobachtungen an der abklingenden Supernova wurden bis weit in die neunziger Jahre hinein fortgesetzt – und sie werden noch heute fortgeführt –, und dieser exponentielle Zerfall verlief bis Januar 1990 – 500 Tage nach der erstmaligen Beobachtung der Supernova – glatt. Damals nahm die Leuchtkraft des Sterns plötzlich schneller ab. Es muß damals noch immer jede Menge Kobalt-56 gegeben haben, das noch immer in Eisen-56 zerfiel. Die Leuchtkraftabnahme der Supernova markierte den Zeitpunkt, als sich mikroskopisch kleine feste Teilchen im Malstrom der Materie, der sich vom Schauplatz der Explosion weg bewegte, verdichteten und eine Art von Ruß aus winzigen Körnchen bildeten, die einen Teil des Lichtes abblockten. Auch dies entspricht genau den Vorhersagen des Modells. Etwa tausend Tage nach der beobachteten Explosion der Supernova ging die Lichtkurve schließlich (einstweilen) in eine allmählichere Abflachung über. Dies markierte den Zeitpunkt, als der größte Teil des Kobalts-56 in stabiles Eisen-56 zerfallen war und seltenere, aber langlebigere radioaktive Atomkerne wie Kobalt-57 (mit einer Halbwertszeit von 271 Tagen) und Titan-44 (mit einer Halbwertszeit von etwa 47 Jahren) zu einer anhaltenden Energiequelle in dem Supernova-Überrest wurden. 700 Tage, nachdem die Explosion des Sternüberrests beobachtet wurde, leuchtete dieser jedoch schwächer als in seinen letzten Tagen als Riese unmittelbar vor der Explosion.

Als diese abnehmende Strahlungsleistung beobachtet wurde, wurden Astronomen auch Zeugen der Lichtabstrahlung von aufeinanderfolgenden Schichten des Sterns, die in einer Art von kosmischem Striptease stückweise in den Weltraum abgestoßen wurden und die sie spektroskopisch analysieren konnten. Diese Studien enthüllten direkt die Anwesenheit von Nickel-56 in den ersten Tagen, nachdem die Supernova beobachtet worden war, und bestätigten, daß eine Masse von Nickel-56, die 8 Prozent der Masse unserer Sonne entsprach, in der Supernova erzeugt worden war, was wiederum sehr genau mit den theoretischen Vorhersagen übereinstimmte. Die spektroskopischen Untersuchungen zeigten auch das Vorhandensein von Barium, Strontium und Scandium – alles s-Prozeß-Elemente, die erzeugt wurden, bevor der Stern zu einer Supernova wurde, und die jetzt in den Weltraum geschleudert wurden.

Die Übereinstimmung zwischen all diesen Beobachtungen und den Vorhersagen der theoretischen Modelle war so eindrucksvoll, daß außer Zweifel steht, daß die Elemente tatsächlich im Innern von Sternen erzeugt und bei Supernova-Explosionen in der Milchstraße verstreut werden und daß wir den Prozeß nicht nur in groben Züge, sondern in seinen Einzelheiten verstehen. Nehmen Sie mich allerdings nicht zu wörtlich. Roger Tayler interessierte sich auch nach Abschluß seiner Zusammenarbeit mit Hoyle Anfang der sechziger Jahre weiterhin für den Ursprung der Elemente und wurde zu einer Autorität in der Frage, wie sich die chemische Zusammensetzung einer Galaxie wie der Milchstraße in dem Maße verändert, wie die Elemente im Innern von Sternen aufgebaut und im Weltraum verteilt werden. In der zweiten Hälfte der sechziger Jahre ging er an die Universität Sussex, wo er den Rest seiner wissenschaftlichen Laufbahn verbrachte und wo ich von ihm fast alles über die Kernsynthese und die Entstehung der chemischen Elemente lernte. Anfang der neunziger Jahre erklärte er mir gegenüber, die spektroskopischen Beobachtungen der Materie, die von SN 1987A ausgestoßen wurde, seien seines Erachtens zusammen mit dem detaillierten Verlauf der abnehmenden Lichtkurve »die wichtigsten und aufregendsten Beobachtungen über den Ursprung der Elemente [die er je angestellt habe], und sie hätten bestätigt, daß das theoretische Modell weitgehend zutrifft«.

Wir wissen, wie die Elemente entstanden sind und weshalb sie im Weltall genau in den beobachteten Häufigkeiten auftreten. Aber wie gelangen sie aus Supernovae in Sterne wie die Sonne, Planeten wie die Erde und Menschen wie uns? Der Schlüssel liegt in der Art und Weise, wie SN 1987A Anfang 1990 plötzlich erlosch, als sie in einen Kokon aus festen Materiekörnchen gehüllt wurde – aus Sternenstaub.

*Kapitel 9*

# DIE SAAT AUSBRINGEN

Sternenstaub ist der Schlüssel zur Existenz komplexer Moleküle im Weltall und daher zur Existenz von Leben selbst. Winzige Materiekörnchen, die aus Sternen herausgeschleudert werden – entweder allmählich, wenn ein Roter Riese seine Außenschichten abstößt, oder abrupt bei einer Nova- oder Supernova-Explosion –, bilden sowohl die Arenen für interstellare chemische Prozesse als auch die Keime, die die dabei entstehenden komplexen Moleküle von einem Bereich der Galaxis in einen anderen tragen. Aber all dies erschloß sich erst, als Astronomen die Entstehung der Elemente besser verstanden. Erst Ende der sechziger Jahre, also vor etwas mehr als dreißig Jahren, wurden im Weltall erstmals komplexe Moleküle anhand ihrer charakteristischen spektroskopischen Signaturen im Radiowellenbereich nachgewiesen. Die ersten Nachweise – von Ammoniak und Wasserdampf – waren interessant, aber nicht wirklich überraschend (und sie sind eigentlich keine echten mehratomigen Moleküle, besteht doch jedes Ammoniakmolekül, $NH_3$, aus nur vier Atomen, und jedes Wassermolekül, $H_2O$, aus nur drei Atomen). Doch 1969 wurde auf diese Weise das organische Molekül Formaldehyd entdeckt. »Organisch« bedeutet, daß das Molekül Kohlenstoff enthält (seine chemische Formel lautet $H_2CO$), und es ist ebenfalls ein Molekül, das mit der Entstehung des Lebens auf der Erde verknüpft ist: ein chemischer Baustein, der gewöhnlich als eine Untereinheit in komplexeren organischen Molekülen auftaucht, wie etwa Zucker, die an biologischen Prozessen im menschlichen Körper beteiligt sind.

Die Anwesenheit von Formaldehyd in den kalten Gas- und

Staubwolken im Weltraum deutete auf die Möglichkeit hin, daß die interstellare Chemie äußerst komplex ist, und anschließende Entdeckungen haben diese Erwartung bestätigt: Weit über einhundert mehratomige Moleküle wurden im Weltraum nachgewiesen, und viele davon enthalten weit mehr Atome, als in einem Molekül Formaldehyd enthalten sind. Dazu gehören lange Ketten, in denen bis zu elf Kohlenstoffatome aneinandergereiht sind, mit einem Wasserstoffatom an einem Ende der Kette und einem Stickstoffatom am anderen Ende; als polycyclische aromatische Kohlenwasserstoffe (PAK) bezeichnete Ringe und so relativ gängige Verbindungen wie Ethylalkohol, Ameisensäure und Cyanwasserstoff. Die PAK-Moleküle (die auch als polyaromatische Kohlenwasserstoffe bezeichnet werden) sind besonders interessant, weil sie unter den Bedingungen, die in interstellaren Wolken herrschen, die stabilsten Kohlenwasserstoffmoleküle sind. Sie sind so groß, daß man sie als Makromoleküle bezeichnen kann, und sie bestehen jeweils aus mehreren Ringen mit sechs Kohlenstoffatomen, die eine Struktur aus kleinen Sechsekken bilden, die an ihren Kanten miteinander verbunden sind; diese Strukturen enthalten etwa hundert Kohlenstoffatome, und an den freien Ecken der äußeren Ringe hängen Wasserstoffatome. Jedes Jahr werden ein bis zwei neue Varianten mehratomiger interstellarer Moleküle entdeckt. Aber wie entstehen sie?

Einige der einfacheren Moleküle lassen sich relativ leicht aus einem Gemisch von Gasen herstellen – Wasserstoff und Sauerstoff beispielsweise verbinden sich recht bereitwillig zu Wasser. Andere hingegen brauchen eine Oberfläche, an die sie sich anheften können, etwa ein winziges Kohlenstoffkörnchen (in Form von Graphit), das Atome aus der Wolke aufliest, während es sich durch das Gas bewegt. Atome bleiben an der Oberfläche eines Körnchens haften und können dort relativ leicht miteinander wechselwirken. Wenn sich in dem Gas selber ein mehratomiges Molekül aufbaute, könnte es am ehesten durch den Aufprall eines anderen schnellen Atoms zertrümmert werden. Doch auf der Oberfläche eines Staubkörnchens werden die vorhandenen

Moleküle höchstwahrscheinlich nicht auf diese Weise zerstört, weil das Körnchen selbst die Aufprallenergie absorbiert und dem auftreffenden Atom die Chance gibt, sich an das wachsende Molekül anzuheften.

Astronomen wissen seit langem, daß in vielen der kalten Materiewolken im Weltraum große Staubmengen enthalten sind, und die Beobachtungen über die abnehmende Lichtkurve der Supernova SN 1987A lieferte eine schöne Bestätigung dafür. Doch auf den ersten Blick war die Anwesenheit einer so großen Staubmenge um eine junge Typ-II-Supernova überraschend.

Das Problem besteht darin, daß unter den Bedingungen, die im Weltraum herrschen, ein energiereiches Gemisch aus Kohlenstoff und Sauerstoff außerordentlich reaktionsfreudig ist und die beiden Elemente sich miteinander zu dem Gas Kohlenmonoxid (CO) verbinden. Wenn ein solches Gemisch aus Kohlenstoff und Sauerstoff von einem Stern ausgestoßen wird, dann müßte das Element, das in geringerer Menge vorhanden ist, bei dieser Reaktion eigentlich aufgebraucht werden, so daß der Rest des anderen Elements an anderen chemischen Reaktionen teilnehmen kann. Bei Sternen, die eine große Menge Kohlenstoff und nur eine geringere Menge Sauerstoff ausstoßen, würde man dementsprechend erwarten, daß Kohlenstoffstaub übrigbliebe. Doch bei Typ-II-Supernovae wie SN 1987A wird viel mehr Sauerstoff als Kohlenstoff erzeugt – weshalb ist dann der Kohlenstoff nicht vollständig in Kohlenmonoxidmolekülen gebunden? Die Antwort scheint zu sein, daß sämtliche Kohlenmonoxidmoleküle, die sich in der Materieschale gebildet haben, die von der Supernova weg expandierte, durch energiereiche Elektronen (Betastrahlen) zerstört wurden, die beim radioaktiven Zerfall von Kobalt-56 entstanden, der die Supernova so lange Zeit hell leuchten ließ. Dies gab den Kohlenstoffatomen eine Chance, sich zu Körnchen aus Graphitstaub zu verdichten, auch wenn in der Supernova-Asche mehr Sauerstoff als Kohlenstoff enthalten war. Doch der Staub ist sehr fein – die interstellaren Staubteilchen sind, einzeln betrachtet, etwa genauso groß wie die Feststoffpartikel in einer Wolke Zigarettenrauch.

Es besteht kein Zweifel, daß diese mikroskopisch kleinen Supernova-Staubteilchen in Sternen entstehen und in der Galaxis verteilt werden. Sie sind sogar auf der Erde aufgetaucht, und zwar als kleine Staubpartikel, die in Meteoriten, die auf die Erdoberfläche gefallen sind, eingeschlossen waren. Diese Staubkörnchen sind in der Tat mikroskopisch klein – sie haben in der Regel einen Durchmesser von einigen Mikrometern (das heißt einigen tausendstel Millimetern). Aber man kann sie aufschneiden und ihre Zusammensetzung analysieren, und viele enthalten genau jene Anteile von Isotopen, die die theoretischen Modelle für Materie, die im Sterninnern aufgebaut wird, vorhersagen. So ist zum Beispiel ein hoher Anteil des Isotops Kohlenstoff-12 im Vergleich zu Kohlenstoff-13, zusammen mit einer Spur von Silizium-28, ein klares Indiz dafür, daß ein Graphitpartikel unmittelbar im Anschluß an eine Supernova-Explosion gebildet wurde. Obgleich die Teilchen so klein sind, daß man sie mit bloßem Auge nicht sehen kann, sind sie unter dem Mikroskop sichtbar, und man könnte sie im Prinzip berühren – Sie könnten, ohne es zu merken, ein Körnchen reinen Supernova-Staubs in Ihrer Hand halten.

Sie könnten sogar noch mehr Glück haben, wenn Sie die richtigen Leute kennen würden. Einige der winzigen Kohlenstoffkörnchen, die man in Proben von Weltraummaterie findet, liegen nicht in Form von Graphit, sondern von Diamant vor. Diamantkristalle sind eine Form von Kohlenstoff, die unter hohem Druck entsteht – die Art und Weise, wie Superman einen gewöhnlichen Kohlebrocken in einen Diamanten verwandelt, nämlich indem er ihn einfach in seiner superstarken Hand kraftvoll zusammenpreßt, hat eine gewisse wissenschaftliche Grundlage. Diamantkristalle aus dem Weltraum entstehen durch starkes Zusammenpressen von Graphitkörnchen in Bereichen einer explodierenden Supernovaschale, in denen der Druck aufgrund durchlaufender Schockwellen für kurze Momente extreme Spitzenwerte annimmt. Die Tatsache, daß diese Erklärung für die Entstehung von Diamanten durch Nachweis des Elements Xenon, das in Spuren in Diamanten enthalten ist, bestätigt wird – obgleich das Element so selten ist, daß nur jedes millionste Diamantkörnchen auch nur ein einziges Xenonatom enthält –, belegt, wie empfindlich und genau die heutigen physikalischen Meßinstrumente sind. Das Gemisch von Xenon-Isotopen, das in den Diamanten enthalten ist, kann nicht durch irgendeine Kernreaktion allein erzeugt worden sein – vielmehr ist es genau die Mischung, die aus einer Kombination der Produkte des p- und des r-Prozesses zu erwarten ist. Da uns die Theorie sagt, daß diese beiden Prozesse in einer explodierenden Supernova auf verschiedenen Ebenen ablaufen, können wir aus dieser Entdeckung auch entnehmen, daß die Materie der Supernova bei der Explosion gründlich durchgemischt wird. Die Untersuchung von Weltraum-Diamanten bestätigt, wie gut Astrophysiker Supernova-Explosionen verstehen und daß interstellare Staubkörnchen (in diesem Fall Körnchen, die buchstäblich wie kleine Sterne funkeln) den Weltraum durchqueren und in dem Material enden können, aus dem neue Sterne und Planetensysteme entstehen. Mit Sicherheit wird die interstellare Materie durch Material angereichert, das im Innern von Sternen verarbeitet wird. Doch wieviel von dieser Materie ist in einer Galaxie wie unserer Milchstraße enthalten?

Der »leere Raum« ist in Wirklichkeit nicht völlig leer, auch wenn er einem Vakuum entspricht, das viel weniger Atome und Moleküle enthält als das »Vakuum«, mit dem Physiker hier auf der Erde in Labors arbeiten. Im Schnitt enthält jeder Kubikzentimeter des interstellaren Raumes in der Milchstraße etwa ein Wasserstoffatom. Stellenweise sehen wir dunkle Staubwolken, die das Licht von den Sternen, die hinter ihnen liegen, dämpfen, so daß sie dunklen Tunneln durch die Milchstraße gleichen. Weil diese dunklen Wolken kalt sind (nicht wärmer als etwa $10^{-15}$ K, was etwa 260 Grad unter Null auf der Celsius-Skala entspricht), strahlen sie nicht viel Energie ab. Aber sie spielen eine Schlüsselrolle in der Geschichte der interstellaren Chemie.

Obgleich diese Wolken heute sehr kalt sind, bildeten sich die Körnchen in ihnen aus sehr heißer Materie im Gefolge einer Supernova-Explosion (beziehungsweise wahrscheinlich mehrerer Supernova-Explosionen, deren Überreste sich gründlich vermischten). Weil Sauerstoff nach Wasserstoff und Helium das häufigste Element ist, entstehen in dem ursprünglichen Stoffgemisch sehr leicht Oxide, und diese wiederum verfestigen sich – gehen also direkt aus dem gasförmigen in den festen Zustand über – in dem Maße, wie sich das Gas abkühlt. Wir wissen aus Laborstudien hier auf der Erde sehr gut über das Verhalten von Oxiden unter diesen Bedingungen Bescheid, und wir wissen, daß als erstes Aluminiumoxid-Teilchen in dieser Weise kondensieren, der Reihe nach gefolgt von den Oxiden von Kalzium, Titan, Nickel, Eisen, Magnesium und Silizium.

Obgleich Siliziumoxide nicht als erste auskondensieren, spielt Silizium eine besonders wichtige Rolle in den anschließenden Prozessen, sowohl weil es, gemessen an den Maßstäben des interstellaren Raumes, ein sehr häufiges Element ist (wenngleich nicht so häufig wie CHON), als auch weil Siliziumoxide sich mit den Oxiden anderer Elemente zu Silikatkörnchen verbinden können. Ein Silikatmolekül enthält eine Gruppe aus einem Siliziumatom und vier Sauerstoffatomen, die sich zu einer Silikatgruppe ($SiO_4$) zusammenschließen; diese kann sich mit Metallatomen (wie Aluminium oder Magnesium) zu einem Silikat verbinden, sie kann aber auch in vielen chemischen Reaktionen als einzelne Einheit auftreten. Das häufige Vorkommen von Silikaten im Weltall hat den gleichen Grund wie das häufige Vorkommen von Oxiden – die in großen Mengen vorkommenden Siliziumoxide verbinden sich mit praktisch allen anderen Oxiden (außer Kohlenmonoxid) und schließen sie in Silikate ein. Ein Beleg dafür ist die Tatsache, daß Silikate etwa 90 Prozent des Gesteins der Erdkruste ausmachen – eine weitere Verbindung zwischen uns und unseren kosmischen Ursprüngen.

Zusammen mit den Graphitkörnchen sind vor allem Silikate für das nächste Stadium der Abkühlung nach einer Supernova-

## Die Saat ausbringen 221

Explosion von Bedeutung, nämlich wenn sich Eishüllen um die Feststoffpartikel bilden. »Eis« bedeutet hier alle Arten von Eis, nicht nur gefrorenes Wasser, sondern auch gefrorenes Methan, gefrorenes Ammoniak und sogar gefrorenes Kohlenmonoxid. Die Mischung von Eissorten, die einen Kern aus Graphit oder Silikat umhüllt, verhält sich wie ein winziges kaltes Reagenzglas, in dem die chemischen Reaktionen ablaufen, die die Vielfalt mehratomiger, im Weltraum nachgewiesener Moleküle erzeugen. Obgleich die Eisteilchen mittlerweile sehr kalt sind, stammt die Energie, die die chemischen Reaktionen antreibt, von der ultravioletten Strahlung der Sterne – wie es theoretisch vorhergesagt und in den achtziger Jahren bei Experimenten bestätigt wurde. Bei diesen Versuchen wurden winzige Silikatkörnchen, mit dieser Art von Eis umhüllt und bei frostigen 10 K aufbewahrt, mit ultraviolettem Licht bestrahlt.

Aber kalte Wolken erzählen nicht die ganze Geschichte des Raumes zwischen den Sternen. An anderen Orten leuchten heiße Gaswolken, weil die Strahlung naher Sterne sie auf etwa zehntausend Grad aufgeheizt hat (bei solche Temperaturen besteht kein großer Unterschied, ob man in Kelvin oder in Grad Celsius mißt); die Eigenschaften dieser heißen Wolken lassen sich anhand der von ihnen ausgesandten Strahlung relativ leicht untersuchen. Dabei zeigt sich, daß in ihnen viele mehratomige Moleküle vorhanden sind und daß die Wolken in jedem Kubikzentimeter Zehntausende von Atomen enthalten – erinnern wir uns daran, daß Wasserstoffatome mit Abstand die wichtigste Komponente jeder interstellaren Wolke bilden, mag sie auch noch so stark mit Sternenstaub angereichert sein.

Die interstellare Materie in der Galaxis besitzt etwa 10 Prozent soviel Masse wie alle hell leuchtenden Sterne in der Galaxis zusammengenommen. Da die Milchstraße einige hundert Milliarden Sterne enthält, die jeweils mehr oder weniger der Sonne gleichen, beläuft sich die Gesamtmasse der interstellaren Materie bei vorsichtiger Schätzung auf mindestens 10 Milliarden Sonnenmassen. Dies reicht völlig aus, um noch eine Zeitlang neue

Sterne zu bilden\* – und Sie müssen sich in Erinnerung rufen, daß der Vorrat selbst dann nicht erschöpft wäre, wenn sich aus der Materie im interstellaren Raum 10 Milliarden neue Sterne bildeten, weil diese ständig durch Sternexplosionen und Masseverluste von Riesensternen aufgefüllt und angereichert wird. Allerdings muß die Menge interstellarer Materie mehr oder minder stetig abnehmen, weil ein Teil davon in Form Weißer Zwerge oder Neutronensterne (oder auch Schwarzer Löcher) endet und nicht für die Wiederverwertung zur Verfügung steht. Doch seit Jahrmilliarden und für weitere Jahrmilliarden wird die Wiederverwertung der ursprünglichen Rohstoffe deutlich deren endgültige Aufzehrung überwiegen.

Man kann einen hübschen Vergleich mit einem großen Topf Gemüsesuppe anstellen, die auf einem Ofen vor sich hin köchelt. Man beginnt mit nichts als Wasser und einer Zutat (etwa Karotten). Jemand nimmt sich einen Teller Suppe und fügt dafür eine andere Zutat – vielleicht Tomaten – sowie ein wenig Wasser bei (aber nicht *ganz* so viel, wie an Suppe entnommen wurde). Im Lauf der Zeit bedienen sich immer mehr Menschen mit Suppe und werfen etwas in den Topf, aber es wird immer eine geringfügig größere Menge aus dem Topf entnommen als aufgefüllt. Die Füllhöhe der Suppe im Topf sinkt langsam, und schließlich ist der Topf leer. Doch in der Zwischenzeit wird die Suppe durch die größere Vielfalt von Zutaten immer gehaltvoller, so daß sich ein Teller immer vom nächsten unterscheidet. In ähnlicher Weise bestanden die allerersten Sterne nur aus Wasserstoff und Helium, dann explodierten einige und reicherten die interstel-

---

\* Ich spreche hier nur über die Materie, aus der Sterne, Planeten und Menschen bestehen und die sich aus den bekannten chemischen Elementen zusammensetzt. Es gibt auch Anhaltspunkte für die Existenz einer anderen Art von Materie im Weltall, der sogenannten »dunklen Materie«, und die Scheibe der Milchstraße ist möglicherweise in eine große kugelförmige Verteilung dieser dunklen Materie eingebettet. Aber dies spielt für die Geschichte, die ich hier erzählen möchte, keine Rolle.

lare Materie an (tatsächlich haben wir keinen dieser Ursterne aufgespürt, die alle erloschen sein müssen, bevor die ältesten Sterne, die wir sehen, entstanden sind). Die nächste Generation von Sternen entstand aus leicht angereicherter Materie, und der Prozeß wiederholte sich immer wieder, bis wir heute Sterne wie die Sonne haben, die vor etwa 4,5 Milliarden Jahren aus interstellarer Materie entstand; diese war bereits durch viele Generationen von Supernovae über eine vergleichbare Zeitspanne angereichert worden (die Milchstraße ist etwas mehr als 10 Milliarden Jahre alt).

Nach menschlichen Maßstäben läuft der Prozeß bemerkenswert langsam ab. Man schätzt die Menge an interstellarer Materie, die gegenwärtig jedes Jahr in der Milchstraße zu neuen Sternen verarbeitet wird, auf weniger als etwa 10 Sonnenmassen. Da die meisten Sterne kleiner sind als die Sonne, kann man sagen, daß in unserer Galaxis jedes Jahr ungefähr zwischen 10 und 20 neue Sterne aufleuchten. Auf zehn *Milliarden* Jahre bezogen bedeutet dies, daß 100 Milliarden Sonnenmassen Materie – dies entspricht vermutlich einem Drittel der Masse aller Sterne, die heute in unserer Galaxis vorkommen, und dem Zehnfachen der Masse der gegenwärtig vorhandenen interstellaren Materie – auf diese Weise wiederverwertet wurden. Dazu müssen jährlich insgesamt nur etwa 10 Sonnenmassen an wiederverwerteter Materie von Sternen in der Galaxis abgestoßen werden – entweder in der Form von Sternwinden aus Roten Riesen oder in seltenen Supernova-Explosionen –, um die Materie zu ersetzen, die beim Aufbau neuer Sterne verbraucht wird. Im frühen Weltall muß es auch eine Phase viel intensiverer Aktivität gegeben haben, in der sich Dutzende, vielleicht auch Hunderte von Millionen Sternen gleichzeitig bildeten. Wir können solche spektakulären Aktivitäten heute in Systemen beobachten, die »Starburst«-Galaxien genannt werden; sie entstehen manchmal aufgrund der Gezeitenwechselwirkungen zwischen Galaxien, die nahe aneinander vorbeifliegen. Aber damit schweife ich zu weit von meinem Thema ab. Dieser anhaltende Prozeß der Sternbildung und Wiederverwertung interstellarer Materie führt unter anderem dazu, daß die interstellare Materie heute reicher an schweren Elementen ist als zur Zeit der Entstehung der Sonne, so daß Sterne, die heute entstehen, eine andere Konzentration chemischer Bestandteile aufweisen als die Sonne. Aber es sind nach wie vor dieselben Bestandteile – Sterne, die entstanden, als die Galaxis noch jung war, enthielten zu Anfang weniger Atome schwerer Elemente, zum Beispiel mehr Sauerstoff im Vergleich zu Eisen, als Sterne, die heute entstehen. Aber sie alle wiesen zu Anfang Spuren derselben Elemente auf.

Endlich verstehen wir, auf welche Weise Sterne wie die Sonne – und die Sonne selbst – entstanden sind. Die Astronomen sind zuversichtlich, daß sie die Grundlagen dieses Prozesses verstehen, nicht zuletzt, weil wir ihn heute in einer Region, die Orionnebel genannt wird (einer Wolke aus heißem Gas und jungen Sternen, die nur 1300 Lichtjahre entfernt ist), verfolgen können. Wie der Name andeutet, befindet sich der Orionnebel im Sternbild Orion, und man kann ihn (gerade noch) mit bloßem Auge oder – deutlicher – mit einem Teleskop als einen verschmierten Fleck im sogenannten Schwertgehänge beobachten. In dem Nebel wurden eine Vielzahl mehratomiger Moleküle nachgewiesen. Weil die Wolke durch die jungen Sterne, die in sie eingebettet sind, zum Leuchten angeregt wird, bietet sie auf astronomischen Aufnahmen einen spektakulären Anblick, aber sie ist nur der sichtbarste Teil einer sogenannten Riesenmolekülwolke, die fast die gesamte Region des Himmels bedeckt, die vom Sternbild Orion eingenommen wird. Die Radioastronomie und die Infrarotastronomie haben gezeigt, daß die Orionmolekülwolke viele »heiße Stellen« enthält, die mit frühen Phasen der Sternbildung verbunden sind. Einige der jüngsten Sterne im Orionnebel selbst sind nur etwa eine Million Jahre alt, und man vermutet, daß dort ganz ähnliche Bedingungen herrschen wie in der Gas- und Staubwolke, aus der vor etwa 4,5 Milliarden Jahren unser Sonnensystem entstanden ist (abgesehen selbstverständlich von der Tatsache, daß die Orionmolekülwolke aufgrund dieser zusätzli-

## Die Saat ausbringen 225

chen 4,5 Milliarden Jahre galaktischer Entwicklungszeit noch reicher an schweren Elementen ist als die Wolke, aus der das Sonnensystem entstanden ist).

Wenn man alle Beobachtungsdaten und alle theoretischen Modelle zusammennimmt, zeigt sich, daß die Sonne als Teil einer riesigen Molekülwolke entstanden ist, die möglicherweise eine Million Sonnenmassen Materie enthielt, einen Durchmesser von einigen hundert Lichtjahren hatte und vor etwa 5 Milliarden Jahren in sich zusammenzustürzen begann. Wolken wie diese existieren überall im Umkreis der Scheibe einer Galaxie wie der Milchstraße, aber der Kollaps beginnt in der Regel an den Kanten der ausgeprägten Spiralverzweigungen, die ein Kennzeichen solcher Galaxien sind. Diese Spiralstrukturen sind deshalb sichtbar, weil sie von heißen, jungen Sternen gesäumt werden. Aber diese Sterne befinden sich nur deshalb dort, weil der Spiralstruktur eine Welle erhöhter Dichte zugrunde liegt, die die Scheibe der Milchstraße umläuft. Aus der Perspektive der Sterne in der Scheibe, die jeweils das Zentrum der Galaxis auf einer annähernden Kreisbahn umschreiben, kann man sich diese Welle als eine Region hoher Dichte vorstellen, die der Stern durchläuft, ähnlich einem Auto auf einer Autobahn, das auf eine Straße mit zähflüssigem Verkehr kommt, sich allmählich hindurchschlängelt und den Stau hinter sich läßt. Man kann sich die Welle auch als eine Flamme vorstellen – in der Flamme eines Feuerzeugs steigt das Gas aus dem Reservoir im Feuerzeug auf, strömt durch die Düsen und verbrennt, und die Verbrennungsprodukte werden auf der anderen Seite verteilt. Die Flamme selbst ändert ihr Erscheinungsbild nicht, während alle Atome und Moleküle in der Flamme fortwährend ersetzt werden, während sie durch sie hindurchströmen.

Diese erhöhte Dichte in den Spiralarmen preßt die riesigen Molekülwolken zusammen, die dadurch zum Kollabieren gebracht werden und heiße, junge Sterne hervorbringen, die dann unmittelbar »stromabwärts« vom Bereich der höchsten Dichte die Konturen der Spiralarme nachzeichnen. Die hellsten, massereichsten Sterne leben schnell und sterben jung, und sie bewegen sich nie weit von ihrem Geburtsort weg, sondern bringen ihre Saat wiederum in die interstellare Materie aus. Kleinere Sterne wie unsere Sonne werden Milliarden von Jahren alt, in denen sie die Galaxis viele Male umlaufen, und entfernen sich weit von ihren Geschwistern, die in derselben in sich zusammenstürzenden Wolke entstanden sind. Aber auch wenn die Wolken durch die Dichtewelle eines Spiralarms zusammengepreßt werden, können sie nicht ohne zusätzliche Hilfe zu Sternen wie der Sonne kollabieren. Diese Hilfe kommt von der verarbeiteten Materie, die sich bereits in der Wolke befindet – insbesondere den Wasserdampf- und Kohlenmonoxidmolekülen, die in dem Gas enthalten sind, sowie den festen Kohlenstoffkörnchen selbst.

Unsere grundlegenden Erkenntnisse darüber, wie Gaswolken in sich zusammenstürzen und sich in den interstellaren Raum verflüchtigen, gehen auf die Arbeit des britischen Astronomen James Jeans in den zwanziger Jahren zurück. Wenn man eine Gaswolke zusammenzupressen versucht, heizt sie sich auf; durch die Wärme dehnt sie sich aus, so daß sie nicht weiter kollabiert. Jeans berechnete, daß interstellare Wolken nur dann in sich zusammenstürzen, wenn sie mehr als eine gewisse Masse besitzen, so daß nach Einsetzen des Kollapses die Massenanziehung der Wolke stärker ist als die Expansionsneigung, die Wolke augenblicklich kollabiert und dabei in kleinere Fragmente zerfällt. Die kritische Masse, bei der dies geschieht – die sogenannte Jeanssche Masse –, hängt von der Dichte der Wolke (gemessen in Teilchen pro Kubikzentimeter) und ihrer Temperatur ab; das macht die Berechnungen komplizierter. Überdies ist die Beziehung, die Jeans herausarbeitete, sowieso nur eine Näherungsbeschreibung der Vorgänge. Doch allgemein gilt, daß eine Gaswolke von beispielsweise etwa 3000 Sonnenmassen, mit einem Durchmesser von etwa 40 Lichtjahren und einer Temperatur von etwa 100 K auf einen Durchmesser von etwa 10 Lichtjahren zusammenstürzen könnte. Da dies ihre Dichte erhöhen würde, könnte sie, vorausgesetzt, sie hat noch immer ungefähr dieselbe Temperatur, in etwa zehn Fragmente mit jeweils etwa 300 Sonnenmassen zerfallen, die möglicherweise ihrerseits in sich zusammenstürzen. Bei einer weiteren Dichtezunahme kann jede Wolke wiederholt zerfallen, so daß Objekte von der Größe der Sonne und andere Sterne übrigbleiben. Sterne entstehen in den Bereichen der Wolke, die die höchste Dichte aufweisen und in denen sich Materieknoten bilden, die so dicht sind, daß nicht die gesamte Strahlung entweichen kann. Sie werden von innen aufgeheizt, was zunächst den weiteren Kollaps zum Stillstand bringt und sie dann als Sterne zum Leuchten anregt.

Damit dieser gesamte Prozeß funktioniert, muß die Temperatur beim Kollaps jeder Wolke mehr oder minder konstant bleiben. Während des Kollapses selbst entsteht Wärme, weil Gravitationsenergie freigesetzt wird, so daß der Kollaps nur dann weitergehen kann, wenn die Wärme auf irgendeine Weise aus der Wolke abgezogen wird. Eine Wolke kann sich nur dann so stark abkühlen und so weit kollabieren, daß Sterne wie die Sonne entstehen, wenn sie Energie abgeben kann. Die Frage, wie sie dies bewerkstelligt, war ein großes Rätsel auch für Jeans und blieb fast fünfzig Jahre lang unbeantwortet – so lange, bis die komplexe Chemie solcher interstellaren Wolken nach und nach enträtselt wurde. Wir wissen heute, daß in den Frühphasen dieses Kollapses die Abkühlung in der Wolke insgesamt mit Hilfe von Kohlenmonoxid- und Wasserdampfmolekülen erfolgt. Je wärmer sie werden, um so stärker strahlen sie im infraroten Bereich des Spektrums. Infrarotstrahlung durchdringt hervorragend Staubmaterie; sie entweicht ungehindert aus der Wolke und hält sie kühl. In einer späteren Phase des Kollapses, wenn die ersten heißen Sterne entstehen, kommen Kohlenstoffkörnchen ins Spiel. Die ersten Sterne, die sich im dichtesten Teil der Wolke herausbilden, sind massereich und leuchten hell; sie senden eine Menge ultraviolette Strahlung aus, die die Wolke auseinanderblasen und die Bildung weiterer Sterne unterbinden würde – wenn sie nicht vom Kohlenstoffstaub in der Wolke absorbiert und als Infrarotstrahlung wieder abgestrahlt würde, denn als solche kann sie leichter in den Weltraum entweichen. Obgleich Kohlenstoffkörnchen nur 1 Prozent der Masse der Wolke ausmachen, tragen sie dennoch in erheblichem Umfang dazu bei, daß sich viele Sterne gleichzeitig bilden. Zumindest ist dies heute der Fall. Als die ersten Wolken aus Urwasserstoff und Urhelium zu kollabieren begannen, als das Weltall noch jung und die Galaxis selbst gerade im Entstehen begriffen war, dürfte keiner dieser Abkühlungsprozesse funktioniert haben. Da keiner der Ursterne, die sich aus den kollabierenden Gaswolken bildeten, bis zum heutigen Tag überlebte, können wir nur mutmaßen, was genau geschehen ist – aber die Vermutungen werden durch Computermodelle gestützt, und das Entscheidende ist unser Wissen, daß diese ersten Sterne entstanden. Denn andernfalls wären wir nicht hier und würden uns nicht den Kopf darüber zerbrechen, wie sie entstanden sind. Höchstwahrscheinlich sind die kollabierenden Urwolken nicht so ohne weiteres zerfallen; sie heizten sich im Innern auf, wobei sie sehr massereiche »Supersterne« schufen, die ihren Lebenszyklus schnell durchliefen und explodierten. Dabei durchsetzten sie die interstellare Materie mit den ersten Spuren schwerer Elemente. Als nach und nach die schweren Elemente (und, was in diesem Fall besonders wichtig ist, die Kohlenstoff- und Wasserstoffatome) aufgebaut wurden, dürften aufeinanderfolgende Wellen der Sternbildung immer leichter abgelaufen sein, da die Wolken immer leichter überschüssige Wärme abstrahlen konnten.

Zu dem Zeitpunkt, als die riesige Molekülwolke, aus der unser Sonnensystem hervorging, in sich zusammenzustürzen begann, nachdem sie durch die Kollision mit einem dichten Spiralarm vor 5 Milliarden Jahren zusammengepreßt worden war, bestand das interstellare Materiegemisch aus 70 Prozent Wasserstoff, 27 Prozent Helium, 1 Prozent Sauerstoff, 0,3 Prozent Kohlenstoff, 0,1 Prozent Stickstoff und Spuren anderer Elemente. Ein Teil des Gases in der Wolke existierte in Form von Kohlenmonoxid und Wasserdampf, und zwischen 1 und 2 Prozent der Masse der Wolke bestand aus festen Körnern, etwa ein Viertel aus Kohlenstoff, polycyclischen Kohlenwasserstoffen und Eisen, und der Rest

## Die Saat ausbringen

hauptsächlich aus Eisen- und Magnesiumoxiden, die von verschiedenen Eisarten umhüllt und von mehratomigen organischen Molekülen durchsetzt waren. Dies ist nur ein kleiner Prozentsatz der Gesamtmasse der Wolke – wir sollten jedoch nicht vergessen, daß die Gesamtmasse der Wolke mindestens einer Million Sonnenmassen entspricht. Bereits 1 Prozent einer Million ist immerhin zehntausend, und zehntausend Sonnenmassen aus festen Körnern entsprechen mehr als drei *Milliarden* Erdmassen. Das ist eine Fülle von Rohmaterial für den Aufbau neuer Planeten.

Die ersten neuen Sterne, die eine Masse von einigen Zehnersätzen Sonnenmassen hatten, dürften wenige hunderttausend Jahre nach Beginn des Kollapses der Wolke entstanden sein. Diese Sterne sind die klassischen Vorläufer von Typ-II-Supernovae; innerhalb weniger Millionen Jahre erreichen sie ihre Endzustände und explodieren. Dabei erzeugen sie einen »Schaum« aus expandierenden Supernova-Überresten – Blasen aus heißem Gas, die miteinander kollidieren und wechselwirken. Diese kollidierenden Blasen aus Supernova-Materie fördern den Zusammensturz weniger dichter Bereiche aus Gas und Staub im Nebel, und dies wiederum führt direkt zur Bildung von Sternen wie der Sonne und Planeten wie die Erde.

Wir haben sogar direkte Anhaltspunkte dafür, daß unser Sonnensystem in dieser Weise entstanden ist, und zwar infolge des Einflusses einer oder mehrerer naher Supernovae auf einen bestimmten Gasknoten vor etwa 5 Milliarden Jahren. Einige der Meteoriten, die heute auf die Erde fallen, sind weitgehend unveränderte Bruchstücke von Materie, die bei der Bildung des Sonnensystems übriggeblieben ist, wie ich gleich eingehender beschreiben werde. Es sind Trümmer von Festkörpern, die aus dem Nebel kondensierten, aus dem das Sonnensystem entstanden ist – zur gleichen Zeit, als sich die Sonne und die Planeten bildeten.*

---

\* Vielfältige Indizien deuten darauf hin, daß diese Meteoriten und das Sonnensystem vor etwa 4,5 Milliarden Jahren entstanden sind (vgl. für weitere Details mein Buch *The Birth of Time*).

Die ältesten dieser Meteoriten, die einer als kohlige Chondriten bezeichneten Gruppe angehören, enthalten kleine Materiekörnchen, die reich an Kalzium, Aluminium, Titan, Silizium und Sauerstoff sind. Diese Klumpen haben oft einen ungewöhnlich hohen Gehalt an Sauerstoff- und Magnesiumisotopen, verglichen mit den Häufigkeiten dieser Isotope auf der Erde, und dies gibt uns Aufschluß über den Ursprung des Materials. Das Vorkommen von Magnesium-26 ist besonders aufschlußreich, weil Magnesium-26 aus dem radioaktiven Zerfall von Aluminium-26 stammt, das seinerseits in Supernovae entstanden ist, aber eine Halbwertszeit von 740 000 Jahren hat. Dies bedeutet, daß sich das Magnesium-26 wenige hunderttausend Jahre nach der Explosion einer Supernova in Form von Aluminium-26 in den Chondriten abgelagert haben und *in situ* zu Magnesium-26 zerfallen sein muß. Es bedeutet aber auch, daß die Klumpen mit einem hohen Kalzium- und Aluminiumgehalt nahezu unveränderte Brocken aus Supernova-Materie sind, die im Innern der Meteoriten konserviert wurden und fast 5 Milliarden Jahre lang keinerlei Veränderung durchmachten (abgesehen von Veränderungen durch den radioaktiven Zerfall). Andere Isotopenanalysen an Meteoritenproben und dem bereits erwähnten Diamantstaub legen denselben Schluß nahe: daß die Materie, aus der sich das Sonnensystem bildete, von einer Schockwelle aus Materie getroffen wurde, die weniger als eine Million Jahre vor der Bildung des Sonnensystems selbst von einer Supernova ausgestoßen wurde.

Zur selben Zeit, als diese Schockwelle den Zusammensturz jener Gas- und Staubwolke auslöste, aus der das Sonnensystem hervorging (eine Wolke, die zu Beginn vielleicht 2 Sonnenmassen hatte), löste sie den Kollaps anderer naher Gas- und Staubwolken aus, und etwas weiter weg kollabierten noch mehr Wolken unter dem Einfluß anderer Supernova-Explosionen. Im heutigen Orionnebel würde ein imaginärer Würfel mit einer Kantenlänge von drei Lichtjahren Tausende von Sternen enthalten, die im Schnitt jeweils weniger als ein Drittel eines Lichtjahrs von ihrem nächsten Nachbarn entfernt wären. Dies sind genau die Bedingungen, unter denen unserer Auffassung nach das Sonnensystem entstanden ist – dennoch ist der sonnennächste Nachbarstern heute über vier Lichtjahre weit entfernt, so daß ein Würfel mit einer Kantenlänge von drei Lichtjahren, in dessen Zentrum die Sonne steht, überhaupt keine weiteren Sterne enthalten würde. Doch obgleich aus der »großen Verdichtung« vor 4 bis 5 Milliarden Jahren eine Fülle von Sternen und (vermutlich) Planetensystemen hervorging, werde ich mich fortan auf das eine System beschränken, für das wir uns besonders interessieren – unser Sonnensystem.

Jede Gaskugel im Weltraum dreht sich, wenn auch noch so langsam, um die eigene Achse. Stürzt sie auf ein kleineres Volumen in sich zusammen, dann dreht sie sich schneller, und diese Rotation (beziehungsweise dieser Drehimpuls) bewirkt, daß sich die Materie in einer dicken Scheibe um den entstehenden Stern sammelt und nicht ins Zentrum stürzt. In den Frühphasen des Kollapses schrumpft der gesamte Gasball etwa um einen Faktor von hunderttausend, und unter dem Einfluß des Drehimpulses erhöht sich dadurch die Geschwindigkeit, mit der die Materie das Zentrum des im Entstehen begriffenen Sterns umkreist, ebenfalls um einen Faktor von hunderttausend. Zu dem Zeitpunkt, zu dem sich ein zentrales heißes Objekt als ein glühender roter Stern stabilisiert, der etwa 10 Prozent der heutigen Sonnenmasse enthält, ist er von der mächtigen Scheibe aus Staub und Gas umhüllt, während weiterhin aus allen Richtungen Staub und Gas auf die Scheibe und den Stern im Zentrum herabregnen.

Erinnern wir uns: Nur etwa 1 bis 2 Prozent der Materie in der Scheibe ist Staub – der Rest besteht aus Gas. Durch die Wärme des jungen Sterns wird jedoch eine Menge Gas weggeblasen, wobei eine Art Sternwind entsteht, während der Staub in der Scheibe bleibt. Die Scheibe ist zunächst dick, weil sie heiß ist – die Materie, die von oben und von unten auf die Scheibe fällt, bringt kinetische Energie mit sich, die in der rotierenden Scheibe in Wärme umgewandelt wird. Das heiße Gas läßt die Staubteilchen wie Rauch in der Luft schweben, der von allen Seiten mit schnellen Molekülen beschossen wird. Nach etwa hunderttausend Jahren wird die Materie im inneren Teil der Scheibe durch Reibung abgebremst und fällt auf den jungen Stern, während Materie im äußeren Bereich der Scheibe beschleunigt (wobei der Drehimpuls insgesamt erhalten bleibt) und ins Weltall geschleudert wird. Zu dem Zeitpunkt, zu dem die Ursonne ihre gegenwärtige Masse erreicht hat, fällt keine Materie mehr auf die Scheibe; sie kühlt ab und sammelt sich in einer dünnen Schicht um den Zentralstern, wahrscheinlich in einer Reihe von Ringen, ähnlich den Saturn-Ringen.

Dieses Bild basiert nicht nur auf Theorien und Computermodellen. Mittlerweile wurden viele junge Sterne, die von Staubscheiben umgürtet sind, von Astronomen aufgespürt und fotografiert, und sie bestätigen diesen Prozeß in groben Zügen. Es handelt sich um eine vergleichsweise neue Entwicklung, da die erste derartige Scheibe, die den Stern Beta Pictoris umringt, erstmals 1984 fotografiert wurde; doch seit Mitte der neunziger Jahre spürte man über einhundert dieser Scheiben auf. Bei dem Archetypus Beta Pictoris selbst erstreckt sich die Scheibe über ungefähr 1000 AE*, das heißt, sie ist tausendmal weiter von ihrem Zentralstern entfernt als die Erde von der Sonne, und sie enthält ein bißchen mehr Masse als die Sonne. Wir wissen noch nicht in allen Einzelheiten, wie sich aus der Staubmaterie in der ausgedünnten Scheibe um die junge Sonne Planeten gebildet haben, aber wir brauchen nicht viel mehr als den gesunden Menschenverstand, um den Gesamtprozeß zu überblicken. Der Schlüsselfaktor bei der Aufklärung der Frage, was mit den Staub- und Eiskörnchen in der Scheibe geschah, war die Temperatur in verschiedenen Entfernungen von der Sonne während der Frühphasen der Planetenentstehung, und das läßt sich relativ leicht berechnen. Bei etwa 1 AE, die der Entfernung der Erde (des Planeten, der uns am meisten interessiert) von der Sonne ent-

---

\* AE = astronomische Einheit.

## Die Saat ausbringen 233

spricht, betrug die Temperatur etwa 1000 K, vermutlich etwas mehr; bei 2,5 AE von der jungen Sonne belief sich die Temperatur auf nur 450 K, während sie in einer Entfernung von 5 AE auf etwa 225 K gefallen war. Die Körnchen in der Region, in der sich die Erde bildete, wurden durch ihren Kontakt mit dem Gas in der rotierenden Scheibe so stark aufgeheizt, daß nicht nur das gesamte Eis, das die Körnchen umhüllte, verdampfte, sondern auch die interessanten mehratomigen Moleküle einschließlich der organischen (Kohlenstoff enthaltenden) Moleküle zerstört wurden. Doch in einer Entfernung zwischen 2,5 und 5 AE von der jungen Sonne war die Temperatur so niedrig, daß die organischen Moleküle unbeschädigt blieben, obgleich die Eishüllen verdampften. Und noch weiter draußen, jenseits von 5 AE, war die Temperatur so niedrig, daß Eis einschließlich Wassereis als ein Bestandteil des Staubs der Scheibe erhalten blieb. Als sich die Materiekörnchen in der Scheibe zu größeren Klumpen zusammenlagerten, unterschieden sich die Endprodukte dieses Akkretions- oder Akkumulationsprozesses je nach Entfernung von der Sonne.

Die erste Phase dieses Prozesses hängt buchstäblich von der Klebrigkeit der winzigen Staubkörnchen ab. Da sie sich alle in dieselbe Richtung um die Sonne bewegen, stoßen sie wenn, dann sanft miteinander zusammen, wobei ein Körnchen ein anderes leicht von hinten anstößt. So können sie sich dichter zusammenlagern und flaumige Materiekugeln aufbauen, die schon nach kurzer Zeit genügend Masse enthalten, um sich gegenseitig gravitativ anzuziehen. Über einen Zeitraum von hunderttausend Jahren baut dieser Prozeß Objekte auf, die einen Kilometer groß oder noch größer sind. Diese sogenannten Planetesimale lagern sich ihrerseits zu immer größeren Objekten aneinander, während das in der Scheibe verbliebene Gas durch die Wärme der jungen Sonne aufgebraucht wird. Innerhalb einer Entfernung von 2,5 AE von der Sonne (der Zone, die ungefähr der heutigen Umlaufbahn des Mars entspricht) dürften etwa eine Million Jahre, nachdem der ursprüngliche Gas- und Staubball in sich zusammenzustürzen begann, etwa zwanzig bis dreißig Objekte existiert haben, deren Größe zwischen der des Mondes und der von Mars gelegen haben dürfte, sowie zahllose kleinere Planetesimale. Die größeren Objekte schluckten die kleineren, und einige von diesen kollidierten miteinander, wobei die vier erdartigen Planeten mit Gesteinsmantel entstanden, die wir in diesem Teil des Sonnensystems heute sehen – Merkur, Venus, Erde und Mars. Aber all diese Himmelskörper entstanden aus Silikatkörnchen, die nicht nur enteist (und gewiß dehydriert), sondern auch von organischen Molekülen freigebrannt worden waren.

Mehr als etwa 5 AE von der Sonne entfernt herrschten andere Bedingungen. Zwar war hier der gleiche Prozeß der Akkumulation von Staub zu größeren Objekten abgelaufen, aber es gab immer jede Menge Eis. Nicht genug damit: Ein großer Teil der Materie, die die Körnchen im inneren Sonnensystem als Eishülle umkleidet hatte, aber verdunstet war, wurde durch den Sonnenwind nach außen geblasen, nur um in den äußeren Regionen des Sonnensystems erneut zu gefrieren und so eine Art interplanetarischen Schnee zu bilden, der die Masse der dort entstehenden Planeten vergrößerte. Es ist kein Zufall, daß die Riesenplaneten Jupiter, Saturn, Uran und Neptun, die hauptsächlich aus Gasen wie Methan und Ammoniak bestehen, in einer Entfernung zwischen 5 und 20 AE von der Sonne liegen.

Zwischen Mars (der die Sonne in einer Entfernung von 1,5 AE umkreist) und Jupiter (der 5,2 AE von der Sonne entfernt ist) erstreckt sich eine Zone, die von kleineren, gesteinsartigen Himmelskörpern besetzt ist – der Planetoidengürtel. Die Planetoiden entstanden dort, wo sich verschiedene Arten von Eis aufgrund der Wärme nicht hielten, wo es aber so kühl war, daß interessante organische Moleküle erhalten blieben. Trümmer aus dem Planetoidengürtel stürzen noch immer gelegentlich als Meteoriten auf die Erde; daher konnte man ihre Zusammensetzung eingehend untersuchen und analysieren.*

Viel wichtiger für unsere Geschichte ist jedoch die Tatsache,

*Die Saat ausbringen* 235

daß sich in der Nähe der Umlaufbahn von Jupiter und weiter draußen im Sonnensystem ähnliche Objekte nicht bloß aus Gesteinsmaterial bildeten, sondern aus der Vielfalt von Eis- und Schneesorten, die dort vorkommen. Auf diese Weise entstanden die Kometen. Als Jupiter seine gewaltige heutige Masse erreicht hatte, stiftete sein gravitativer Einfluß Chaos unter diesen Kometen. Er schleuderte viele von ihnen in die fernen Randbereiche des Sonnensystems (in manchen Fällen gleich ganz aus dem Sonnensystem hinaus, in die Tiefen des Weltraums), und viele andere stürzten unter seinem Einfluß auf die inneren Planeten zu. »Viele« wird ihrer Zahl kaum gerecht. Die Anzahl der Kometen, die noch immer weit jenseits des Planeten Neptun in der sogenannten Oortschen Kometenwolke eine Umlaufbahn um die Sonne beschreiben, wird auf mehrere tausend Milliarden geschätzt – sie alle wurden in den frühen Phasen der Entstehung des Sonnensystems auf diese Weise ausgestoßen. Jeder Komet hat eine so geringe Masse, daß alle Kometen zusammengenommen nur drei bis fünf Erdmassen ergeben. Computersimulationen deuten jedoch darauf hin, daß in den Frühphasen der Entstehung des Sonnensystems so viele Kometen von Jupiter auf Umlaufbahnen abgelenkt wurden, die sie an den inneren Planeten und nahe an der Sonne vorbeiführen, daß sich ihre Gesamtmasse auf mindestens das Dreifache dieser Menge, also auf 10 bis 15 Erdmassen, belief. Das ist eine ganz erkleckliche Masse, die auf eine gigantische Anzahl von Kometen verteilt ist. Aber nicht alle sind tatsächlich an den inneren Planeten *vorbei* geflogen, denn sonst gäbe es uns Menschen heute nicht.

Es ist Zeit, daß wir uns nun auf das konzentrieren, was mit der Erde selbst geschah, als das Sonnensystem entstand. Als sich die Körnchen (Silikate, Eisen und Kohlenstoff), aus denen sich ein

---

\* Die Trümmer im Planetoidengürtel vereinigten sich wegen des störenden Einflusses der Schwerkraft des Jupiter nie zu einem vollständigen Planeten. Für weiterführende Informationen über die Entstehung des Sonnensystems und die Rolle der Planetoiden und Kometen dabei vgl. *Fire on Earth*.

Planet bilden sollte, zusammenzulagern begannen, setzte dieser Akkretionsprozeß keine große Menge Energie frei, weil sich die Körnchen und später größere Materieklumpen langsam fortbewegten, als sie mit dem Urplaneten zusammenstießen, der größer wurde, ohne sich aufzuheizen. Erst nachdem er eine nennenswerte Größe erreicht hatte, war seine gravitative Anziehung so stark, daß er andere Objekte anzog, die auf seine Oberfläche mit so hoher Geschwindigkeit aufprallten, daß sie diese aufheizten. Doch obgleich die Oberfläche des Planeten zu schmelzen begann, blieb der Kern lange Zeit fest. Der ganze Akkretionsprozeß der Erde dauerte einige zehn Millionen Jahre – vielleicht bis zu 50 Millionen Jahre –, und erst in den späteren Phasen der Akkumulation drang Wärme von der Oberfläche in den Kern und brachte ihn zum Schmelzen. Als sich der gesamte Planet in diesem Zustand befand (aufgeheizt durch die kinetische Energie einstürzender Meteoriten), lagerte sich das schwere Eisen im Kern des Planeten ab, während die leichteren Silikate zur Oberfläche aufstiegen. Als die urzeitliche Bombardierung durch Meteoriten nachließ und (fast) zum Stillstand kam, kühlte sich die Oberfläche der Erde ab und erstarrte zu einer Schicht, die hauptsächlich aus Silikatgestein bestand und eine isolierende Hülle um den noch immer geschmolzenen Kern bildete. Neben Eisen enthielt der heiße, dichte Kern kleinere, aber dennoch beachtliche Mengen anderer schwerer Elemente – Supernova-Materie, zu der auch radioaktives Uran gehört. Diese Isolierschicht aus festem Gestein an der Oberfläche, die Wärme wie eine erdumspannende Decke zurückhält, und die durch den radioaktiven Zerfall von Uran freigesetzte Energie hat das Erdinnere bis auf den heutigen Tag in einem heißen, geschmolzenen Zustand gehalten. Da die Energie, die noch immer von diesem Uran freigesetzt wird, in den Atomkernen gespeichert wurde, als diese sich bei einer Supernova-Explosion bildeten (hauptsächlich aus der beim Zusammensturz des explodierenden Sterns freigesetzten Gravitationsenergie), bedeutet dies, daß das Erdinnere heute weitgehend durch gespeicherte Supernova-Energie warm gehalten wird – ganz ähnlich wie beim Verbrennen eines Stücks Kohle die Energie gespeicherten Sonnenlichts freigesetzt wird, die in dem Material eingeschlossen war, das durch Fotosynthese in Pflanzen, die vor vielen Millionen Jahren lebten, zu Kohle wurde.

Etwa zehn Millionen Jahre nach dem Erstarren der Erdoberfläche erlebte der Planet den letzten, verheerenden Schritt seiner Entstehung, als ihm ein Himmelskörper, der etwas größer war als der Planet Mars, einen kräftigen Schlag versetzte (Mars hat nur ein Zehntel der Masse der Erde). Dadurch wurde die Oberflächenschicht der Erde wieder zum Schmelzen gebracht, und Eisen, das bei dem Aufprall auf die Erde gelangte, hätte eigentlich mit dem Kern des Planeten verschmelzen müssen, da der auftreffende Himmelskörper bei dem Zusammenstoß völlig zerstört wurde. Bei diesem Aufprall wurde jedoch eine große Menge Silikat in den Weltraum geschleudert – ein Gemisch aus Trümmern des einschlagenden Objekts und geschmolzenen Silikaten von der Erde selbst, das sich ungefähr auf das Zehnfache der Masse des Mondes belief (der Mond besitzt nur etwas mehr als ein Hundertstel der Erdmasse, so daß er etwas mehr als ein Zehntel der Masse des Mars aufweist). Der größte Teil dieses Materials ging im Weltall verloren; aber ein Teil davon bildete einen Ring um die Erde, ähnlich dem Materiering, der sich um die junge Sonne bildete, allerdings in kleinerem Maßstab. Die Materie in diesem Ring verdichtete sich durch Akkretion zum Mond, in einer ganz ähnlichen Weise, wie sich die Materie um die junge Sonne zu den Planeten verdichtete. Dies erklärt, weshalb der Mond nur einen sehr kleinen Eisenkern besitzt, und auch, warum sich die Erde relativ schnell um ihre eigene Achse dreht, einmal alle 24 Stunden – ein Resultat des Drehimpulses, der durch die Kollision übertragen wurde.

Dies erklärt auch einen ansonsten verwirrenden Unterschied zwischen Erde und Venus, die im Hinblick auf ihre Größe fast ein Zwilling der Erde und auf ganz ähnliche Weise wie diese entstanden ist. Die feste Gesteinskruste an der heutigen Erdoberfläche ist relativ dünn – unter den Ozeanen (die zwei Drittel der Oberfläche bedecken) ist sie nur 5 Kilometer, unter den Kontinenten im Schnitt nur 30 Kilometer dick. Weil die Kruste so dünn ist, bilden sich in ihr leicht Risse, so daß Platten entstehen, ähnlich den Teilen eines Puzzlespiels, die durch Konvektionsströme in der darunterliegenden flüssigen Materie verschoben werden. Dies verursacht die Kontinentaldrift und eine fortwährende vulkanische und seismische Aktivität, insbesondere in den Regionen entlang der Spalten zwischen den Platten – das gesamte Phänomen heißt Plattentektonik.

Als Raumsonden Daten von der Venus zur Erde funkten, stellten Planetenforscher mit Erstaunen fest, daß diese keinerlei Anzeichen für eine derartige Oberflächenaktivität aufwies. Auf der Venus gibt es keine Platten und keine Plattentektonik. Nachdem sie die Anzahl der Krater auf der Oberfläche der Venus gezählt und diese Zahl mit der Anzahl der Krater auf dem Mond und dem Merkur verglichen hatten, gelangten sie zu dem Schluß, daß die gesamte Oberfläche der Venus in einem großen Kataklysmus vor etwa 600 Millionen Jahren umgestaltet worden war. Obgleich es alternative Erklärungsmodelle gibt, favorisiere ich die Hypothese, wonach die Venus eine sehr dicke Kruste (die über die gesamte Oberfläche des Planeten etwa 50 bis 100 Kilometer dick ist) besitzt, so daß keinerlei Plattentektonik auftritt und nicht fortwährend durch Vulkane Wärme aus dem Innern freigesetzt wird. Infolgedessen staut sich die Wärme, die im Innern der Venus durch radioaktiven Zerfall entsteht, über einen langen Zeitraum auf, bis die gesamte Oberflächenschicht Sprünge bekommt und in die Flüssigkeit darunter absinkt, die ihrerseits durch die Spalten emporsteigt, abkühlt und eine neue Oberfläche bildet.

Mir gefällt dieses Szenario, weil es meines Erachtens eine natürliche Erklärung dafür geben muß, weshalb die Oberflächen von Venus und Erde so unterschiedlich sind, eine Erklärung, die hervorragend zu der Annahme paßt, daß der Mond bei einer Kollision zwischen der jungen Erde und einem Himmelskörper von der Größe des Mars entstanden ist. Die Erde hat nicht das Schicksal der Venus erlitten, weil sie bei diesem gewaltigen Ereignis eine so große Menge ihres oberflächennahen Silikatmaterials verloren hat und nur eine dünne Kruste behielt. Diese bekam leicht Sprünge, durch die stetig Wärme aus dem Innern in den Weltraum entweichen konnte.*

Dieses Modell der Entstehung des Mondes wird durch viele Indizien erhärtet, etwa das Fehlen eines hinlänglich großen Eisenkerns und die Tatsache, daß uns die radioaktive Altersbestimmung von Mondgesteinen sagt, daß sie etwas jünger sind als die ältesten Gesteine auf der Erde. Auch Untersuchungen des Planeten Merkur haben Indizienbeweise zu Tage gefördert; dort scheint eine gewaltige Kollision das Gegenteil dessen bewirkt zu haben, was auf der Erde geschah.

Während der Mond der Kruste der Erde ohne einen Kern gleicht, ist Merkur dem Kern der Erde ohne Kruste ähnlich. Dies läßt sich dadurch erklären, daß Merkur zu einem frühen Zeitpunkt seiner Entwicklung ebenfalls von einem marsgroßen Bruchstück eines Planeten getroffen wurde; in diesem Fall handelt es sich jedoch fast um eine Frontalkollision und nicht nur ein leichtes Streifen. Ein solcher Zusammenstoß muß den Eisenkern des auftreffenden Objekts tief in Merkur hineingetrieben haben, wo er mit dem Kern des ursprünglichen Planeten verschmolzen sein dürfte. Zur gleichen Zeit sprengte er vermutlich die (durch die Bewegungsenergie des aufprallenden Himmelskörpers geschmolzenen) Außenschichten beider Objekte weg und verstreute sie restlos im Weltraum, ohne ihnen eine Chance zu lassen, einen Ring um den Planeten zu bilden und sich dann zu einem Mond zu aggregieren.

Alle Indizien deuten darauf hin, daß der Mond bereits vor etwas weniger als 4,5 Milliarden Jahren in seiner heutigen Gestalt die Erde umlief und daß die Erde damals noch eine rotglühende

---

* Ich möchte betonen, daß dies ausschließlich meine Mutmaßung ist und nicht als herrschende Meinung betrachtet werden sollte!

Gesteinskugel war, die sich allmählich im Weltraum abkühlte. Sie hatte keine Atmosphäre; insbesondere alle Spuren von Wasser waren dem Material entzogen worden, aus dem sich der Planet bildete, zuerst als die Eishülle um die Staubkörnchen in der Wärme der energiereichen Scheibe um die junge Sonne verdunstete und dann durch die Wärme der Einschläge, die den Planeten formten. Aus denselben Gründen existierten nirgends auf dem Planeten interessante organische Moleküle. Und doch sagen uns die geologischen Zeugnisse, daß vor 3,8 Milliarden Jahren Leben auf der Erde entstanden ist. Da es sich bei diesen Zeugnissen um Fossilien handelt, die in Sedimentgesteinen konserviert wurden – Gesteinen, die sich auf dem Grund von Seen oder Ozeanen ablagerten –, können wir auch darauf schließen, daß damals auf dem Planeten Wasser in großen Mengen vorkam. Was geschah in weniger als einer Milliarde Jahren, das eine trockene Wüste ohne Sauerstoff in eine Wasserwelt verwandelte, die bereits Leben beheimatete?

Während der ersten 500 bis 600 Millionen Jahre ihrer Existenz wurde die Erde von Kometen bombardiert, die aus der Region der Riesenplaneten hinausgeschleudert wurden. Wir wissen aus den Gesetzen der Mechanik, daß ein Großteil der eisüberzogenen Materie aus den äußeren Regionen des jungen Sonnensystems unter dem gravitativen Einfluß der Riesenplaneten selbst zum Zentrum hin gezogen wurde, und die Logik sagt uns, daß ein Bruchteil der Tausende von Milliarden Kometen, die auf diese Weise auf das Zentrum des Sonnensystems zu rasten, die Erde und die anderen inneren Planeten getroffen haben muß. Es gibt auch augenscheinliche Indizien – wenn wir uns die mit Kratern übersäte Mondoberfläche ansehen, blicken wir direkt auf die Narben, die durch diese 500 Millionen Jahre währende Bombardierung des Erde-Mond-Systems verursacht wurden. Die radioaktive Altersbestimmung und andere Datierungstechniken sagen uns, daß diese Bombardierung vor etwa 4 Milliarden Jahren aufhörte. Raumsonden enthüllten ähnliche Spuren einer urzeitlichen Bombardierung durch Kometen auf den Oberflächen von

## Die Saat ausbringen 241

Merkur und Mars. Venus ist, wie bereits erwähnt, ein Sonderfall, da es Anhaltspunkte dafür gibt, daß die gesamte Oberfläche des Planeten vor etwa 600 Millionen Jahren in einem gewaltigen Ereignis völlig umgestaltet wurde. Die Erde ist nirgends auch nur annähernd mit so vielen Kratern übersät wie der Mond, weil die Erdkruste durch geologische Prozesse fortwährend erneuert wird; dabei steigt neue Materie aus den Spalten am Boden der Ozeane empor, während die ältere ozeanische Kruste ständig in tiefe Meeresgräben absinkt und in den Erdmantel einschmilzt. Diese Spreizbewegung des Tiefseebodens ist Teil des Musters der globalen tektonischen Aktivität, die in der langen Geschichte des Planeten nicht nur den Meeresboden mehrfach erneuerte, sondern auch die Kontinente rund um den Globus verschob; sie ließ Kontinente zusammenstoßen, wobei hohe Gebirgsmassive aufgetürmt wurden, löste vulkanische Aktivität aus und trug dazu bei, die meisten direkten Spuren der urzeitlichen Bombardierung zu tilgen.

Obgleich Kometen gelegentlich als kosmische Schneebälle bezeichnet wurden, bedeutet dies nicht, daß sie beim Einschlag auf einem Planeten nicht eine Menge Energie freisetzten. Die Energie eines Einschlags ist gleich der kinetischen Energie des Körpers, die als Wärme freigesetzt wird. Diese kinetische Energie wird allein von der Masse und der Geschwindigkeit des auftreffenden Körpers bestimmt. Aus unserer Kindheit wissen wir, daß Schneebälle leider nicht immer leicht und weich sind. Ein Schneeball mit derselben Masse wie eine Bowlingkugel würde, wenn man ihn ganz fest zusammengepreßt (wie den Kopf eines Schneemanns) und mit derselben Geschwindigkeit eine Kegelbahn hinabrollen läßt wie eine Bowlingkugel, die Kegel genauso effektiv zu Fall bringen wie eine gewöhnliche Bowlingkugel. Die Einschlagsenergie eines schnellen Kometen wurde im Juli 1994 auf eine denkwürdige Weise veranschaulicht, als Bilder von Fragmenten des Kometen Shoemaker-Levy 9, die auf dem Jupiter einschlugen, mehrere Tage lang in den Fernsehnachrichten gezeigt wurden. Ein Körper von der Größe eines dieser Bruchstücke (mit einem Durchmesser von etwa 10 Kilometern), der mit einer Geschwindigkeit von 50 km/s auf der Erde aufschlüge, würde genau so viel Energie freisetzen wie die Explosion von 100 Millionen Megatonnen TNT – tatsächlich nimmt man an, daß ein solcher Einschlag für den »Tod der Dinosaurier« vor etwa 65 Millionen Jahren verantwortlich ist.

Als mit Eis überzogene Körper auf dem Mond einschlugen, sprengte die Energie der Einschläge große Krater in seine Oberfläche; der Mond übt jedoch eine so schwache gravitative Anziehung aus, daß die beim Einschlag verdampften Gase in den Weltraum entwichen. Eis, das irgendwo auf der Oberfläche herumläge, würde durch die Wärme der Sonne sowieso verdampfen (außer in einigen wenigen Sonderfällen, die ich gleich schildern werde). Als ähnliche Körper mit der Erde kollidierten, entwich zwar ein Teil des Materials, das bei diesen Einschlägen verdampfte, ebenfalls in den Weltraum; ein großer Teil verharrte jedoch im gravitativen Bann des Planeten – ein Teil kondensierte und fiel als Regen auf die Erdoberfläche herab, wo sich mit der Zeit Ozeane bildeten, ein Teil blieb im gasförmigen Zustand und baute eine Atmosphäre um die junge Erde auf. Computermodelle deuten allerdings darauf hin, daß insgesamt zehnmal mehr Urwasser auf diese Weise zur Erde gelangte, als flüssig blieb und die Ozeane bildete und daß möglicherweise tausendmal soviel Gas in Form von Kometen eintraf, als heute in der Atmosphäre enthalten ist. Der größte Teil dieser zusätzlichen Substanzen (die in ihrer Gesamtheit als flüchtige Stoffe bezeichnet werden) wurde gründlich mit den Oberflächenschichten der Erde durchmischt (einige Astronomen bezeichnen diesen Vorgang plastisch als »Impaktpflügen«) und bildete jene heute weitverbreiteten Gesteine der Erdoberfläche, die einen hohen Gehalt an flüchtigen Stoffen aufweisen. Außerdem lieferten sie eine Quelle für das Material (wie etwa Kohlendioxid), das aus Vulkanen »entgast« und über tektonische Prozesse in der Oberfläche der Erde (in diesem Fall in Form von Karbonatgesteinen) in neue Vulkane rückgeführt wurde. Dieses Modell des Ursprungs der flüchtigen

## Die Saat ausbringen 243

Stoffe auf der Erde wurde in der zweiten Hälfte der neunziger Jahre auf elegante Weise bestätigt, als Raumsonden die Anwesenheit von Spuren von Kometeneis einschließlich Wassereis an beiden Polen des Mondes enthüllten – Kometeneis, das sich in den Schattenregionen tiefer, dunkler Krater angesammelt hatte, die nie von der Sonne beschienen werden.

Die urzeitliche Bombardierung ließ vor etwa 4 Milliarden Jahren nach (kam allerdings nicht völlig zum Erliegen, denn Einschläge aus dem Weltall ereignen sich nach wie vor, wie die Dinosaurier feststellen mußten). Innerhalb weiterer 200 Millionen Jahre wurde auf der Oberfläche der Erde Leben heimisch. Das Szenario der Kometeneinschläge verkürzt den Zeitraum, der für die Entstehung von Leben zur Verfügung steht, und macht die Entstehung des Lebens zu einem noch dramatischeren Ereignis; aber die Anwesenheit von Kometenmaterial im inneren Sonnensystem erklärt auch, weshalb das Leben so schnell auf der Erdoberfläche Fuß fassen konnte, wie ich in Kapitel 1 dargelegt habe. Jetzt besitzen wir das Hintergrundwissen, um die Ideen, die ich dort skizziert habe, in ihrer ganzen Tragweite zu ermessen.

Wir wissen bereits, daß das Kometenmaterial reich an mehratomigen Molekülen ist, einschließlich jener organischen Moleküle, die die Bausteine des Lebens sind – darunter sogar Aminosäuren, die Untereinheiten von Proteinen. 1994 behauptete eine Forschergruppe der Universität von Illinois erstmals, eine Aminosäure in einer Probe aus dem Weltall nachgewiesen zu haben. Sie fanden in einer interstellaren Gas- und Staubwolke nahe dem Zentrum der Milchstraße (anhand von Radiowellenlängen) spektroskopische Hinweise auf die Anwesenheit von Glycin, der einfachsten Aminosäure. Die gleiche Serie von Beobachtungen enthüllte auch die Anwesenheit dessen, was die Forscher weitere »große flexible Moleküle« nannten, unter anderem Äthylcyanid und Methylformiat. Obgleich wir bislang im Weltraum keine weiteren Aminosäuren anhand ihrer spektroskopischen Signaturen nachgewiesen haben, wurden sie zusammen mit anderen komplexen organischen Molekülen im Innern der Fragmente von Meteoritenmaterial gefunden, Gesteinen aus dem Weltall, die auf die Erde gefallen sind. Einige dieser Meteoriten werden ungefähr auf die Zeit der Entstehung des Sonnensystems datiert, sind also mindestens 4 Milliarden Jahre alt. Obgleich sie erst in jüngster Zeit auf die Erde gestürzt sind, flogen sie während der letzten 4 Milliarden Jahre durch das Weltall und konservierten unverändert Teile der Urmaterie, aus der die Planeten entstanden sind. Neben Aminosäuren (den Bausteinen der Proteine) enthalten sie Moleküle, die Purine und Pyrimidine genannt werden – Untereinheiten des biologischen Moleküls schlechthin, der DNA. Dies ist ein direkter Beweis dafür, daß solche Moleküle in der interstellaren Wolke existierten, aus der das Sonnensystem entstanden ist – wenn solche komplexen Moleküle in den steinigen Trümmern vorhanden waren, die damals durch das Sonnensystem trieben, dann waren sie mit Sicherheit auch in den Eiskometen enthalten, die damals so zahlreich auf die Erde stürzten.

Allerdings ist kaum vorstellbar, wie dieses molekulare Material die Wärme eines Einschlags überstehen konnte, bei dem die Energie von 100 Millionen Megatonnen TNT freigesetzt wurde. Nicht zuletzt aus diesem Grund behaupteten einige Biologen (und auch einige Astronomen), Leben habe tief im Innern des Planeten begonnen, weit unterhalb der Oberflächenschichten, die durch Kometeneinschläge zerpflügt wurden. Dort sei die Energie des heißen Innern als Triebkraft chemischer Reaktionen genutzt worden, bei denen Moleküle, die sich selbst kopieren können, entstanden seien. Dies ist eine in mancher Hinsicht sehr ansprechende Idee, weil sie impliziert, daß Leben im Innern jedes heißen Planeten entstehen kann. Und sie gibt uns zusätzliche 600 Millionen Jahre, um Nicht-Leben in Leben zu verwandeln. Aber wir brauchen diese hübsche Idee nicht, weil keineswegs das ganze Kometenmaterial, das die Oberfläche der Erde erreicht, in großen Himmelskörpern herbeigetragen wird, die beim Aufprall eine gewaltige Wärmemenge freisetzen – und indem wir die chemischen Prozesse, aus denen wenigstens die Vorläufermoleküle des Lebens hervorgegangen sind, in den Weltraum hinaus verlagern, gewinnen wir nicht bloß 600 Millionen Jahre, sondern etwa 10 *Milliarden* Jahre, in denen diese Prozesse ablaufen können.

Dies ist eine so enorm lange Zeitspanne, daß einige Biologen und Astronomen angesichts der Komplexität der Moleküle, die bereits in interstellaren Wolken nachgewiesen wurden (und selbst wenn man die Tatsache berücksichtigt, daß chemische Reaktionen wegen der relativ geringen Energiemengen, die dafür zur Verfügung stehen, in diesen Wolken sehr langsam abliefen), die Minderheitsmeinung vertreten, daß lebende Systeme zuerst im Weltraum entstanden seien und anschließend auf die Oberfläche von Planeten verfrachtet wurden. Nach einer Version dieses Szenarios gibt es in den Tiefen des Weltraums möglicherweise kometenartige Himmelskörper, die im Innern durch den radioaktiven Zerfall von bei Supernovae-Explosionen erzeugten schweren Elementen aufgeheizt werden – und zwar so stark, daß sie flüssige Zentren haben, in denen die letzten Phasen der chemischen Evolution, die die Grenze von Nicht-Leben zu Leben überschritten, abgelaufen sein könnten. Auch diese Idee hat ihre attraktiven Aspekte, nicht zuletzt die Implikation, daß es allein in der Kometenwolke um unsere Sonne Tausende von Milliarden potentieller Orte für die entscheidenden chemischen Schritte gibt, ganz zu schweigen von anderen Regionen im Weltall. Und wie aus der Idee, daß Leben tief im Innern heißer Planeten entstanden ist, folgt auch aus der Theorie über den interstellaren Ursprung des Lebens, daß Leben im Weltall weit verbreitet ist. Aber in beiden Fällen braucht man nicht so weit zu gehen, um eine plausible Erklärung dafür zu finden, wie Leben auf der Erde (und vermutlich auf vielen anderen Planeten wie der Erde, die Sterne wie die Sonne umlaufen) Fuß gefaßt hat.

Halten wir uns an das, was wir mit Sicherheit wissen. So wie Kometenmaterie bei schweren Einschlägen auf die Erde niederging und in den Feuerbällen im Gefolge dieser Einschläge so stark aufgeheizt wurde, daß komplexe Moleküle zerstört wurden, fiel auch eine Menge Materie sanft zu Boden. Wenn Kometen ins innere Sonnensystem eindringen, brennt die Wärme der Sonne Material von ihren gefrorenen Oberflächen weg und reißt dabei Staub mit. Dieses Material wird aus dem Kometen getrieben und erzeugt den dünnen, leuchtenden Schweif (der nur deshalb leuchtet, weil er Sonnenlicht reflektiert, nicht weil er heiß ist), der das von der Erde aus markanteste Merkmal des Kometen ist, auch wenn der größte Teil der Masse des Kometen sich nach wie vor in seinem gefrorenen Kopf befindet. Einige Kometen umlaufen die Sonne viele Male, bis sie schließlich durch diese Entgasung völlig zerstört werden und einen Schweif aus Feststoffen bilden, die sich entlang der ursprünglichen Umlaufbahn des Planeten zerstreuen. Falls und wenn die Erde einen dieser Schweife aus kosmischer Asche durchfliegt, erzeugen die größeren Partikel Kometenstaub, die die Größe von Sandkörnern haben, Sternschnuppen (Meteore), wenn sie in der Atmosphäre verbrennen. Aus diesem Grund kehren Meteorschauer zu bestimmten Zeiten des Jahres wieder, und zwar immer dann, wenn die Erde die Umlaufbahnen toter oder sterbender Kometen kreuzt – die Leoniden beispielsweise sind Meteore, die alljährlich am 17. November (oder einen Tag davor oder danach) zu sehen sind, und es handelt sich bei ihnen um Partikel, die einem Kometen namens Tempel-Tuttle auf seiner Umlaufbahn folgen.

Andere Kometen werden von Gezeitenkräften vollständig zerstört, wenn sie zu nahe an der Sonne oder einem großen Planeten vorbeifliegen – Shoemaker-Levy 9 wurde auf diese Weise durch die gravitative Anziehungskraft von Jupiter zertrümmert, bevor die Fragmente des Kometen bei ihrem nächsten Umlauf auf Jupiter stürzten. Neben den sandkorngroßen Körpern, die in der Erdatmosphäre als Sternschnuppen verbrennen, gibt es eine Menge feineren Staub, der ebenfalls einst im Innern von Kometen gefroren war (und zuvor Bestandteil der riesigen Molekülwolke war, aus der das Sonnensystem hervorging) und der sich leichter als eine Feder in der Atmosphäre absetzt und sanft zur Oberfläche des Planeten absinkt.

Auch heute noch bringen interplanetare Staubteilchen, die auf

## Die Saat ausbringen 247

diese Weise sachte auf die Erde herunterschweben, alljährlich etwa 300 Tonnen organische Materie auf die Oberfläche des Planeten. Und das ist *nur* die organische Materie – mehratomige Moleküle, die Kohlenstoff enthalten –, die mit noch mehr anorganischem interplanetarem Staub versetzt ist. Selbstverständlich ist es äußerst unwahrscheinlich, daß irgendeine dieser organischen Substanzen heute neue, interessante Arten von Biomolekülen erzeugt; sie werden entweder durch gewöhnliche chemische Reaktionen zerstört (heutzutage insbesondere durch Oxidation; allerdings wurde die Atmosphäre der Erde erst durch Lebewesen mit freiem Sauerstoff angereichert) oder in die bestehenden biologischen Verwertungszusammenhänge auf der Erde aufgenommen. Doch als die Erde noch jung war und diese Moleküle weder durch Sauerstoff in der Luft zerstört noch durch Organismen verzehrt wurden, wanderten viele Kometen durch das innere Sonnensystem; damals muß sehr viel mehr organischer Staub auf die Erde gefallen sein. Nach einer plausiblen Schätzung fielen gegen Ende der 600 Millionen Jahre währenden Bombardierung der inneren Planeten durch Kometen – nachdem die meisten der Kometen, die unter dem gravitativen Einfluß der Riesenplaneten ins innere Sonnensystem abgelenkt worden waren, entweder mit Planeten kollidiert oder auf ihrer Umlaufbahn zerborsten waren – jedes Jahr bis zu 10 000 Tonnen organische Materie vom Firmament (fast buchstäblich Manna des Himmels). In 300 000 Jahren dürfte sich dies zur Masse aller Lebewesen auf der heutigen Erde aufaddiert haben, und in den wenigen hundert Millionen Jahren, die zwischen dem Ende der kosmischen Bombardierung und dem Auftauchen der ersten durch Fossile belegten Lebensspuren liegen, dürfte genügend organische Materie auf die Erde gefallen sein, um (bei gleichmäßiger Verteilung) eine Schicht zu bilden, die pro Quadratzentimeter Erdoberfläche 20 Gramm organische Stoffe enthielt. Das hört sich nach nicht viel an, doch wir sollten nicht vergessen, daß ein kleiner Becher Margarine 250 Gramm organische Substanz enthält. Wenn nichts mit dem Material geschehen wäre, nachdem es auf die Erde fiel, wäre jedes 3,5 cm auf 3,5 cm große Quadrat der Erdoberfläche von einer Schicht organischer Materie bedeckt, die dem Inhalt eines 250-g-Bechers Margarine entsprechen würde. Auf die gesamte Erdoberfläche bezogen, ist dies eine riesige Menge Margarine, und der Kometenstaub enthält Moleküle, die viel interessanter sind als die Moleküle in einem gewöhnlichen Becher Margarine. Diese Moleküle sammelten sich jedoch nicht auf der Erdoberfläche an; vielmehr passierten unter Einwirkung der Sonnenenergie und der zahlreichen Blitzstrahlen, die durch die Atmosphäre des jungen Planeten zuckten, interessante Dinge.

Selbst wenn wir nicht so weit gehen, die moderne Version der Panspermie-Lehre (vgl. dazu Kapitel 1) zu akzeptieren, die besagt, daß Kometenstaub tatsächlich lebende Bakterien oder DNA-Fragmente enthalten haben könnte, gelangt man bei *vorsichtiger* Interpretation der empirischen Daten zu dem Schluß, daß dieser Kometenstaub die ganze Vielfalt mehratomiger Moleküle, die wir im Weltraum nachgewiesen haben, enthalten haben muß, einschließlich Verbindungen wie Formaldehyd und polycyclischen aromatischen Kohlenwasserstoffen und sogar Aminosäuren. Da wir keinesfalls alle Stoffe entdeckt haben, die im interstellaren Raum vorkommen, muß der Staub auch andere chemische Substanzen enthalten haben. Zudem hat eine Gruppe von Forschern der NASA, die Experimente mit dem Gemisch von Stoffen durchführten, die von Kometen auf die Erde gebracht wurden, herausgefunden, daß gelegentlich die Bedingungen in der heißen Schockwelle, die von einem solchen, auf die Atmosphäre auftreffenden Körper erzeugt wird, chemische Reaktionen fördern, bei denen ein Gemisch von Stoffen einschließlich Cyanwasserstoff und Acetylen (die beide häufig in riesigen Molekülwolken vorkommen) als Aminogruppen bezeichnete chemische Einheiten erzeugen. Wie ihr Name schon andeutet, stellen Aminogruppen Bestandteile von Aminosäuren dar; und Aminosäuren sind, wie bereits erwähnt, die Bausteine jener Biomoleküle, die Proteine genannt werden.

Ich möchte nicht behaupten, daß irgend jemand schon versteht, wie sich die Bausteine des Lebens erstmals von selbst zu Biomolekülen zusammenfanden. Was die Evolution des Lebens auf der Erde anlangt, so ist dies noch immer die große Unbekannte. Sobald die ersten lebenden Zellen – die große Ähnlichkeit mit einigen heutigen Bakterien besitzen – vor 3,8 Milliarden Jahren entstanden waren, lief alles übrige relativ einfach ab, und wir verstehen den weiteren Gang der biologischen Evolution recht gut. Doch ich möchte zum Abschluß hervorheben, wie gut wir alles auf der anderen Seite dieser großen Unbekannten verstehen, angefangen vom Urknall über die Entstehung der Sterne bis hin zur interstellaren Materie, aus der die Wolken, aus denen sich neue Sterne und Planeten bilden, hervorgehen. In einem früheren Buch mit dem Titel *In the Beginning (Am Anfang war...)* bekundete ich mein Erstaunen darüber, daß diese Ideen über die Natur der interstellaren Materie und die Art und Weise, wie Vorläufermoleküle des Lebens die junge Erde besiedelten, sobald diese abgekühlt war, selbst in vielen naturwissenschaftlichen Fachbüchern keine Zustimmung fanden, geschweige denn in populärwissenschaftlichen Darstellungen. Sieben Jahre später ist es angesichts neuer Indizien noch befremdlicher, daß dieser Durchbruch in unserem Verständnis der Stellung des Menschen im Weltall nach wie vor nicht angemessen gewürdigt wird. Ich möchte dies an einem letzten, konkreten Beispiel verdeutlichen. Ameisensäure (die Substanz, die manche Ameisenarten zur Verteidigung verspritzen, und der stechende Inhaltsstoff von Brennesseln) und Methanimin sind zwei der mehratomigen organischen Moleküle, die in dichten interstellaren Wolken nachgewiesen wurden. Sie vereinigen sich zu der Aminosäure Glycin. Glycin selbst wurde mittlerweile im Weltraum nachgewiesen, aber selbst wenn die Aminosäure nicht die Oberfläche der jungen Erde erreicht haben sollte, ist es – wenn sowohl Ameisensäure als auch Methanimin in den Mengen auf die Oberfläche des jungen Planeten gelangt sein sollten, die sich aus den Berechnungen über die Menge an Kometenstaub, der in dem neu entstandenen Sonnensystem vorhanden war, ergeben – unvorstellbar, daß sich einige dieser Moleküle nicht zu Glycin vereinigten. Und Aminosäuren sind, wie gar nicht oft genug betont werden kann, nur einen Schritt von lebenden Molekülen entfernt. Eine der tiefgründigsten Entdeckungen, die die Naturwissenschaft im 20. Jahrhundert gemacht hat (ja eine der tiefgründigsten Entdeckungen überhaupt), besteht darin, daß die Milchstraße, die, soweit wir sagen können, eine typische Vertreterin der unzähligen Galaxien ist, die das Weltall füllen, selbst reichhaltig mit den Rohstoffen des Lebens versehen ist und daß diese biologischen Rohstoffe das zwangsläufige Produkt der Prozesse von Sternengeburt und Sternentod sind. Wir haben die größte Frage überhaupt beantwortet: Woher kommen wir? Doch außerhalb eines kleinen Kreises von Experten scheint dies kaum jemandem aufgefallen zu sein!

Jim Lovelock, der Begründer der Gaia-Hypothese, ist einer der wenigen Menschen, die die volle Tragweite dieser Entdeckung erkannt haben. »Beinahe hat es den Anschein«, so schreibt er, »als wäre unsere Galaxie ein gigantisches Lager, das alle Ersatzteile enthält, die Leben braucht.« Den Übergang von Nicht-Leben zu Leben verstehen wir weiterhin bestenfalls ansatzweise. Aber es ist kein Rätsel mehr, woher die Grundstoffe des Lebens kamen. Ich begann dieses Buch mit einer Hypothese, die manchem als Metapher erschienen sein mag – nämlich daß das Leben auf der Erde aus Sternenstaub entstanden ist, der aus Materie hervorging, die im Innern der Sterne selbst gebildet wurde. Ich beschließe dieses Buch mit der Feststellung, daß dies keineswegs eine Metapher ist – sondern die reine Wahrheit. Das Rohmaterial, aus dem die ersten lebenden Moleküle auf der Erde zusammengebaut wurden, gelangte in Form winziger Körnchen interplanetarischer Materie zur Erdoberfläche; diese Materie war in den gefrorenen Kernen von Kometen konserviert, die sich aus den interstellaren Überresten der riesigen Molekülwolke bildeten, aus der das Sonnensystem entstand. Diese Körnchen selbst bildeten sich – im eigentlichen, nicht im übertragenen Sinne –

aus Materie heraus, die von Sternen ausgestoßen wurde. Das »himmlische Manna«, das die Vorläufermoleküle des Lebens auf die Erdoberfläche brachte, war Sternenstaub im wörtlichen, nicht im übertragenen Sinne. Und Sternenstaub sind auch wir.

*Anhang*

# DURCH DIE WELT(EN)

Die Geschichte, die ich in diesem Buch erzählt habe, erklärt die enge Beziehung zwischen Leben und Weltall, vom Urknall bis zur Ankunft der Moleküle des Lebens auf der Erdoberfläche. Es ist eine vollständige und in sich widerspruchsfreie Geschichte, die unseren kosmischen Ursprung aus Sternenstaub beschreibt. Aber es ist nicht unbedingt die ganze Geschichte des Lebens im Weltall, und in diesem Anhang möchte ich kurz eine der faszinierendsten neueren Ideen beschreiben, die, falls sie sich als richtig erweisen sollte, über die bisherige Geschichte hinausführt – allerdings mit der Einschränkung, daß »faszinierend« nicht unbedingt »richtig« bedeutet. Es ist die Annahme, daß zumindest eine Analogie (und vielleicht viel mehr als eine Analogie) zwischen dem Ursprung und der Evolution des gesamten Weltalls und dem Ursprung und der Evolution eines lebenden Organismus besteht. Diese Vorstellungen bildeten ein zentrales Thema meines früheren Buches *In the Beginning*, das jedoch schon 1993 erschien, und gewisse Aspekte der Geschichte verdienen es, zu Beginn eines neuen Jahrhunderts aktualisiert zu werden.

Anknüpfungspunkt dieser Ideen ist die Entdeckung, daß viele Eigenschaften der Gesetze der Physik offenbar bemerkenswert fein darauf »abgestimmt« sind, die Welt zu einer geeigneten Heimstatt für Leben, wie wir es kennen, zu machen. Nehmen wir zum Beispiel das Verhältnis zwischen den vier Naturkräften, die das Verhalten der Elementarteilchen beeinflussen. Drei dieser Grundkräfte, der Elektromagnetismus und die beiden Kernkräfte, verfügen über sehr unterschiedliche Stärken, aber sie alle sind unvergleichlich viel stärker als die Gravitation, die schwächste der vier. So ist die elektrische Abstoßungskraft zwischen zwei Protonen etwa $10^{38}$ mal stärker als die gravitative Anziehungskraft zwischen ihnen, so daß es nicht weiter erstaunlich ist, daß die elektromagnetische Kraft die Massenanziehungskraft vollständig überwindet. Weil die Gravitation so schwach ist, sind die Sterne so groß – um die Materie im Zentrum eines Sterns so stark zu verdichten, daß die elektrischen Abstoßungskräfte überwunden werden und eine Kernfusion stattfinden kann, bedarf es des gravitativen Beitrags einer sehr großen Zahl von Teilchen (etwa $10^{57}$ im Fall der Sonne, und zwar ausschließlich Protonen und Neutronen). Wenn jedoch die Gravitation nur zehnmal stärker wäre (noch immer nur $10^{-37}$ mal so stark wie der Elektromagnetismus), wäre die Kernfusion sehr viel leichter, und die Lebenszeit eines Sterns von der Größe der Sonne betrüge nur 10 Millionen und keine 10 Milliarden Jahre. Dies würde nicht ausreichen, um auf Planeten wie auf der Erde eine biologische Evolution in Gang zu setzen.

Man kann vernünftigerweise darüber spekulieren, wie das Weltall aussähe, wenn derartige Modifizierungen an den Gesetzen der Physik vorgenommen würden, weil wir nicht wissen, weshalb die Kräfte und Konstanten der Natur so und nicht anders beschaffen sind. Es gibt viele zufällige Übereinstimmungen dieser Art. Am verblüffendsten finde ich jene, auf die ich bereits eingegangen bin – die Kohlenstoffresonanz, aufgrund deren der Drei-Alpha-Prozeß im Sterninnern ablaufen kann, und die zugehörige Koinzidenz, daß nämlich die entsprechende Sauerstoffresonanz knapp auf dem »falschen« Niveau liegt, so daß Kohlenstoff nicht auf der Stelle vollständig in Sauerstoff umgewandelt wird. Das geeignete Energieniveau beim Kohlenstoff liegt genau auf der Grenze, auf der der Drei-Alpha-Prozeß stattfinden kann, die entsprechende Sauerstoffresonanz hingegen ein wenig zu hoch, um eine unverzügliche Verbindung von Kohlenstoff und Helium zu ermöglichen.

Es gibt, wie gesagt, viele derartige Koinzidenzen, und ich kann hier nicht auf alle eingehen.* Einige Wissenschaftler behaupten, es gäbe etwa zwanzig Beispiele für eine »Feinabstimmung« von physikalischen Gesetzen, die Lebensformen wie den Menschen überhaupt erst ermöglicht. Alle zwanzig (oder wie viele auch immer es genau sein mögen) Koinzidenzen sind für unsere Existenz eine notwendige Voraussetzung. Und in all diesen Fällen gibt es keinen Apriori-Grund, weshalb die Gesetze von vornherein genau so beschaffen sein müssen, wie sie es nun einmal sind. Man könnte aber auch behaupten, daß es sich dabei überhaupt nicht um Koinzidenzen handle, sondern um eine Art Tautologie. Wir sind in einem Weltall entstanden, das bestimmten physikalischen Gesetzmäßigkeiten unterliegt; die Erkenntnis, daß sich unsere Evolution eben diese Bedingungen zunutze machte, dürfte uns daher genauso wenig überraschen wie die Entdeckung, daß sich Polarbären im Laufe ihrer Evolution ein dickes Fell zulegten, um sich warm zu halten, und Affen hervorragend an das Leben in Bäumen angepaßt sind. Wir sind so, wie wir sind, lautet das Argument, weil das Weltall so ist, wie es ist. Es gibt jedoch eine Lehrmeinung, der zufolge das Weltall auch anders beschaffen sein könnte – aus dem Urknall hätten sich ebensogut auch andere physikalische Gesetze ergeben können. Das ist gerade so, als fragte man, wie die Evolution von Leben auf der Erde verlaufen wäre, wenn die Pole nicht von Eis bedeckt wären und in niedrigen Breiten keine mächtigen Bäume wüchsen. Hätte die Evolution trotzdem Polarbären und Affen hervorgebracht? Genau hier kommt das Konzept der Evolution des Kosmos ins Spiel.

Das Schlüsselwort lautet hier »Evolution«. Der neue und zugegebenermaßen noch immer spekulative Ansatz zur Erklärung kosmischer Koinzidenzen besteht darin, eine Analogie zur Evolution des Lebens auf der Erde herzustellen. Er wurde von dem New Yorker Physiker Lee Smolin und dem in Kalifornien lehrenden Kosmologen Andrei Linde sowie einer Handvoll weiterer

---

* Vgl. aber *The Stuff of the Universe* von John Gribbin und Martin Rees, London: Penguin, 1995.

Forscher entwickelt. Ihre These lautet, daß man den Kosmos am besten versteht, wenn man nicht einfach nur die Regeln der Physik anwendet, die Isaac Newton und Albert Einstein herausgearbeitet haben, sondern auch die Regeln der Evolution berücksichtigt, die Charles Darwin und Alfred Russel Wallace formulierten – die Theorie der natürlichen Selektion. Das Weltall ist nach dieser Auffassung selbst eine Art Lebewesen und hat sich demgemäß durch natürliche Selektion aus einem einfacheren Zustand zu jener Komplexität entwickelt, die wir heute um uns herum sehen.

Wenn wir davon ausgehen, daß die Gleichungen der Allgemeinen Relativitätstheorie wahr sind (und niemand hat je ein Experiment durchgeführt oder eine Beobachtung angestellt, die darauf hindeuteten, daß dies nicht der Fall ist), dann ereignete sich der Urknall selbst in einem Punkt unendlicher Dichte, einer Singularität. Solche Singularitäten kommen nach Berechnungen auf der Grundlage derselben Relativitätstheorie auch an einem anderen Ort vor – im Zentrum eines Schwarzen Lochs. Wie Roger Penrose und Stephen Hawking in den sechziger Jahren bewiesen haben, läßt sich das expandierende Weltall mit genau denselben Gleichungen beschreiben wie ein kollabierendes Schwarzes Loch, allerdings mit umgekehrter Zeitrichtung. Wenn die gesamte Komplexität von Galaxien, Sternen, Planeten und organischem Leben aus der Singularität hervorging, in der unser Weltall geboren wurde, nämlich in einem Schwarzen Loch, könnte dann nicht etwas Ähnliches mit den Singularitäten in den Zentren anderer Schwarzer Löcher geschehen?

Man könnte naiverweise meinen, daß die Umkehr eines Kollapses *in* eine Singularität zu einer Expansion *aus* einer Singularität, die wir in unserem Weltall sehen, durch eine Art »Rückprall« an der Singularität bewirkt werden könnte, der einen Kollaps in eine Expansion verwandelt. Doch leider funktioniert das nicht. Eine Singularität, die sich innerhalb unserer drei Raumdimensionen und der einen Zeitdimension aus einem Kollaps bildet, kann sich nicht von selbst umkehren und sich in den-

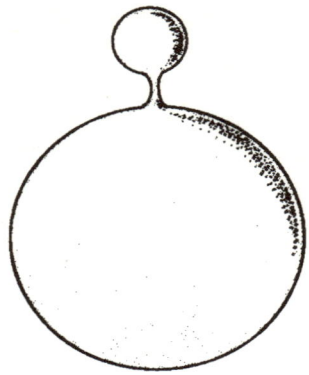

ABBILDUNG A.1 Man kann sich eine »Babywelt« als eine Abschnürung von der Raumzeitblase vorstellen, die unser Weltall repräsentiert. Beide Welten sind durch ein »Wurmloch« miteinander verbunden.

selben drei Raum- und der einen Zeitdimension explosionsartig wieder ausdehnen. In den achtziger Jahren stellten Relativitätstheoretiker jedoch fest, daß nichts die Materie, die in unseren drei Raumdimensionen und der einen Zeitdimension in eine Singularität stürzt, daran hindern kann, durch eine Art Raumzeittunnel zu entweichen und in einer anderen Anordnung von Dimensionen – einer anderen Raumzeit – als eine expandierende Singularität aufzutauchen. Diese »neue« Raumzeit wird mathematisch durch eine Menge von vier Dimensionen dargestellt (drei Raumdimensionen und eine Zeitdimension), die den uns bekannten Dimensionen entsprechen; allerdings stehen alle neuen Dimensionen rechtwinklig auf den vertrauten Dimensionen unserer Raumzeit. Nach dieser Vorstellung hat jede Singularität ihre spezifische Menge von Dimensionen, die im Rahmen einer größeren Raumzeit eine »Weltblase« bildet. Man kann dies anhand einer alten Analogie zwischen den drei Dimensionen des expandierenden Raumes um uns herum und der zweidimensionalen expandierenden Oberfläche eines Luftballons, der

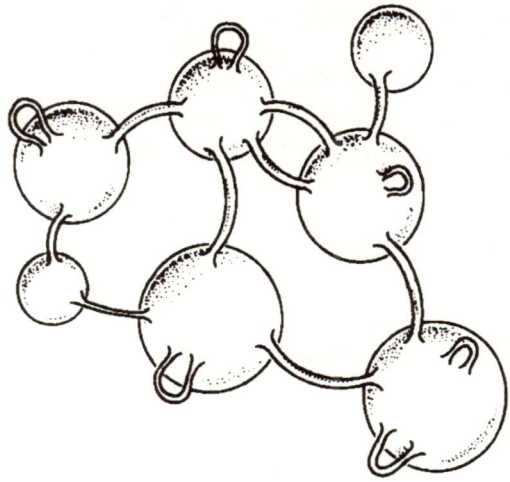

**ABBILDUNG A.2** Wenn aus einem Schwarzen Loch eine Babywelt entstehen kann, dann könnte es eine riesige Anzahl von Welten geben (grundsätzlich unendlich viele), die durch ein komplexes Netz von Wurmlöchern miteinander verbunden sind. Dies ermöglicht Spekulationen, wonach die Welten selbst möglicherweise eine darwinistische Evolution durchlaufen.

stetig mit Luft gefüllt wird, veranschaulichen. Die Analogie bezieht sich nicht auf das Luftvolumen im Innern des Ballons, sondern auf die expandierende Ballonhülle, die sich gleichförmig in zwei Dimensionen dehnt, aber in einer geschlossenen Fläche um sich selbst gekrümmt ist. Stellen wir uns einmal vor, ein Schwarzes Loch bilde sich aus einer winzigen Pustel an der Ballonoberfläche – ein kleines Stück des sich dehnenden Gummis wird abgeklemmt und beginnt nun, sich selbständig auszudehnen. Es entsteht eine neue Blase, die durch einen kleinen, schmalen Hals mit dem ursprünglichen Ballon verbunden ist – das Schwarze Loch. Und diese neue Blase kann ungehindert von sich aus expandieren und so groß oder sogar noch größer als der ursprüngliche Ballon werden, ohne daß dessen Hülle (das ursprüngliche Universum) auch nur im geringsten beeinflußt wird. Aus der Hülle (der Raumzeit) der ursprünglichen Welt können sich auf diese Weise viele Blasen gleichzeitig bilden. Und natürlich können aus der Hülle einer jeden neuen Welt *ad infinitum* neue Blasen herauswachsen. Daraus ergibt sich die aufregende Schlußfolgerung, daß viele – vielleicht alle – Schwarzen Löcher, die sich in unserem Weltall bilden, die Keime neuer Welten sein könnten. Und natürlich könnte auch unser Weltall auf diese Weise aus einem Schwarzen Loch in einer anderen Welt entstanden sein. Zweifellos verändert dies unsere Weltsicht, denn es bedeutet, daß unsere Welt nicht einzigartig ist. Vielmehr ist sie eine aus einer Vielfalt von Welten, die durch sogenannte »Wurmlöcher« miteinander verbunden sind und alle um Entfaltungsraum in der mehrdimensionalen Raumzeit konkurrieren.

Smolin nimmt an, daß jedesmal wenn ein Schwarzes Loch zu einer Singularität kollabiert und eine neue Babywelt entsteht, die physikalischen Gesetze geringfügig modifiziert werden, während die neue Welt aus dem Wurmloch hervorgeht, und zwar auf die gleiche Weise, wie die genetische Variabilität unter organischen Lebensformen auf der Erde dafür sorgt, daß sich die Nachkommen geringfügig von ihren Eltern unterscheiden, und so das Rohmaterial für die Evolution durch natürliche Auslese bereitstellt. Wenn die Zufallsveränderungen in den physikalischen Gesetzen – die Mutationen – ein wenig mehr Expansion zulassen, wird eine Babywelt etwas größer. Und je größer sie wird, um so höher ist die Wahrscheinlichkeit, daß neue Schwarze Löcher, neue Singularitäten, in ihr entstehen und dadurch die Geburt neuer Welten auslösen. Auch diese neuen Welten werden sich geringfügig von ihren Eltern unterscheiden. Einige verlieren womöglich die Fähigkeit, weiter zu wachsen, und sie vergehen, ohne sich fortzupflanzen. Andere aber werden vielleicht sogar größer als ihre Eltern; sie erzeugen mehr Schwarze Löcher und gebären ihrerseits mehr Babywelten. Die Anzahl neuer Welten, die in jeder Generation erzeugt wird, ist ungefähr dem Volumen der Elternwelt proportional. Es herrscht sogar ein gewisser Konkurrenzkampf, da die vielen Babywelten miteinander wetteifern und um Ellbogenfreiheit in der Raumzeit rangeln.

Vererbung ist ein zentrales Merkmal von Leben, und diese Beschreibung der Evolution der Welten behandelt diese so, als wären es lebende Systeme (Smolin würde sagen, daß die Welten lebende Systeme *sind*). Nach diesem Modell geben Welten ihre Merkmale mit geringfügigen Änderungen an ihre Nachkommen weiter, so wie Menschen ihre Merkmale mit geringfügigen Modifikationen an ihre Kinder weitergeben.

»Erfolgreich« sind jene Welten, die die meisten Nachkommen hinterlassen. Unter der Voraussetzung, daß die Zufallsvariationen in der Tat geringfügig sind, findet ein echter Evolutionsprozeß statt, der die Entstehung immer größerer Welten begünstigt. In aufeinanderfolgenden Generationen von Welten findet eine natürliche Evolution statt, die eine Modifizierung der physikalischen Gesetze begünstigt, die ihrerseits die Produktion jener Sternarten unterstützt, aus denen schließlich Schwarze Löcher werden. Am Ende dieses Prozesses sollten nicht eine Welt, sondern viele Welten stehen, die alle ungefähr so groß sind, wie es innerhalb eines Schwarzen Loches möglich ist, und in denen die physikalischen Gesetze die Entstehung von Sternen und Schwarzen Löchern begünstigen. Diese Beschreibung trifft hervorragend auf unser Universum zu.

Smolin weist besonders gern darauf hin, daß die Anwesenheit von Kohlenstoff und Sauerstoff im Weltall, die von der Feinabstimmung dieser Kernresonanzen abhängig ist, ein Schlüsselfaktor nicht nur für die biologische Evolution, sondern auch für den Prozeß der Sternbildung und die Entstehung Schwarzer Löcher ist. Neue Sterne entstehen nur dann aus Gas- und Staubwolken im Weltraum, wenn sich diese Wolken abkühlen können, indem sie bei ihrer Kontraktion Wärme abstrahlen. Und einer der Hauptgründe dafür, daß sie sich abkühlen können, besteht darin, daß sie Kohlenmonoxid enthalten, das Energie im Infrarotbereich des Spektrums abstrahlt. Dieses Argument legt die Vermutung nahe, daß Menschen, die behaupten, daß Lebensformen wie wir deshalb existieren, weil unser Universum so beschaffen ist, wie es ist, recht haben – Leben nutzt Kohlenstoff und Sauerstoff, weil beides verfügbar ist. Aber beide sind vorhanden, weil sich das Weltall hervorragend darauf versteht, Sterne und Schwarze Löcher zu bilden! Wenn man diese Argumente auf alle anderen verblüffenden Koinzidenzen in den physikalischen Gesetzen überträgt, kann man die Frage beantworten, weshalb die Welt, in der wir leben, so und nicht anders aussieht. Man würde nicht erwarten, daß sich eine Zufallsauswahl von chemischen Stoffen plötzlich zu einem Menschen zusammenlagert, und in der Vergangenheit hat dies einige Leute dazu veranlaßt, eine übernatürliche Erklärung für unsere Existenz zu suchen. Aber die Idee der Evolution durch natürliche Selektion enthebt uns der Notwendigkeit, das Übernatürliche heranzuziehen. In ähnlicher Weise würde man nicht erwarten, daß eine zufallsbedingte Gesamtheit physikalischer Gesetze, die aus einer Singularität hervorgeht, eine Welt wie die unsere hervorbringt. Diese Erkenntnis hat wiederum einige Leute zu der Behauptung veranlaßt, der Urknall selbst könnte das Ergebnis eines übernatürlichen Wirkens sein. Aber die Evolution durch natürliche Selektion enthebt uns auch der Notwendigkeit, das Übernatürliche heranzuziehen, soweit das Universum als Ganzes betroffen ist. Laut Smolin und Linde leben wir in der wahrscheinlichsten aller Welten.

Das bedeutet jedoch nicht, daß sich das Weltall ausgerechnet deshalb in dieser Weise entwickelt hat, um Lebensformen wie den Menschen zu beherbergen. Vielmehr hat es im Lauf seiner Entwicklung die Fähigkeit erworben, Schwarze Löcher zu erzeugen, und das Leben hat sich die Bedingungen zunutze gemacht, die die Produktion Schwarzer Löcher begünstigen. In gewisser Hinsicht sind Lebensformen wie wir Parasiten, die sich von den Prozessen ernähren, die Schwarze Löcher produzieren. Diese Idee sollte uns nicht allzu sehr überraschen oder schockieren. Schließlich hängt das Leben auf der Erde von der Zufuhr von Sonnenenergie ab, die letztlich aus Kernfusionsprozessen im

Innern der Sonne stammt. Diese Kernprozesse laufen nicht uns zuliebe ab, und in diesem Sinne sind wir Parasiten, die von dem Energiefluß profitieren, der bei diesen Reaktionen erzeugt wird.

All dies hängt jedoch von der Annahme ab, daß unser Weltall so angelegt ist (beziehungsweise sich dahin entwickelt hat), daß es mit der größtmöglichen Effizienz neue Schwarze Löcher und damit neue Welten hervorbringt. Die Argumente werden in diesem Punkt ziemlich technisch, und ich will hier nicht näher auf sie eingehen. Kritiker von Smolins Ansatz behaupten jedoch, daß es möglich wäre, die physikalischen Gesetze so fein abzustimmen und zu modifizieren, daß das Weltall Schwarze Löcher (und damit Babywelten) sogar noch effizienter erzeugt. Sie behaupten, die Evolution hätte dies in dem Fall schon längst leisten müssen, wenn denn Smolin recht hat – und da das Weltall nicht perfekt ist, was die Erzeugung Schwarzer Löcher anlangt, kann er nicht recht haben. Ich hege meine Zweifel an dieser Argumentation – schließlich wurde die Erde zweifellos einer evolutionären Feinabstimmung unterzogen, aber das hat bislang noch nicht dazu geführt, daß irgendeine Spezies einschließlich unserer eigenen perfekt wäre. Smolin tritt all diesen Behauptungen mit seinem eigenen Argument entgegen, und bislang hat er alle erfolgreich widerlegt. Infolgedessen haben seine Ideen in den letzten Jahren an Überzeugungskraft gewonnen, da er jede offensichtliche Schwachstelle beseitigt hat. Aber selbst wenn jemand eine Schwachstelle findet, die nicht behoben werden kann, gibt es eine weitere mögliche Erklärung dafür, weshalb das Universum so und nicht anders ist.

Edward Harrison von der Universität von Massachusetts hat eine Vorstellung entwickelt, die in weniger ausgearbeiteter Form auch von anderen Kosmologen (insbesondere Alan Guth vom MIT) dargelegt wurde. Er weist darauf hin, daß es durchaus möglich sei, daß das Weltall tatsächlich erschaffen wurde – nicht von Gott, sondern von intelligenten Wesen, die uns technologisch nur geringfügig überlegen sein müßten. Erinnern wir uns daran, daß in dem »Babywelt«-Szenario jedes Schwarze

Loch eine neue Welt hervorbringt. Um eine Welt zu erschaffen, braucht man also nichts weiter zu tun, als ein Schwarzes Loch zu erzeugen. Wir verfügen nicht über die Technologie, um dies zu bewerkstelligen, aber wir besitzen die notwendigen wissenschaftlichen Erkenntnisse, um zu verstehen, wie man dies bewerkstelligen könnte – durch Zusammenpressen eines Materieklumpens zu sehr hohen Dichten. Und obgleich wir keine Methode kennen, um zwischen Welten zu kommunizieren, bedeutet das noch lange nicht, daß Wesen, die Welten erschaffen, keine Methode entwickelt hätten, um in Erfahrung zu bringen, was im Innern ihrer Schöpfungen vor sich geht. Vielleicht erschaffen sie Welten mit unterschiedlichen physikalischen Gesetzen, einfach weil sie die Fähigkeit dazu besitzen und sie erforschen möchten. Möglicherweise liefert ihnen die Erschaffung von Welten auch eine Ressource, die sie zu einem Zweck nutzen, den wir nicht verstehen – oder auch zu einem verständlichen Zweck: Eine naheliegende Möglichkeit wäre es, daß eine Superzivilisation in der Lage sein könnte, Energie aus Schwarzen Löchern zu beziehen. Das könnte auch rein zufällig geschehen, auf die Weise, wie Gregory Benford es in seinem hervorragenden Roman *COSM* beschreibt. Doch damit begeben wir uns endgültig in den Bereich der Science-Fiction, und es ist Zeit, hier innezuhalten. Harrisons Variation über das Thema hält jedoch eine tröstliche Botschaft für all jene bereit, die nicht gern »Parasiten« genannt werden möchten. Vielleicht wird unsere Spezies schon in, gemessen an der kosmischen Zeitskala, sehr naher Zukunft Schwarze Löcher und damit Babywelten erschaffen, und zwar in der gleichen Weise wie Harrisons hypothetische Superzivilisationen. In diesem Fall werden wir unserem Weltall helfen, sich selbst zu reproduzieren, und dies würde bedeuten, daß wir uns von bloßen Parasiten zu angesehenen Symbionten hocharbeiten würden – zu einem Partner (wenn auch nicht völlig gleichberechtigten Partner) in einer Vernunftehe.

Die Darlegungen in diesem Anhang sollten nicht allzu ernst genommen werden. Die vorangehenden Kapitel sind jedoch völlig ernst gemeint. Aus welchen Gründen auch immer die physikalischen Gesetze so und nicht anders sind, jedenfalls steht außer Zweifel, daß das Weltall so angelegt ist, daß die (gemessen an menschlichen Maßstäben) massenhafte Erzeugung von Kohlenstoff, Sauerstoff und Stickstoff eine zwangsläufige Folge der Lebenszyklen der Sterne ist und daß sich zwangsläufig um Sterne wie die Sonne Planeten wie die Erde bilden, die durch den Einschlag von Kometen mit komplexen organischen Molekülen, die ursprünglich aus interstellaren Wolken stammen, angereichert werden. Wir bestehen aus Sternenstaub, weil wir eine natürliche Folge der Existenz von Sternen sind, und wenn man sich dies klarmacht, dann kann man eigentlich nicht mehr glauben, daß wir allein im Weltall sind – und damit einzigartig.

## DANK

Virginia Trimble danke ich dafür, daß sie den gesamten Text durchgesehen und mir viele Anregungen gegeben hat. Auch wenn ich ihrem Rat nicht immer gefolgt bin, verdanke ich ihren Anmerkungen doch eine deutliche Schärfung des historischen Profils meiner Darlegungen. Mein Dank gilt auch Jonathan Gribbin für seine wie immer ausgezeichnete Bebilderung des Buches.

## NACHWEIS DER FARBFOTOS

1 Hale-Bopp (Jack Finch/Science Photo Library)
2 Beta Pictoris (D. Ermakoff/Science Photo Library)
3 Der Cygnus-Bogen im Sternbild Schwan (Space Telescope Science Institute/NASA/Science Photo Library)
4 Der Große Cygnus-Bogen, ein Supernova-Überrest im Sternbild Schwan (Celestial Image Co./Science Photo Library)
5 Kugelsternhaufen M80 (Space Telescope Science Institute/NASA/Science Photo Library)
6 Ringnebel (Kim Gordon/Science Photo Library)
7 Eta-Carinae-Nebel (Celestial Image Co./Science Photo Library)
8 Eine ferne Supernova (High-Z Supernova Search Team, HST, NASA)

# WEITERFÜHRENDE LITERATUR

Die meisten der unten aufgelisteten Bücher liefern vertiefende Informationen zu Themen, die ich in diesem Buch angesprochen habe, und sind allgemeinverständlich geschrieben. Die mit * gekennzeichneten Bücher sind wissenschaftlich etwas anspruchsvoller.

Aczel, Amir D., *Probability 1*, Harcourt Brace, New York 1998; Dt.: *Probability 1. Warum es intelligentes Leben im All geben muß*, Rowohlt, Reinbek 2001

Benford, Gregory, *COSM*, Orbit, London 1998; Dt.: *COSM*, Heyne, München 2000

Crick, Francis, *Life itself. Its Origin and Nature*, Simon & Schuster, New York 1981; Dt.: *Das Leben selbst*, Piper, München 1983

Gamow, George, *The Birth and Death of the Sun*, Viking, New York 1940; Dt.: *Geburt und Tod der Sonne. Sternbildung und subatomare Energie*, Birkhäuser, Basel 1946

Gribbin, John, *In the Beginning – after COBE and before the big bang*, Little, Brown and Co., Boston 1993; Dt.: *Am Anfang war... Neues vom Urknall und der Evolution des Kosmos*, Birkhäuser, Basel 1995

Gribbin, John, *In Search of the Double Helix*, Penguin, London 1995

Gribbin, John, *Almost Everyone's Guide to Science*, Weidenfeld & Nicolson, London 1998

Gribbin, John/Gribbin, Mary, *Fire on Earth*, Simon & Schuster, London 1996

Gribbin, John/Rees, Martin, *The Stuff of the Universe*, Penguin, London 1995

Hoyle, Fred, *Home is Where the Wind Blows*, University Science Books, Mill Valley, Ca., 1994
Kaufmann, William, *Stars and Nebulas*, Freeman, New York 1978
Kaufmann, William, *Universe*, Freeman, New York 1988
Kippenhahn, Rudolf, *Hundert Milliarden Sonnen – Geburt, Leben und Tod der Sterne*, Piper, München 1980
* Mason, Stephen, *Chemical Evolution*, OUP, Oxford 1991
* Meadows, Arthur J., *Stellar Evolution*, Pergamon, Oxford 1978; Dt.: *Das Leben der Sterne*, Verlag Chemie, Weinheim 1972
Shklovskii, I.S./Sagan, Carl, *Intelligent Life in the Universe*, Holden-Day, New York 1966
Smolin, Lee, *The Life of the Cosmos*, Oxford University Press, New York 1997; Dt.: *Warum gibt es die Welt? Die Evolution des Kosmos*, C. H. Beck, München 1999
* Stares, John, *The Chemistry of Life*, Chapman, London 1972
Tayler, Roger, *The Origin of Chemical Elements*, Wykeham, London 1972
Weinberg, Steven, *The First Three Minutes – A Modern View of the Origin of the Universe*, Basic Books, New York 1977; Dt.: *Die ersten drei Minuten*, Piper, München 1977

# PERSONEN- UND SACHREGISTER

Acetylen 248
Akkretion der Erde 236
»Alpha-Beta-Gamma-Aufsatz« 150
Alpha-Prozeß 172, 177
Alphateilchen 47, 81, 109, 111, 113, 121, 122, 166
– und Tunneleffekt 122
Alpher, Ralph 150, 151, 165
Aluminiumoxid 220
Aluminium-26 230
Ameisensäure 249
Aminogruppen 51, 248
Aminosäuren 50, 51, 53, 243, 248, 249
Ammoniak 215
Andromeda-Galaxie, Andromeda-Nebel 189, 190, 191
Argon 202
Arrhenius, Svante 26, 29
Asteroiden *siehe* Planetoiden
Aston, Francis 113, 114
Astronomische Einheiten (AE) 20
Atkinson, Robert 127, 128, 129, 133
Atombombe 161
Atome 43 ff., 108
– Kern 43 ff., 96, 108
– »Uratom« 146

$B^2FH$ 174, 176; *siehe auch* Drei-Alpha-Prozeß
Baade, Walter 161, 191, 192, 193, 194

»Babywelten« 256, 258, 261
Bakterien
– »Minimalbakterien« 38
Barium 213
Barnes, Howard 111
Becquerel, Henri 106, 107
Benford, Gregory 262
Bethe, Hans 132, 133, 139, 150
Beryllium-8 165, 166, 167, 168, 170, 179
Beta Pictoris 18, 19, 20, 232; *siehe auch* Farbtafel 2
Betastrahlen 108, 110
Betazerfall und Kernsynthese 164, 165
Bethe-Weizsäcker-Zyklus *siehe* Kohlenstoffzyklus
Big Bang *siehe* Urknall
Bindungen, chemische 52 ff.
Blauverschiebung 76
Blei 208
Bohr, Niels 88
Bondi, Herman 151, 154
Bor 179
Brahe, Tycho 188
Brauner Zwerg 118
Buhl, David 34
Bunsen, Robert 84, 86
Burbidge, Geoffrey und Margaret 172–179
Burnell, Jocelyn Bell 175

Calcium 202
Cameron, Alastair 173, 174
Carboxylgruppe 51
Chadwick, James 134
Chamberlin, Thomas 96, 103
Chandrasekhar, Subrahmanyan 130, 173, 192
Chandrasekharsche Grenzmasse 186, 188, 200
Chemie, organische 54
Chlor 202
CHON (Kohlenstoff, Wasserstoff, Sauerstoff und Stickstoff) 42, 43, 47, 52, 53, 57, 68, 69
Chondriten, kohlige 230
Chyba, Christopher 34
CM Draconis (Stern) 21
CN-Zyklus, CNO-Zyklus siehe Kohlenstoffzyklus
Crick, Francis 30, 31, 176
Critchfield, Charles 139
Crookes, William 104
Curie, Marie 107
Curie, Pierre 107, 108
Cyanwasserstoff 216, 248
Cygnus-Bogen siehe Farbtafeln 3 und 4

Daguerrotypen 82
Darwin, Charles 93, 97, 255
Darwin, George 111, 112
Delta-Cephei-Sterne 78, 145, 190
Demokrit 72
Desdega, Peter 85
Deuterium
– und stellare pp-Kette 140 ff.
– und Urknall 149, 160
Deuteronen 164
Diamantkristalle aus dem Weltraum 218, 219, 230
»Dinosaurier, Tod der« 242

DNA 47 ff., 55–58
– und Doppelhelix 58
– und die Panspermie-Hypothese 32
– und Wasserstoffbrücken 55 ff.
Doppelsternsysteme 79, 80, 89, 187, 199
Doppler, Christian 76, 89
Doppler-Effekt 76, 83, 89
Drei-Alpha-Prozeß 166, 171, 181, 187, 253
Dunkle Materie 222

Eddington, Arthur 80, 102, 103, 114, 115, 119, 120, 127
Einstein, Albert 112, 113, 146, 156
Eis, schwimmendes 59, 60
Eisen 163, 177, 187, 237
– und Supernovae 201, 202, 203
Elektronen 44, 47, 87, 88, 105, 123
Elemente, chemische 22, 40, 41, 85
– Entstehung siehe Kernsynthese
– und Leben 38 ff.
Energie 91, 92, 112, 113
»entartete« Kernmaterie 181
Erde
– Atmosphäre 65 f.
– »besonders günstige Umstände« für Leben 57 ff., 64 f., 242
– bombardiert von Kometen 240 ff.
– Entstehung 220, 235 ff., 246 ff.
– Theorien über Entstehung des Lebens auf 24–35
Eta-Carina-Nebel siehe Farbtafel 7
Ethylalkohol 216
Ethylcyanid 243
Europa (Jupitermond) 61, 62
Evolution, Theorie der
– des Kosmos 252 ff.
– des Lebens 93, 97 f.

Faraday, Michael 85
Farben-Helligkeits-Diagramm
  siehe HR-Diagramme
Fernrohre 71 ff.
Fizeau, Armand 89
Flamsteed, John 73
Fomalhaut (Stern) 19, 20
Formaldehyd 215, 216, 248
Fowler, Willy 159, 169, 170, 172–175, 179, 187
Fraunhofer, Joseph von 84, 85
Fraunhofer-Linien 85 f.

Galaxien 145, 223
– Messung der Entfernung 144 ff.
– Spiralarme 225
– »Starburst«-Galaxien 223
  siehe auch Farbtafel 8
Galaxis siehe Milchstraße(nsystem)
Galilei, Galileo 71, 72, 73, 74
Gammastrahlen 108, 207
Gamow, George 14, 121, 122, 126, 131, 132, 149, 150, 158, 164, 165
Gasentladungsröhren 104
Geiger, Hans 109
Globale Erwärmung 26
Glycin 243, 249, 250
Gold 41
Gold, Tommy 31, 151
Graphit 218, 220
Gravitation (Massenanziehung)
– bei Sternen 253
– der Sonne 94 f.
Grobstaub, in Meteoriten 218
Große Magellansche Wolke 209
Guth, Alan 261

Halbwertszeit 110
Hale-Bopp (Komet)
  siehe Farbtafel 1

Halley, Edmond 73
Harrison, Edward 261, 262
Hawking, Stephen 255
Helium 13 ff., 26, 163, 165 f.
– Kernsynthese in Sternen 157 f.
– Kernsynthese im Urknall 149, 179
– in Sternen 13, 22, 39, 115, 129, 140, 142
Heliumbrennen 182, 183, 185
Helmholtz, Hermann von 93, 95
Herman, Robert 151, 165
Herschel, William 79
Hertzsprung, Ejnar 98, 100
Hertzsprung-Russell-Diagramme
  siehe HR-Diagramme
Hewish, Antony 175
Hintergrundstrahlung
  siehe Strahlung
Hipparchos 73
Hooker-Spiegelteleskop 143
Houtermans, Franz 127, 128, 129, 133
Hoyle, Fred 15, 151, 152, 155–159, 161–164, 166, 167, 169, 170, 172–175, 179, 187, 214
HR 4796A 19, 20
HR (Hertzsprung-Russell)-Diagramme 98–105, 113
Hubble, Edwin 143, 144, 145, 157, 190
Hubblesches Gesetz 146
Humason, Milton 143, 145, 146
Hyaden 77

Impaktpflügen 242
inflatorisches Weltmodell 156
Infrarotstrahlung 18, 19, 227
Interstellare Wolken 184, 216, 219, 221, 225 ff.

## Personen- und Sachregister

– und Ursprung des Lebens auf
der Erde 34

Jeans, James 226, 227
Jeanssche Masse 226
Jupiter 62, 63, 234, 241, 246

Kalium 202
Katodenstrahlung 106
Kelvin, William Thomson,
  1. Baron 25, 26, 93, 95, 107
Kepler, Johannes 189
Kernfusion (Kernverschmelzung)
  129, 162
– Kohlenstoffzyklus 134, 181, 184
– Proton-Proton(pp)-Kette 140 ff.
Kernsynthese (Nucleosynthese)
– r-Prozeß 178 f., 208, 219
– s-Prozeß 172, 177
– stellare 157 f., 162, 166 ff., 200 ff.,
  208, 213
– Urknall 158 ff.
  siehe auch Drei-Alpha-Prozeß
Kirchhoff, Gustav 84, 85
Kobalt 163
– Kobalt-56 212
– Kobalt-57 213
Kohlendioxid, atmosphärisches 65
Kohlenmonoxid 217, 227, 259
Kohlenstoff 54, 163
– »-Brennen« 185, 203
– und Entstehung der Sterne 227,
  258 f.
– in interstellaren Wolken 184, 217,
  227
– Kohlenstoff-12-Resonanz 167,
  168, 169
– Kohlenstoff-13 und Kernsynthese in Sternen 173
Kohlenstoffzyklus (CN-Zyklus,
  CNO-Zyklus) 134 ff., 181, 184

Kometen 20, 176, 235, 243 f.;
  siehe auch Farbtafel 1
– urzeitliche Bombardierung
  des Erde-Mond-Systems
  240 f.
Kontinentaldrift 238
Kugelsternhaufen 105;
  siehe auch Farbtafel 5
Kupfer 208

Laborde, Albert 107, 108
Landau, Lew 193
Leben
– und chemische Elemente 37 ff.,
  51 ff.
– und Energiefluß 36 f.
– Entstehung im Innern von
  Planeten? 245 ff.
– Entstehung im Weltraum? 245
– und Evolution des Weltalls 258
– und Mindestausstattung einer
  Zelle 38
– im Sonnensystem 61 f.
– und Wasser 59
Lemaître, Georges 146
Lenard, Philipp 105
Leoniden (Meteore) 246
Lepock, James 31
Licht
– Farbenspektrum von 83 ff.
– Geschwindigkeit 16, 74
– Photonen 156
  siehe auch Blauverschiebung,
  Rotverschiebung
Linde, Andrei 254, 260
Lithium 160, 179
– Lithium-7 88
Lovelock, Jim 250

Magnesium 202
– Magnesium-23 186

Personen- und Sachregister **271**

- Magnesium-26 (in Meteoriten) 230
- Manhattan-Projekt 164, 194
- Mars 67 f., 234, 237, 241
- Marsden, Ernest 109
- Masse, Einsteinsche Beziehung zwischen Masse und Energie *siehe* Relativitätstheorie
- Mayer, Robert von 90, 91, 92
- McCrea, William 124, 126, 129
- Merkur 64, 234, 239, 241
- Meteoriten 229, 230, 244
  - Grobstaub in 218
- Methan 54
- Methanimin 249
- Methode der Sternstromparallaxe 77
- Methylformiat 243
- Michell, John 79
- Mikroorganismen, Besiedlung durch 26–29
- Milchstraße(nsystem) 17, 144 f.
  - und Galilei 71 ff.
  - Größe 78 f.
  - Zahl der Sterne in der 79
- Millikan, Robert 156
- Moleküle 43
  - mehratomige Moleküle im Weltraum 215, 221, 224, 243 f., 248
- Mond 65, 237, 239 ff.

Natrium
- Natrium-23 186
- in der Sonne 86
- Naturkräfte, fundamentale *siehe* Gravitation, Schwache Wechselwirkung, Starke Wechselwirkung
- Nebel 189
  - Eta-Carina-Nebel *siehe* Farbtafel 7

- Orionnebel 224
- Planetarische 184
- Ringnebel *siehe* Farbtafel 6
- Neon 202
  - Neon-20 186
  - Neon-21 177
- Neptun 234
- Neutrinos
  - und Kohlenstoffzyklus 134, 135
  - und Supernovae 204, 207, 211
- Neutronen 45, 134, 164, 172, 177
- Neutronensterne 192, 205
- Newton, Isaac 74, 83, 98, 156
- Nickel 163, 178, 187, 212, 213
- Nobel-Stiftung 175 f.
- Novae 188
- Nucleosynthese *siehe* Kernsynthese
- Nukleonen 45

- Oortsche Kometenwolke 235
- Oppenheimer, Robert 193, 194
- Oppenheimer-Volkoff-Grenze 194
- Organische Moleküle im Weltraum 215, 243, 247
- Orgel, Leslie 31
- Orion-Molekülwolke 224
- Orionnebel 229
- Oxide 220

- Panspermie 27 ff.
- Parallaxe *siehe* Sterne
- Payne, Cecilia 123–125
- Peebles, Jim 153, 155
- Penrose, Roger 255
- Penzias, Arno 152–155
- Periodensystem der Elemente 99
- Photonen 156
- Planeten
  - um andere Sterne 21, 22
  - Wasser, Voraussetzung für Leben auf 59

Planetesimale 233
Planetoiden, Planetoidengürtel 17, 94, 234, 235
Plasma, in Sternen 118
Plattentektonik 238
Pluto 17
Polonium 107
Polycyclische / Polyaromatische Kohlenwasserstoffe (PAK) 216
Positronen und Kohlenstoffzyklus 134 f.
p-Prozeß 219
Proteine 47 ff., 248
Proton-Proton(pp)-Kette 140 ff.
Protonen 44 f., 123, 124, 141
– und die stellare pp-Kette 140
Purine 244
Pyrimidine 244

Quantentheorie, Welle-Teilchen-Dualismus 121 ff.
Quecksilber 208

Radioaktivität
– Entdeckung 106
– Halbwertszeit 110
– und Masse 112 f.
– und Tunneleffekt 122
– Typen 108
– und Wärme 107, 111
Radium 107
Radon 109
Raumzeit, »neue« 256
Relativitätstheorie
– Allgemeine 146, 147, 255
– Spezielle 112
Ringnebel *siehe* Farbtafel 6
Röntgen, Wilhelm Conrad 104, 106
Röntgenstrahlen
– von Doppelsternen 200
– Entdeckung 104 ff.

Rote Riesen 101, 181, 182, 184 ff., 205, 222 f.
– und Novae 188
– und Typ-I-Supernovae 199
Rotverschiebung 76, 145
r-Prozeß 178 ff., 219
RR-Lyrae-Sterne 78
Russell, Henry Norris 98, 125
Rutherford, Ernest 108, 109, 110, 111

Sagan, Carl 28, 29, 34
Saturn 62, 234
Sauerstoff
– in interstellaren Wolken 184, 220
– Kernsynthese 183
– Sauerstoff-16-Resonanz 171
– Sauerstoff-17 177
– im Sonnensystem 40 ff.
– und Sternentstehung 259 f.
Scandium 213
Schmidt-Spiegelteleskop 194, 195
Schwache Wechselwirkung (Kernkraft) 141
Schwarze Löcher 194, 205, 257, 258, 259, 262
Schwefel 201, 202
Secker, Jeff 31, 32
Selbstorganisation, und die Entstehung von Leben 37
Shklovskii, Jossif S. 28, 30
Shoemaker-Levy 9 (Komet) 241, 246
Silber 208
Silicium und Supernovae 201, 202
Singularitäten 255, 256
Sirius 74
Smolin, Lee 254, 256, 259, 260
SN 1987A 210, 211, 212, 214
Soddy, Frederick 109

Sonne 16, 19, 39, 67, 68, 180, 201, 224
- Entstehung 224 ff., 226, 227, 229
- ein Hauptreihenstern 102, 105
- Lichtspektrum der 85 ff.
- Position in der Galaxis 79
- Theorie über Wärme/Energie der 25, 91, 92 ff., 111 f., 128 f., 140 f.

Sonnensystem
- Elemente im 39 ff.
- Entstehung 228 ff.
- Größe
- Möglichkeit der Existenz von Leben im 61 ff.
- Struktur 16–20, 22

Spektrallinien 84, 88
Spektroskopie 83 ff.
Sporen, die Planeten besiedeln 26 f.
s-Prozeß 172, 177
Standardkerzen 78, 145
»Starburst«-Galaxien 223
Starke Wechselwirkung (Kernkraft) 45 f., 115, 121
Staub *siehe* Sterne
Steady-state-Modell des Weltalls 156, 157

Sterne
- Alter 19, 103, 105
- Entfernungen 73 ff.
- Entwicklung 180 ff., 222 ff.
- Geschwindigkeit im Weltraum 76, 77, 89
- und Gravitation (Massenanziehung) 253
- HR (Farben-Helligkeits)-Diagramme 98–105, 113
- Leuchtkraft (Helligkeit) 77 f., 81 f., 100 ff.
- Massen 102 ff.
- Parallaxen 74 f.
- Riesensterne 101

- Staubscheiben um 18, 22, 231 ff.
- Überriese 101
- Unterriese 101
- »Ursterne« 223, 228
- »Wackelbewegung« 21
- Zusammensetzung 15, 22, 221 f. *und passim*

Sternschnuppen 246
Sternstaub (interstellarer Staub) 14, 215, 219; *siehe auch* Interstellare Wolken

Strahlung
- Mikrowellen-Hintergrundstrahlung im Weltall 151 f., 154, 158 f.

Strontium 213
Supernovae 15 ff., 179 ff., 187 ff., 209, 219
- SN 1987A 210, 211, 212, 214
- Typ-I- und Typ-II 195–201
*siehe auch* Farbtafeln 4 und 8

Tayler, Roger 158, 159, 213, 214
Teilchen 43 ff.
Tempel-Tuttle (Komet) 246
Thermodynamik 92, 95
Thomson, J. J. 105, 108
Thomson, William *siehe* Kelvin
Titan (Saturn-Mond) 62
Titanium-44 213
Treibhauseffekt 26, 65, 66
Tritium 164
Tunneleffekt 122

Unsöld, Albrecht 124, 129
Unterzwerge 101
Uran 107, 208, 236
Uranus (Planet) 234
»Uratom« 146
»Urei« 246
Urknall 13, 14, 143–160, 164, 255
Urwasser 242

Venus (Planet) 64, 66, 234, 238, 241

Wagoner, Robert 159
Wärme 91 f.
– und Teilchenbewegung 95
Wallace, Alfred Russel 98, 255
Wasser 41, 59 ff., 215, 242
Wasserstoff
– Atomstruktur 46, 88
– -»Brennen« 138
– chemische Bindungen 54 ff.
– im interstellaren Raum 219
– Kernsynthese im Urknall 149
– in der Sonne, im Sonnensystem 39
– in Sternen 13, 22, 39, 114 ff., 123 ff., 128 ff.
Wasserstoffbrücken 55, 57, 58
Waterston, John 92, 93
Watson, James 176
Wega 19
Weinberg, Steven 165
Weiße Zwerge 101, 185 ff., 199 ff., 205
– und die Chandrasekharsche Grenzmasse 186, 188, 200
Weizsäcker, Carl Friedrich von 133, 148, 149
Welle-Teilchen-Dualismus
*siehe* Quantentheorie
Weltall
– Evolution? 252 ff.
– Expansion 143, 145, 146
– inflatorisches Weltmodell 156
– Lebewesen im? 260 f.
– Steady-state-Modell 156, 157
*siehe auch* »Babywelten«, Urknall
Wesson, Paul 31
Wilkins, Maurice 176
Wilson, Robert 152–155
Wilson, William 111, 112
Wollaston, William 84
»Wurmlöcher« 256 ff.

Xenon, in Diamanten 219

Zellen, Mindestbestandteile von 37 f.
Zwicky, Fritz 192–195

**PIPER**

## John Gribbin
## *Auf der Suche nach Schrödingers Katze*

Quantenphysik und Wirklichkeit. Aus dem Englischen von Friedrich Griese. 325 Seiten mit 60 Abbildungen.
Serie Piper

Die Quantenphysik gilt als eine der größten geistigen Leistungen des 20. Jahrhunderts – und als eine der folgenreichsten. Ohne Quantenphysik gäbe es weder Atomphysik noch Molekularbiologie, blieben chemische Bindungen ohne Erklärung, wären weder Laser noch Computer denkbar – kurz: Die gesamte moderne Naturwissenschaft basiert auf der Grundlage der Quantenphysik. Der englische Physiker und Publizist John Gribbin erzählt in diesem Buch ihre Geschichte von den Anfängen der Atomtheorie im 19. Jahrhundert bis zu den gegenwärtigen Forschungen. Er stellt die Physiker vor, die an der Erforschung des Atoms beteiligt waren – von Albert Einstein und Niels Bohr über Werner Heisenberg und Wolfgang Pauli bis zu Erwin Schrödinger.

»Es gibt kein populäres Buch, das ähnlich tiefe Einblicke in die Welt der Quanten erlaubt.«
*Physikalische Blätter*

**PIPER**

# John Gribbin
## *Wissenschaft für die Westentasche*

Aus dem Englischen von Thorsten Schmidt.
115 Seiten mit 16 Strichzeichnungen. Gebunden

Warum ist unsere Welt linkshändig? Was haben Springende Gene mit Zuckermais zu tun? Wann starb das Quagga aus? John Gribbins handliches Buch beantwortet solche und viele andere Fragen mit spielerischer Leichtigkeit.
»Menschen sind Affen.« Mit dieser lapidaren Feststellung beginnt John Gribbins Buch. Auf zwei knappen Seiten folgt dann, was wir über die »Abstammung des Menschen« wissen sollten. Wir sind die Nachfahren erfolgloser Menschenaffen, die neue Wege finden mußten, um zu überleben. Mehr als 50 weitere Begriffe aus den gesamten Naturwissenschaften behandelt Gribbin ebenso kurz und einleuchtend, darunter Atom, DNS, Entstehung des Weltalls. Kosmischer String, Leben, Natürliche Selektion, Quant, Springende Gene, Viren, Wasser, Wurmloch, Zweiter Hauptsatz der Thermodynamik. Was Gribbin hier knapp, locker und verständlich erklärt, das können seine Leser getrost nach Hause tragen und weitererzählen.

**PIPER**

# Rudolf Kippenhahn
## *Kosmologie für die Westentasche*

127 Seiten mit 37 Abbildungen. Gebunden

Hat es den Urknall wirklich gegeben? Warum meinen wir, die Sterne der Milchstraße stünden nahe beieinander? Wie alt ist die Welt? Kann etwas schneller als das Licht sein? Warum kann es uns Menschen eigentlich gar nicht geben? Derartige Fragen aus der Kosmologie überfordern unsere Vorstellungskraft. Eben deshalb hat Rudolf Kippenhahn, der erfahrene Astrophysiker und Sachbuch-Autor, nach dem sogar ein Planet benannt ist, hier die wichtigsten kosmologischen Begriffe und Themen kurz und bündig behandelt. Sein Ziel ist es, das Unvorstellbare verstehbar zu machen. Unter anderem erklärt er den Raum zwischen den Sternen, die Galaxien, den Doppler-Effekt, das Hubblesche Gesetz, die kosmologische Konstante, das Alter der Welt und das Alter der Sterne, das krumme Licht und die Frage fremder Universen.

**PIPER**

**Rudolf Kippenhahn**
*Amor und der Abstand zur Sonne*

Geschichten aus meinem Kosmos. 186 Seiten mit 81 Abbildungen, davon 39 in Farbe. Serie Piper

Astronomie wird wie jede Wissenschaft von Menschen gemacht, sie ist von deren Leben nicht zu trennen. Und sie hat tragische und komische Seiten. Einer der bekanntesten deutschen Astronomen mit weltweiter Anerkennung ist Rudolf Kippenhahn. In vielen Büchern und Vorträgen hat er die Astronomie populär gemacht. Ihn interessieren immer auch die kuriosen Aspekte seiner Wissenschaft. Von ihnen erzählt er in den kleinen Geschichten dieses Buches. Wußten Sie etwa, daß Johannes Hevelius erfolgreicher Bierbrauer und zugleich einer der größten Astronomen seiner Zeit war? Oder daß sein späterer Kollege Karl Friedrich Zöllner Geister beschwor? Wie lassen sich Marssteine und die Bibel in einer Geschichte unterbringen oder die Jungfrau Maria und die Mondkrater? Ob es um die Fingernägel des Kopernikus, um Nostradamus und die Prophezeiung der totalen Sonnenfinsternis von 1999, den Euro, Gauß und Kippenhahns Göttinger Arbeitszimmer oder um das Weltall in der Christbaumkugel geht – in Kippenhahns vergnügten Geschichten werden Sie viel Überraschendes finden.

01/1174/02/R

**PIPER**

## Bob Berman
## *Die Wunder des Nachthimmels*

Alles über Sternbilder, Planeten und Galaxien. Aus dem Amerikanischen von Helmut Reuter. 391 Seiten mit 8 Farbtafeln und 169 Abbildungen. Serie Piper

Der nächtliche Himmel und die Unendlichkeit des Universums – das sind Wunder, die dem Menschen immer wieder neu begegnen. Der erfahrene Astronom Bob Berman läßt seine Leser an diesen Wundern teilhaben, indem er ihnen humorvoll und ohne Fachjargon die Astronomie nahebringt. Sonne, Mond und Sterne, Nordlicht, Dunkelheit und Dämmerung – leichtverständlich erklärt er, was der nächtliche Himmel im Lauf der vier Jahreszeiten an Geheimnissen zu bieten hat, und zeigt vor allem, was wir mit bloßem Auge sehen können. Berman erzählt von den Mythen um Sirius und nimmt die Leser auf eine Reise ins Zentrum der Milchstraße mit. Er beschreibt eines der größten Naturschauspiele, die totale Sonnenfinsternis, und läßt auch die Geburt von Sternen, die legendären Schwarzen Löcher, die Roten Riesen und die Weißen Zwerge nicht aus. Ein unerschöpfliches Buch nicht nur für Sterngucker, sondern auch für erfahrene Astronomen.

**PIPER**

**Neil de Grasse Tyson**
*Warum funkeln die Sterne?*

Die Rätsel des Universums. Aus dem Amerikanischen von
Anni Pott. 315 Seiten. Serie Piper

Kennen Sie das? Da steht man in einer kalten, klaren Winternacht oder an einem Sommerabend unter dem funkelnden Sternenhimmel und schaut und staunt – und auf einmal fallen einem tausend Fragen ein zu Erde, Mond, Sonne und Sternen. All diese Fragen sind dem weisen Herrn Merlin zu Ohren gekommen, dem Außerirdischen, der vor beinahe 5 Milliarden Jahren geboren wurde und der alles über den Kosmos weiß. Und wie alle wirklichen Weisen gibt Merlin klare, anschauliche und freundlich gewitzte Antworten. Neil de Grasse Tyson, Astrophysiker und Erfinder des klugen Merlin, hat ihm all unsere Fragen zum Universum geschickt – Fragen nach den Planeten, Kometen und Meteoren, nach der Gravitation, den Galaxien, nach Zeit und Raum, nach schwarzen Löchern, Quasaren, dem irdischen und dem außerirdischen Leben.